DEUTSCHE AKADEMIE DER WISSENSCHAFTEN
ZU BERLIN
Forschungsgemeinschaft der naturwissenschaftlichen, technischen
und medizinischen Institute

ÜBER WISSENSCHAFTLICHE GRUNDLAGEN DER MODERNEN TECHNIK

Herausgegeben von

HERMANN KLARE · HANS FRÜHAUF · HANS GUMMEL · EBERHARD LEIBNITZ
ROBERT ROMPE · KURT SCHRÖDER · ERICH THILO

REIHE A: TAGUNGEN

BAND VI

KYBERNETIK IN WISSENSCHAFT, TECHNIK UND WIRTSCHAFT DER DDR

AKADEMIE-VERLAG · BERLIN
1963

KYBERNETIK
IN WISSENSCHAFT, TECHNIK
UND WIRTSCHAFT DER DDR

Vorträge und Diskussionsbeiträge,
gehalten auf der Konferenz der Kybernetik-Kommission
beim Generalsekretär der Deutschen Akademie der Wissenschaften zu Berlin
zum Thema
„Die Bedeutung der Kybernetik für Wissenschaft, Technik und Wirtschaft
in der Deutschen Demokratischen Republik"
am 16. und 17. 10. 1962 in Berlin

Mit 32 Abbildungen und 1 Tabelle

AKADEMIE-VERLAG · BERLIN
1963

Redaktion und Drucklegung:

Abteilung Presse und Berichtswesen
der Deutschen Akademie der Wissenschaften zu Berlin

Erschienen im Akademie-Verlag GmbH, Berlin W 8, Leipziger Straße 3—4

Lizenznummer: 202 · 100/6/63
Gesamtherstellung: VEB Druckerei „Thomas Müntzer" Bad Langensalza
Bestellnummer: 2104/A/6/63 · ES 20 K 3 · Preis: DM 26,—

INHALTSVERZEICHNIS

VORWORT

Die Bedeutung der Kybernetik veranlaßte den Generalsekretär der Deutschen Akademie der Wissenschaften zu Berlin, Akademiemitglied Prof. Dr. G. RIENÄCKER, im Februar 1961 eine Kommission für Kybernetik zu berufen. Dieser Kommission gehörten die Akademiemitglieder Prof. Dr. F. BEHRENS, Prof. Dr. G. KLAUS, Prof. Dr. R. ROMPE, Prof. Dr. K. SCHRÖDER, ferner Prof. Dr. R. REISSIG und Dr. H. THIELE als Mitglieder sowie Dipl.-Phil. R. THIEL, später Dipl.-Phil. H. LIEBSCHER als wissenschaftliche Sekretäre an. Vorsitzender der Kommisson war Akademiemitglied Prof. Dr. G. KLAUS.

Die Kommission erhielt den Auftrag, ein ausführliches wissenschaftliches Gutachten über den Stand der Kybernetik in der DDR zu erarbeiten. Das verlangte eine gründliche Analyse dieser neuen Wissenschaft und eine Einschätzung der Bedeutung der Kybernetik für Wissenschaft und Praxis. Darüber hinaus stellte es sich als wünschenswert heraus, entsprechende wissenschaftlich-organisatorische Maßnahmen zur raschen Förderung von Forschung und Lehre auf dem Gebiet der Kybernetik zu empfehlen.

Die Bedeutung dieser Aufgabenstellung reicht weit über den Rahmen der Akademie hinaus. Es wurde als notwendig erachtet, den erforderlichen Überblick über den Stand der kybernetischen Forschung durch die Veranstaltung von Fachtagungen, die jeweils der Beziehung der verschiedenen wissenschaftlichen Disziplinen zur Kybernetik gewidmet waren, zu gewinnen. Deshalb fanden auf Initiative bzw. unter Beteiligung der Kybernetik-Kommission folgende Veranstaltungen statt:

am 14. April 1961 eine wissenschaftliche Beratung zum Thema „Kybernetik — Philosophie — Gesellschaft“ in der Redaktion der „Einheit“, Zeitschrift für Theorie und Praxis des wissenschaftlichen Sozialismus;[1])

am 30. Januar 1962 ein Symposion zum Thema „Psychologie und Kybernetik“, veranstaltet vom Institut für Psychologie der Friedrich-Schiller-Universität Jena;

am 12. März 1962 eine Konferenz über „Kybernetische Aspekte und Methoden in der Ökonomie“, einberufen vom Institut für Wirtschaftswissenschaften der Deutschen Akademie der Wissenschaften zu Berlin;[2])

[1]) Tagungsbericht: vgl. Einheit, H. 7/1961, Beilage.

[2]) Tagungsbericht: vgl. Deutsche Zeitschrift für Philosophie, H. 9/1962, S. 1186—1189.

vom 20. bis 23. März 1962 eine Tagung zum Thema „Mathematische und physikalisch-technische Probleme der Kybernetik", veranstaltet vom Institut für angewandte Mathematik und Mechanik der Deutschen Akademie der Wissenschaften zu Berlin;[3])
am 6. Oktober 1962 ein Symposion über „Biologie-Medizin und Kybernetik", veranstaltet vom Physiologischen Institut der Karl-Marx-Universität Leipzig.

Die von der Kybernetik-Kommission am 16. und 17. Oktober 1962 veranstaltete Konferenz, deren Materialien hier vorgelegt werden, stellt eine Zusammenfassung dieser gleichsam als Vorkonferenzen anzusehenden Tagungen dar. Sie ist die erste zentrale wissenschaftliche Konferenz, die dem Gesamtkomplex der Kybernetik gewidmet war. Ihre Hauptaufgabe bestand darin, auf der Grundlage der Ergebnisse, die die einzelnen Fachtagungen erbrachten, durch eine Reihe von Grundsatzreferaten die mit der Anwendung kybernetischer Verfahren und Methoden in den einzelnen Bereichen zusammenhängenden prinzipiellen Fragen und Aufgabenstellungen in einer Gesamtschau darzustellen. Zu solchen Aufgabenstellungen gehörten z. B. die Empfehlung bestimmter wissenschafts-organisatorischer Maßnahmen und die Beratung der Hauptaufgaben in Forschung und Lehre auf dem Gebiete der Kybernetik unter besonderer Berücksichtigung ihrer Beziehung zu den wichtigsten Natur- und Gesellschaftswissenschaften. Gleichzeitig sollte die Konferenz den fachverbindenden Charakter der Kybernetik zum Ausdruck bringen und der Diskussion eines Entwurfs des erwähnten Gutachtens der Kybernetik-Kommission beim Generalsekretär der Deutschen Akademie der Wissenschaften zu Berlin dienen. Dieses Dokument, das den Titel „Denkschrift über die Bedeutung der Kybernetik für Wissenschaft, Technik und Wirtschaft in der Deutschen Demokratischen Republik" trägt, ist unter der Redaktion der Kybernetik-Kommission und unter Beteiligung zahlreicher Wissenschaftler der verschiedenen Fachgebiete erarbeitet worden. Es hat als Grundlage wichtiger wissenschafts-organisatorischer Beschlüsse des Präsidiums der Deutschen Akademie der Wissenschaften zu Berlin gedient.

Die Konferenz gab für Wissenschaft und Volkswirtschaft der Deutschen Demokratischen Republik den Auftakt zu einer neuen Entwicklungsetappe in Theorie und Praxis der Kybernetik. Bisher kam es darauf an, erste Erfahrungen im Bereich dieser neuen Wissenschaft auszutauschen und die dort bereits tätigen Kräfte zu sammeln. Jetzt gilt es, die kybernetische Forschung und Lehre systematisch zu entwickeln und die Ergebnisse der Kybernetik für alle entscheidenden Bereiche unserer Gesellschaft zu verwerten, um damit maximal zum umfassenden Aufbau des Sozialismus beizutragen.

Im Ergebnis der Konferenz und auf Antrag der Kybernetik-Kommission ist inzwischen die bedeutsame wissenschafts-organisatorische Entscheidung getroffen worden, eine Sektion für Kybernetik beim Präsidium der Deutschen Akademie der Wissenschaften zu Berlin zu gründen. Diese Sektion wird die von der Kybernetik-

[3]) Tagungsbericht: vgl. Einheit, H. 5/1962, S. 104—110. Die Materialien der Tagung sind als Band V der Schriftenreihe „Über wissenschaftliche Grundlagen der modernen Technik" erschienen. Akademie-Verlag, Berlin 1963, 558 S., 230 Abb., 17 Tab.

Kommission begonnene Arbeit fortführen. Der Kybernetik-Kommission, die mit Beginn der Arbeit der Sektion für Kybernetik ihre Aufgaben erfüllt hat, gebührt Anerkennung für die von ihr geleistete wissenschaftliche und vor allem für die umfangreiche wissenschafts-organisatorische Arbeit.

Die hier vorgelegten Materialien stellen kein vollständiges Konferenzprotokoll dar, sondern geben die wichtigsten Beiträge der Konferenz in überarbeiteter Form wieder. Die Bearbeitung erfolgte in der Mehrzahl der Fälle durch die Referenten selbst. Einige Diskussionsbeiträge, die mit der oben umrissenen Aufgabenstellung der Konferenz nicht in unmittelbarem Zusammenhang stehen, werden nur in Kurzfassung gebracht.

Wir sprechen die Hoffnung aus, daß die Veröffentlichung der Konferenzmaterialien dazu beitragen möge, die Ideen dieser neuen, zukunftsträchtigen Wissenschaft zu verbreiten.

Georg Klaus

Direktor des Instituts für Philosophie
der Deutschen Akademie der Wissenschaften
zu Berlin

Akademiemitglied Prof. Dr. GÜNTHER RIENÄCKER

Generalsekretär der Deutschen Akademie der Wissenschaften zu Berlin

BEGRÜSSUNG UND ERÖFFNUNG DER KONFERENZ „DIE BEDEUTUNG DER KYBERNETIK FÜR WISSENSCHAFT, TECHNIK UND WIRTSCHAFT IN DER DEUTSCHEN DEMOKRATISCHEN REPUBLIK"

Ich begrüße aus dem Kreis der Vielzahl der Anwesenden insbesondere als Vertreter von Partei und Staat das Mitglied des Staatsrats und Stellvertreter des Ministers für Kultur, Herrn Prof. H. RODENBERG, die Vertreter des Staatssekretariats für das Hoch- und Fachschulwesen sowie des Zentralkomitees der Sozialistischen Einheitspartei Deutschlands, Abteilung Wissenschaften.

Mein besonderer Gruß gilt den ausländischen Gelehrten: Prof. Dr. A. KOLMAN, Mitglied der Tschechoslowakischen Akademie der Wissenschaften, Herrn Dr. O. ŠEFL von der Tschechoslowakischen Akademie der Wissenschaften, Prof. Dr. L. KALMÁR, Mitglied der Ungarischen Akademie der Wissenschaften und Vorsitzender der Kybernetik-Kommission des Präsidiums der Ungarischen Akademie der Wissenschaften, Prof. Dr. J. FENYÖ von der Technischen Hochschule Budapest und dem Kandidaten der Philosophischen Wissenschaften J. T. FROLOW.

Weiterhin gilt mein Gruß den Mitgliedern und Mitarbeitern der Akademie und den Mitgliedern der Kybernetik-Kommission, den Mitarbeitern von Instituten der Universitäten Berlin, Greifswald, Halle, Jena, Leipzig, Rostock und der Technischen Universität Dresden sowie der Hochschule für Ökonomie, Berlin-Karlshorst, der Hochschule für Architektur und Bauwesen Weimar, der Hochschule für Elektrotechnik Ilmenau, des Deutschen Pädagogischen Zentralinstituts, Berlin, des Zentralinstituts für Automatisierung, Dresden, und des Instituts für Gesellschaftswissenschaften beim Zentralkomitee der Sozialistischen Einheitspartei Deutschlands, Berlin.

Die Konferenz soll einen zusammenfassenden Rückblick, gleichzeitig aber auch einen Auftakt in der Arbeit auf einem recht neuen wissenschaftlichen Gebiet, der Kybernetik, bringen.

Die Bedeutung der Kybernetik und die Situation der Kybernetik in der Deutschen Demokratischen Republik veranlaßten mich, im Februar 1961 an der Deutschen Akademie der Wissenschaften zu Berlin eine kleine Kommission für Kybernetik zu berufen, die einen sehr konkreten und zeitlich begrenzten Arbeitsauftrag erhielt. Es war der Auftrag, ein ausführliches wissenschaftliches Gutachten über die Situation auf dem Gebiete der Kybernetik in der Deutschen Demokratischen Republik auszuarbeiten, das eine gründliche Analyse nicht nur der Lage, sondern auch der Bedeutung der Kybernetik für unsere Akademie und für die Deutsche Demokratische Republik enthalten sollte.

Ferner war es erwünscht, entsprechende Vorschläge zu empfehlen, wie die vorhandenen, schon bekannten positiven Ansätze einer kybernetischen Arbeit in Forschung und Praxis entwickelt werden sollten, wie sie zu koordinieren und — entsprechend der Bedeutung dieser neuen Wissenschaft — in unserer Akademie und in unserer Republik zu fördern seien.

Diese Kommission unter Leitung unseres Akademiemitglieds Prof. Dr. G. Klaus hielt es für zweckmäßig und richtig, ein solches umfassendes Gutachten nicht von sich aus auszuarbeiten, ohne daß verschiedene wichtige Fragen durch Arbeitsberatungen und Konferenzen umfassender geklärt oder zumindest vorgeklärt wurden. So ist seither eine Reihe von Vorkonferenzen veranstaltet worden, die den Beziehungen der Kybernetik zur Philosophie, zur Mathematik und Technik, zur Ökonomie, zur Psychologie und zur Biologie und Medizin gewidmet waren.

Mit der jetzigen Konferenz ist beabsichtigt, die Ergebnisse der vorangegangenen Tagungen zusammenzufassen, zu einer Gesamtschau zu kommen und die Kommission in die Lage zu versetzen, ein begründetes Gutachten zu verfassen. Insofern bedeutet diese Konferenz wohl — formal gesehen — einen gewissen Abschluß. Doch ich meine und hoffe, daß sie ebensosehr auch nach vorwärts, in die Zukunft gewendet sein wird.

Schon in der intensiven Vorbereitungszeit hat sich einiges gezeigt:

Die Vorstufe einer systematischen Forschungs- und Entwicklungsarbeit auf dem Gebiete der Kybernetik und des industriellen Einsatzes der gewonnenen Ergebnisse bestand nach Meinung der auf diesem Wissenschaftsgebiet Tätigen bisher darin, das Gedankengut der Kybernetik durch geeignete Veröffentlichungen zu verbreiten und die führenden Kräfte der an der Kybernetik interessierten wissenschaftlichen Kreise zueinander zu führen. Für Praktiker wie für Wissenschaftler, die in einem bestimmten wissenschaftlichen Denken aufgewachsen sind und, auf dieses gestützt, wertvolle Früchte ihrer Arbeit geerntet haben, ist es sicher oft nicht leicht, sich auf die neuen Gesichtspunkte der Kybernetik umzustellen, die auch das bisherige Denken in mannigfacher Hinsicht erweitern.

Hier kann man rückblickend erfreut feststellen, daß die Kybernetik sowohl in den Kreisen unserer erfahrenen älteren als auch unserer jüngeren Wissenschaftler Interesse und Bereitschaft zur Mitarbeit gefunden hat.

Die Buchproduktion, der öffentliche Meinungsstreit und die bisher veranstalteten Vorkonferenzen boten eine geeignete Ebene zum gemeinsamen Gespräch und zur Klärung des Wesentlichen.

Gestützt auf diese Vorarbeiten und auf die Ergebnisse der heute beginnenden Konferenz wird die Kybernetik-Kommission in der Lage sein, in einem ersten größeren Rahmen die Möglichkeiten und Aufgaben der kybernetischen Arbeit in unserer Republik abzustecken. Diese Ergebnisse sollen, wie erwähnt, in einer Denkschrift zusammengefaßt werden, deren Entwurf der Konferenz zur Diskussion vorliegt.

Die Denkschrift wird nach endgültiger Fixierung ihres Inhalts von der Kybernetik-Kommission dem Präsidium der Deutschen Akademie der Wissenschaften zu Berlin als Empfehlung unterbreitet. Ich möchte den Beschlüssen des Präsidiums nicht vorgreifen, bin aber sicher, daß das Präsidium diese Denkschrift sehr gründlich beraten und bereit sein wird, entsprechende wissenschafts-organisatorische Maßnahmen einzuleiten.

Ich bin überzeugt, daß wir im Ergebnis dieser Konferenz in eine neue Etappe der Durchsetzung und Entwicklung der Kybernetik in unserer Republik eintreten werden. Wenn wir mit dieser Konferenz hierfür den Übergang schaffen wollen, so müssen wir uns klar darüber sein, welche grundsätzliche Aufgabe im Verlauf der weiteren Entfaltung der Kybernetik zu lösen ist. Wir müssen davon ausgehen, daß die Wissenschaft im Sozialismus zu einer der entscheidenden Produktivkräfte geworden ist. Das bedeutet, daß wir auch die Kybernetik nicht einfach als ein intellektuelles Diskussionsobjekt betrachten dürfen, sondern daß sie ein wichtiges Element der Produktivkraft Wissenschaft ist und deshalb nicht nur gefördert, sondern auf wichtigen Gebieten auch durchgesetzt werden muß. Sie ist ein geeignetes Instrument, mit dem die Produktivität unserer materiellen und geistigen Arbeit sehr gesteigert werden kann. Andererseits muß auch die Kybernetik selbst als Wissenschaft mit dem höchsten ökonomischen Nutzeffekt weiterentwickelt werden. Darum müssen wir auf dem schnellsten Wege aus dem Stadium der breiten Diskussion um die Probleme der Kybernetik zum Stadium der Verwirklichung des international bereits Erreichten übergehen. Hier wird sich besonders für unsere wissenschaftlichen Nachwuchskräfte ein weites Feld möglicher Bewährung eröffnen.

Hinsichtlich der Lage in unserer Republik konnte bereits festgestellt werden, daß Interesse und Bereitschaft zur Mitarbeit vorhanden sind. Wir müssen allerdings beachten, daß dieses neue Denken bisher im wesentlichen nur auf dem Gebiete der Technik eine praktische Würdigung durch breitere Kreise gefunden hat. Um hier auf allen Gebieten rasch und erfolgreich weiterzukommen, ist es notwendig, die Prinzipien der Gemeinschaftsarbeit zu verwirklichen. Die sozialistische Gemeinschaft ist eine Garantie dafür, daß wir den Tempoverlust aufholen und in der internationalen Entwicklung einen würdigen Platz einnehmen werden. Wir müssen die wissenschaftsverbindende Rolle der Kybernetik unbedingt zur vollen Wirkung bringen.

Als weiteren wichtigen Gesichtspunkt des wissenschaftlichen und volkswirtschaftlichen Interesses an einer Blüte der Kybernetik möchte ich die erleichterte Einführung bestimmter mathematischer Methoden in eine Reihe von Wissenschaften hervorheben. Welcher Schaden aus einer falschen Zurückhaltung gegenüber der Kybernetik entsteht, wird allein deutlich, wenn man bedenkt, daß eine Automatisierung bestimmter Bereiche, die von diesen Wissenschaften bearbeitet werden — und die dringend notwendig ist — ohne Einführung der Mathematik ausgeschlossen ist. Ich muß mir versagen, ausführlich darzulegen, wie die mathematische Durchdringung von Forschungsobjekten auch die wissenschaftliche Produktivität steigern und Möglichkeiten zu exakter Bildung von Theorien schaffen kann.

Es ist weder meine Absicht, noch halte ich mich irgendwie für zuständig, im Rahmen dieser Tagung hervorragender Fachleute ein Referat zu halten. Es ist lediglich meine Absicht gewesen, die Bedeutung dieser Tagung zu unterstreichen, darzulegen, welches Ergebnis seitens der Akademie von ihr erwartet wird, und der

Tagung im Namen der Deutschen Akademie der Wissenschaften zu Berlin einen guten Verlauf und gute Erfolge zu wünschen. Erfolge in mehrfacher Hinsicht: Ich hoffe und wünsche, daß ein lebendiger und fruchtbarer Meinungsaustausch entstehen möge, der nicht nur für die Kybernetik, sondern auch für die vielen hier vertretenen Wissenschaftszweige förderlich sein möge; ich hoffe und wünsche, daß diese zusammenfassende Tagung mit wichtigen und konkreten Ergebnissen auch die Kybernetik-Kommission und die Akademie-Leitung in die Lage versetzen wird, Schritte zu tun, die im Interesse der wissenschaftlichen und ökonomischen Entwicklung unserer Deutschen Demokratischen Republik notwendig und sachlich richtig sind.

Akademiemitglied Prof. Dr. Georg Klaus

Direktor des Instituts für Philosophie der Deutschen Akademie der Wissenschaften zu Berlin

PHILOSOPHIE UND KYBERNETIK

Seit dem wissenschaftsgeschichtlich denkwürdigen Beginn unseres Jahrhunderts — gekennzeichnet durch Einsteins spezielle Relativitätstheorie, Plancks Quantenphysik und Hilberts Grundlagen der Geometrie, um nur einiges zu nennen — erleben wir in immer dichterer Folge die Auflösung klassischer, scheinbar für die Ewigkeit geprägter Auffassungen und ihre Ersetzung durch neue, die schon bei ihrer Entstehung den Stempel einer nur relativen Wahrheit tragen. Immer wieder hat sich seither gezeigt, daß die neuen Problemkomplexe auf das engste mit grundsätzlichen weltanschaulichen, erkenntnistheoretischen und wissenschaftsmethodologischen Fragestellungen verbunden sind. Lenins Werk „Materialismus und Empiriokritizismus" ist das klassische Modell für die philosophische Bewältigung dieser neuen Problemkomplexe. Mit dem Aufkommen der Kybernetik ist uns — jetzt und hier — eine philosophische Aufgabe gestellt, die sich mit der des Jahres 1908, dem Erscheinen von Lenins Werk, vergleichen läßt. Aber die hierbei auftretenden semantischen und pragmatischen Probleme müssen wir selbst bewältigen; die allgemeinen Leitsätze des dialektischen und historischen Materialismus und der schon erprobte Modellfall geben uns heuristische Hinweise von größter Tragweite, können uns so die Lösung der Aufgabe erleichtern, aber nicht abnehmen.

Die philosophische Situation der Kybernetik in unserer Deutschen Demokratischen Republik ist günstig. Einer der wichtigsten Aktivposten dieser Situation ist gerade darin zu sehen, daß eine Gruppe junger marxistischer Philosophen, die sich — zum Teil in harter Arbeit — mathematische Nebenfachkenntnisse erworben haben, an die philosophische Bewältigung dieser neuen Wissenschaft herangeht und damit gewährleistet, daß sie philosophischen Gegnern dieser neuen Disziplin mit Waffen entgegentreten kann, die eine Wiederholung bestimmter Erscheinungen in den philosophischen Diskussionen um Relativitätstheorie und Quantenphysik, um mathematische Logik und moderne Biologie, insbesondere Genetik, unmöglich machen. Dies gibt der marxistischen Philosophie die Chance, das philosophische Gesicht einer sich in statu nascendi befindlichen Wissenschaft von vornherein und bewußt zu formen.

Wenn wir hier von der Prägung des philosophischen Profils der Kybernetik sprechen, so darf nicht übersehen werden, daß der dialektische Materialismus hier objektiv-idealistische und logisch-empiristische Konkurrenz zu bekämpfen hat.

Tabelle 1. Entwurf einer heuristischen Zuordnung von Kategorien aus Philosophie und Kybernetik
(die Zuordnungsvorschrift ist bei den einzelnen Kategorien verschieden)

Kategorien der Kybernetik	Kategorien der Dialektik
I. Systemtheoretischer Aspekt	
1. Regelkreis (allgemeines Strukturschema eines einfachen dynamischen selbstregulierenden Systems mit Regelstrecke und Regler)	dialektische Einheit zweier Gegensätze, objektive Zielstrebigkeit
2. Offene und geschlossene Systeme	dialektische Einheit und dialektischer Widerspruch von Quantität und Qualität
a) offenes System (darstellbar durch eine nichtgeschlossene Transformation)	dialektischer Widerspruch zwischen Quantität und Qualität (Tendenz, das Maß des Systems zu verletzen)
b) geschlossenes System (darstellbar durch eine geschlossene Transformation)	dialektische Einheit von Quantität und Qualität
3. Transformationen für die Zustände eines Systems	Notwendigkeit und Zufall
a) eindeutige Transformation	metaphysische Notwendigkeit (Herrschaftsbereich des LAPLACEschen Dämons)
b) nichteindeutige Transformation	Einheit von Notwendigkeit und Zufall
4. Bei Zunahme der Zahl der Elemente eines Systems entstehen neue Strukturen und Verhaltensweisen	Umschlag von Quantität in Qualität
5. Ultrastabiles System	sprunghafte Veränderung der Qualität durch veränderte Quantität
6. Multistabiles System	Dialektik von Teil und Ganzem
II. Regelaspekt	
1. Rückkopplung	dialektische Wechselwirkung zwischen Ursache und Wirkung
a) negative Rückkopplung	Tendenz zur Qualitätserhaltung
b) positive Rückkopplung	Tendenz zur Qualitätsänderung
2. Stabilität	Einheit von Quantität und Qualität (die inneren Widersprüche sind gegenüber den äußeren die maßgebenden)
3. Instabilität	Überschreiten eines Maßes
4. Stabilitätsgrenze (Pendeln zwischen zwei Zuständen)	wechselnde Dominanz der Gegensätze
5. Funktionen	
a) Vollfunktion b) Teilfunktion c) Stufenfunktion	Spezialfälle der Dialektik des Verhältnisses von Quantität und Qualität

Fortsetzung Tab. 1

Kategorien der Kybernetik	Kategorien der Dialektik
III. Informationsaspekt	
Information	Beziehung zur Grundfrage der Philosophie materielle Relation zwischen Nachrichtenquelle und -empfänger, besondere Art der Verbindung von Materie- und Bewußtseinskomponenten (vgl. GEORG KLAUS, Kybernetik in philosophischer Sicht, Schema S. 73)
IV. Spieltheoretischer Aspekt	
Theorie der Spiele	a) Widerspruchsdialektik b) Dialektik von Zufall und Notwendigkeit

Es ist jedoch — sofern man nur auf dem Boden der Wissenschaft bleiben will — nicht eine Sache des subjektiven Standpunkts, was sich als Resultat philosophischer Interpretation der Kybernetik an beweisbaren Thesen ergeben wird. In einer Reihe von Veröffentlichungen wurde versucht zu zeigen, daß sich tatsächlich nur der dialektische Materialismus mit dem Kategoriengefüge dieser neuen Wissenschaft verträgt. An der Grenzfläche zwischen Philosophie und Kybernetik lassen sich Isomorphismen und Homomorphismen aufzeigen, die in der Natur der Sache selbst liegen und nichts mit einem künstlich von außen an die Kybernetik herangetragenen Standpunkt zu tun haben. Eine Tabelle (Tab. 1), die allerdings, so wie sie vorliegt, selbstverständlich nur heuristischen Wert besitzt, mag das Gesagte veranschaulichen. Tatsächlich läßt sich jedoch im einzelnen nachweisen: Es gibt kybernetische Teilbereiche, die — dies im Sinne der modernen Axiomatik gemeint — ein philosophisches Modell im dialektischen Materialismus besitzen, und es gibt philosophische Teilbereiche des dialektischen Materialismus, die kybernetische Modelle besitzen.

Einige besonders wichtige Beziehungen dieser Art mögen hier näher erläutert werden. Ein philosophiegeschichtliches Problem von größter Tragweite, dem sich auch die Einzelwissenschaften — selbst in ihrer modernen Gestalt — nicht entziehen können, ist das Verhältnis von Kausalität und Teleologie. Vor der Entstehung des dialektischen Materialismus gab es im wesentlichen drei Lösungsversuche: Reduktion der teleologischen Vorgänge auf mechanisch-kausale Vorgänge, Subsummierung der mechanischen Kausalität unter eine übergreifende transzendente Teleologie (für den absoluten Weltgeist ist alles zweckmäßig, die anorganische und die organische Natur!) und schließlich die Zuweisung der beiden Komplexe zu verschiedenen Ebenen. Es ist wissenschaftsgeschichtlich längst deutlich geworden, daß eine geheimnisvolle Lebenskraft weder im Bereich der organischen Chemie (das weiß man seit WÖHLER) noch im Bereich der Biologie Raum hat. Der konsequente materialistische Standpunkt im Bereich der Biologie und vor allem der Gesellschaft läßt sich jedoch nicht dadurch — soweit es unser Problem betrifft — eliminieren, daß Zweckmäßigkeiten, das Anstreben von Zielen etc. nur als Oberflächenerscheinungen gewertet werden, denen letztlich mechanisch-kausale Vorgänge zugrunde liegen. Die kategorialen Errungenschaften der neuen Wissenschaft — eben unserer Kybernetik — ermöglichen eine Objektivierung der teleologischen Betrachtungsweise, die damit der idealistischen Spekulation entzogen und auf eine exakte begriffliche Grundlage gestellt werden kann. Marx und Engels haben in dialektisch-materialistischer Uminterpretation einschlägiger Hegelscher Ergebnisse die Kategorien des Zwecks, des Ziels, der Zielstrebigkeit in das System des dialektischen Materialismus integriert. Die Kybernetik stellt der philosophischen Abstraktion mit ihren verschiedenen Reglertypen wie P-Regler, I-Regler, D-Regler, Festwertregler, Folgeregler ein bereits kategorial aufbereitetes und in exakte mathematische Formen gegossenes Material zur Verfügung. Mit dem Begriff der Regelgüte und mit verwandten Begriffen werden die einstmals nur qualitativ bestimmbaren philosophischen Kategorien quantifizierbar. Die Hereinnahme des spieltheoretischen Aspekts der Kybernetik schließlich führt zu einer Theorie von den Zwecken und Zielen und den Mitteln zu ihrer Durchsetzung, einer Theorie, die für Volkswirtschaft und Politik in naher Zukunft rasch an Bedeutung gewinnen wird. Ein besonderer Zug dieser ganzen Entwicklung besteht immer wieder darin, daß die kybernetische Modelltheorie es ermöglicht, in bestimmten Bereichen nichtdurchführbare Experimente (z. B. in Politik, Ökonomie, Medizin) durch Experimente in kybernetisch äquivalenten Bereichen zu ersetzen (z.B. Simulierung spieltheoretischer Probleme der Volkswirtschaft in elektronischen Rechenmaschinen) und die Ergebnisse dieser Experimente vermöge der Isomorphierelation zwischen den genannten Bereichen auf das Gebiet zurückzuprojizieren, dessen Problematik experimentell geklärt werden soll. Das hier Gesagte gilt selbstverständlich auch für ein Experimentieren mit den Kategorien Zweck, Ziel, Zielstrebigkeit, Verhältnis von Mitteln und Zwecken usw.

Als ein zweiter Problemkomplex möge der Begriff des dialektischen Widerspruchs unter kybernetischen Gesichtspunkten erläutert werden. Auch er läßt sich bereits aus dem Kategoriengefüge des einfachen kybernetischen Regelkreises heraus neu interpretieren. Ein dynamisches selbstregulierendes System, das in der Lage ist, seine relative Stabilität gegenüber äußeren Ursachen (Störungen, Gegensätze!) aufrechtzuerhalten, ist die Verkörperung eines Widerspruchs. Die verschiedenen Formen der Rückkopplung entsprechen verschiedenen Formen des dialektischen Widerspruchs. Die Wechselwirkung zwischen kybernetischem System und Umgebung läßt sich isomorph auf die Beziehung zwischen äußerem und innerem dialektischen Widerspruch abbilden. Vermöge dieser Isomorphie kann einerseits das Kategoriengefüge, das sich um den Begriff des dialektischen Widerspruchs herum gruppiert, heuristische Funktionen bei der Konstruktion technischer kybernetischer Systeme und bei der Interpretation natürlich vorkommender kybernetischer Systeme (insbesondere Lebewesen) erfüllen, andererseits kann — eben vermöge dieser selben Relation — die Kybernetik wiederum der Philosophie reichhaltiges begriffliches Material zur Gewinnung subtiler Differenzierungen im Bereiche der Lehre des dialektischen Widerspruchs zur Verfügung stellen. Schon Marx und Engels haben sich ausführlich — wenn auch nur in qualitativer Weise — mit dem Zusammenhang zwischen dem Charakter dialektischer Widersprüche (sich zuspitzender bzw. abschwächender) und der Stabilität der Systeme, in denen sie auftreten (insbesondere gesellschaftlicher Systeme), beschäftigt. Die Kybernetik hilft die hier entwickelten Theoreme der Zahl und Qualität nach wesentlich weiter zu entwickeln. Die Stabilitätstheorie kybernetischer Regelsysteme, die längst streng mathematische Gestalt gewonnen hat, öffnet den Zugang zu einer mathematischen Imitierung dialektischer Widersprüche. Auf Grund des bereits Gesagten versteht es sich von selbst, daß eben diese unterschiedlichen Formen des dialektischen Widerspruchs auch kybernetisch modelliert werden können und daß an technisch-kybernetischen Modellen Experimente und Versuche angestellt werden können. Das eröffnet auch dem Philosophen und der Philosophie den Zugang zum Experiment, d.h. die Inanspruchnahme eines Hilfsmittels, das für diesen Bereich völlig neuartig ist. War in der Vergangenheit bei der Ausbildung von Philosophen, die sich auf dialektischen Materialismus, philosophische Probleme der Naturwissenschaft, Logik und Erkenntnistheorie spezialisieren wollten, die Mathematik als Nebenfach eine unter verschiedenen Wahlmöglichkeiten, so ergibt sich aus dem vorstehend Gesagten, daß dies künftig wohl eine obligatorische Sache sein müssen wird.

Die Beziehung zwischen Philosophie und Kybernetik besteht keinesfalls nur darin, daß die Kybernetik als der bereichernde Teil, der der Philosophie zu präziseren Begriffsbildungen und zu subtilen Differenzierungen verhilft, auftritt. Vielmehr ist umgekehrt auch die marxistische Philosophie in der Lage, der Kybernetik und den Einzelwissenschaften, die mit dieser neuen Wissenschaft in immer engeren Kontakt kommen, bei der Bewältigung der neu auftauchenden Probleme zu helfen. Es gibt eine Fülle solcher ihrem Wesen nach spezifisch philosophischer Probleme, die im Zusammenhang mit der weiteren Entwicklung und der systematischen begrifflichen Entfaltung der Kybernetik unlösbar verbunden sind und die zwar aus einzelnen Teilkomplexen dieser neuen Wissenschaft, aus dem Bereich einzelner Gruppen von Fragestellungen, aber nicht aus dem Gesamtsystem der Kybernetik ausgeklammert werden können. Wieder mögen einige Hinweise genügen, um diese Seite des Problems zu charakterisieren. So drängt sich beispielsweise die Frage auf: Welchen Platz nimmt die Kybernetik als Wissenschaft im System der wissenschaftlichen Disziplinen ein? Wie steht es um den eidetischen und operativen Sinn der kybernetischen Begriffsbildungen? Die Querverbindungen der Kybernetik zur praktischen Produktion, der Produktion von morgen einerseits und zu vielen Bereichen des Überbaus, vor allem der politisch-ideologischen Seite des Überbaus der heute auf unserer Erde existierenden Gesellschaftsordnungen andererseits lassen eine allseitige semantische, syntaktische und pragmatische Analyse der kybernetischen Begriffsbildungen unter dem Gesichtspunkt des dialektischen und historischen Materialismus als nahezu unerläßlich erscheinen.

Fast alle Wissenschaften, die in den letzten 150 Jahren neu ins Dasein getreten sind, entstanden durch Spezialisierungen innerhalb schon bekannter Wissenschaften, durch Synthese von Teilbereichen von Wissenschaften an der Berührungsgrenze, durch verallgemeinernde Ausweitung schon bestehender Wissenschaften. Die Kybernetik unterscheidet sich von diesen Wissenschaften insofern wesentlich, als sie Merkmale an sich trägt, die wir nur bei der Mathematik, der Logik oder der allgemeinen theoretischen Philosophie finden.

Aber innerhalb der letztgenannten Gruppe von Wissenschaften hat sie wieder ein Besonderes an sich, das sie als völlig neuartig ausweist. Alle Wissenschaften sind in irgendeiner Weise direkt oder indirekt Abbilder der Wirklichkeit, aus der Wirklichkeit abstrahiert. Sie sind also theoretische Interpretationen gewisser, von ihnen unabhängig existierender Objektbereiche. Die Kybernetik weist hier einen neuen wesentlichen Zug auf, der sie philosophisch in die Nähe bestimmter FEUERBACH-Thesen von MARX bringt. Wir meinen die Vorherrschaft des Algorithmus gegenüber dem Theorem. Das Theorem beschreibt das Sein, der Algorithmus aber gibt eine Anleitung zum Handeln.

Nun betreiben wir Wissenschaft letztlich zwar immer, um die Welt zu verändern, aber vom wissenschaftlichen Theorem zum tätigen Handeln führt oft ein weiter theoretischer und praktischer Weg. Die Kybernetik hingegen ist von vornherein als eine Wissenschaft des Handelns, der Veränderung der Welt entstanden. Wir äußerten in anderen Zusammenhängen einiges darüber, daß man von vier Aspekten der Kybernetik sprechen könne, dem systemtheoretischen, dem regeltheoretischen, dem spieltheoretischen und dem informationstheoretischen. Der Algorithmus durchdringt alle diese vier Bereiche und erhebt die Kybernetik zu einer dialektisch-materialistischen Wissenschaft par excellence.

In der ersten Phase ihrer Entwicklung gingen Philosophie und Naturwissenschaft Hand in Hand beim Versuch einer Klärung des Begriffs der Materie, der Substanz, des Stoffs. Materialismus und Idealismus unterschieden sich im Hinblick auf die Bestimmung der Natur dieser Substanz, auf ihre zeitliche und räumliche Endlichkeit oder Unendlichkeit, auf die Frage nach der Priorität von Denken und Materie usw. Es ist wissenschaftsgeschichtlich zur Genüge erwiesen, daß diese Auseinandersetzung so vor sich ging, daß Idealismus und Mystizismus aus einem Bereich nach dem anderen vertrieben wurden. Seit Beginn des vorigen Jahrhunderts verlagert sich das Kampffeld weitgehend in einen neuen Bereich, den der Energie. Auch hier ging es keinesfalls nur etwa um physikalische, chemische und biologische Fragen; davon legen nicht nur die philosophischen Schriften dieser Zeit, sondern alle entscheidenden theoretischen Abhandlungen der großen Naturwissenschaftler, die mit diesen Problemen gerungen haben, Zeugnis ab. Die philosophische Klärung dieses Bereichs fand einen Höhepunkt in dem erwähnten Werk LENINS „Materialismus und Empiriokritizismus“. Mit dem Aufkommen der Kybernetik tritt nun neben die philosophisch-einzelwissenschaftliche Problematik, die durch die Begriffe Materie, Substanz, Stoff einerseits, Energie, Bewegung etc. andererseits gekennzeichnet ist, das Problem der Struktur, der Organisation, der Information. Wiederum tauchen philosophische Fragen in großer Fülle auf. Was ist Information ontologisch gesehen? Es fehlt nicht an objektiv-idealistischen und subjektiv-idealistischen Antworten auf diese Frage. Wir haben uns an anderer Stelle zu zeigen bemüht, daß die ganze Problematik sich zwanglos in das System des dialektischen Materialismus integrieren läßt und keine neuen Argumente für die aus den anderen beiden Bereichen vertriebenen idealistischen Systeme liefert.

Ein solcher Nachweis ist aber nur mit spezifisch philosophischen Mitteln möglich. Es gibt im Westen eine umfangreiche philosophische Literatur, die sich um die These gruppiert, daß Information bzw. Organisation weder Materie noch Energie sei, die Kybernetik also angeblich einen Seinsbereich erschlossen habe, der einerseits wissenschaftlich objektivierbar, andererseits aber einer materialistischen Interpretation unzugänglich sei. Wir haben uns an anderer Stelle bemüht, die Falschheit dieser These nachzuweisen. Wesentlich scheint uns aber im jetzigen Zusammenhang folgendes zu sein: Der Spezialist auf einem Teilgebiet der Kybernetik, z.B. dem der Informationstheorie, wird vielleicht zu der Auffassung neigen, daß es für ihn völlig gleichgültig sei, ob man den Begriff der Information materialistisch oder idealistisch interpretiere, da ja für den praktischen Gebrauch desselben lediglich die gesetzmäßigen Zusammenhänge, in denen er auftritt, von Bedeutung seien, also z.B. die SHANNONsche Formel über das Maß der Information. Wer jedoch den Kampf um die Objektivierung des Informationsbegriffs von HARLEY, GABOR bis SHANNON verfolgt und diese theoretischen Auseinandersetzungen, die hierbei geführt wurden, unter philosophischen Aspekten untersucht, erkennt, daß der wissenschaftliche Meinungsstreit, der in diesem Umkreis ausgefochten wurde, nur zum Teil fachwissenschaftlich war, im wesentlichen aber auf eine Erörterung erkenntnistheoretischer Probleme hinauslief. Gewiß, das Problem wurde ohne Hilfe von Fachphilosophen gelöst. Daraus folgt jedoch nicht, daß es nicht philosophischen Charakter besäße. Es ist ohne weiteres erkenntlich, daß die Besonderheiten philosophischer Probleme im Gegensatz zu einzelwissenschaftlichen Problemen nicht etwa darin bestehen, daß es Fachphilosophen sind, die sich mit ihnen beschäftigen, oder daß es sich um Fragen handelt, die in einem bestimmten philosophischen System auftreten, sondern diese sind dadurch gekennzeichnet, daß sie dem der Philosophie eigenen wissenschaftlichen Gegenstandsbereich angehören und mit Hilfe philosophischer Methoden bearbeitet werden müssen. Viele Fragen dieser Art haben Einzelwissenschaftler mehr oder weniger richtig und spontan gelöst. Die Skala solcher Probleme reicht von der formalen Logik über die Erkenntnistheorie bis zu politisch-ideologischen Fragen, die im Zusammenhang mit der Kybernetik stehen. Beachtet man jedoch die weiter vorn erwähnten Zuordnungen zwischen Kybernetik und dialektischem Materialismus, so ist offensichtlich, daß Fragen der genannten Art besser und wirkungsvoller gelöst werden können, wenn man der Kybernetik die philosophische Haltung entgegenbringt, die ihr adäquat ist, d. h. die des dialektischen Materialismus, und sich nicht auf von Fall zu Fall zu erarbeitende spontane philosophische Lösungen verläßt. Diese objektiv existierenden, zum Teil isomorphen Zuordnungen sind zugleich die Grundlage für kollektive Zusammenarbeit und Arbeitsteilung an der Grenzfläche von Philosophie und Kybernetik.

Diese an einigen zentralen Problemen erläuterten Gedanken über das Wechselverhältnis von Kybernetik und Philosophie mögen ihre Ergänzung durch die Behandlung eines Komplexes von Fragen finden, die zwar im Vergleich zum bisher Gesagten speziellen Charakter tragen, die aber in ihrer Art besonders charakteristisch für das Zusammenspiel von Kybernetik und Philosophie sind. Wir greifen die Beziehung zwischen Informations- und Erkenntnistheorie heraus. Die Entstehung von Bewußtseinsvorgängen ist ein informationstheoretisches Phänomen. Die Sinneswahrnehmung, Bildung von Vorstellungen, Begriffen usw., fast alles hat seine informationstheoretische Entsprechung. Die Theorie des ersten und zweiten Signalsystems erfährt heute eine logisch-mathematische Untermauerung. Der gesamten materialistischen Erkenntnistheorie wird dadurch eine wesentliche Bereicherung und Vertiefung zuteil. Das Reafferenzschema Anochins, der morphologische und funktionelle Nachweis seiner tatsächlich materiellen Existenz gibt den Schlüssel zum besseren und tieferen Verständnis einer ganzen Reihe erkenntnistheoretischer Probleme, die im Gang der Geschichte der Philosophie eine Rolle gespielt haben und heute noch auf der Tagesordnung stehen. Wir fügen diesen Darlegungen eine grobe Skizze bei, die heuristische Hinweise über die wechselseitige Beziehung zwischen diesem Anochinschen Prinzip, bestimmten Typen von Automaten mit veränderlichem inneren Modell der Außenwelt und erkenntnistheoretischen Problemen beinhaltet (Abb. 1). Die in diesem Zusammenhang genannten Automatentypen sind gerade in Verbindung mit dem Schema Anochins von großem erkenntnistheoretischem Interesse. Sie haben den Charakter kybernetischer Modelle erkennender und lernender Systeme (Modell der Lernmatrix von Steinbuch). An ihnen läßt sich experimentieren, womit die Kybernetik wiederum einen völlig neuen Zug in die Erkenntnistheorie bringt, an ihnen kann das Verhältnis der in die Maschine gelegten Konstruktionsprinzipien (was erkenntnistheoretisch dem rationellen Kern des a priori entspricht) zu den systematisch erworbenen und den zufällig erhaltenen Kenntnissen studiert werden. Es zeigt sich dabei, daß bei diesen Untersuchungen nicht nur die Erkenntnistheorie, sondern auch die Technik, Pädagogik und Berufspädagogik unmittelbare Nutznießer dieser neuen kybernetischen Entwicklung sind. Dies im einzelnen auszuführen, wird Sache der entsprechenden, auf dieser Konferenz vertretenen Fachwissenschaften sein.

Die moderne Neurophysiologie hat, kybernetisch untermauert, festgestellt, daß es nicht richtig ist, die Zahl der Sinnesorgane auf fünf zu begrenzen und damit willkürlich und subjektivistisch bestimmte Informationsträger und -verarbeiter zu Unrecht zu einem Sinnesorgan zu vereinigen. Der moderne Erkenntnistheoretiker wird also mit etwa zehn Sinnesorganen operieren müssen, wenn er Anspruch darauf erhebt, über die Stufe von J. Locke hinausgewachsen zu sein.

Erkenntnistheoretisch wichtig ist vor allem noch die Tatsache, daß die Sinnesorgane die von ihnen aufgenommenen Informationen verstärken, wandeln und nur zum Teil an das Großhirn, an das Bewußtsein weiterleiten. Damit wirft die moderne Kybernetik im Zusammenhang mit den informationstheoretischen Besonderheiten unserer Sinnesorgane neues Licht auf die These, daß Wahrheit weder den Sinnesempfindungen noch den Begriffen, sondern lediglich den Aussagen zukommt. Was in das Gehirn gelangt, ist auf Grund der außerordentlichen Einengung des Nachrichtenstroms nicht mehr einfach das primitiv und ikonisch verstandene Abbild des Gegenstands, der den Informationsstrom aussendet. Das ist erkenntnistheoretisch von großer Bedeutung. Es macht die Tatsache deutlich, daß die wichtigste Leistung eines guten Nachrichtenempfängers und -verarbeiters nicht in der Menge der aufgenommenen Information, sondern in ihrer Auswahl

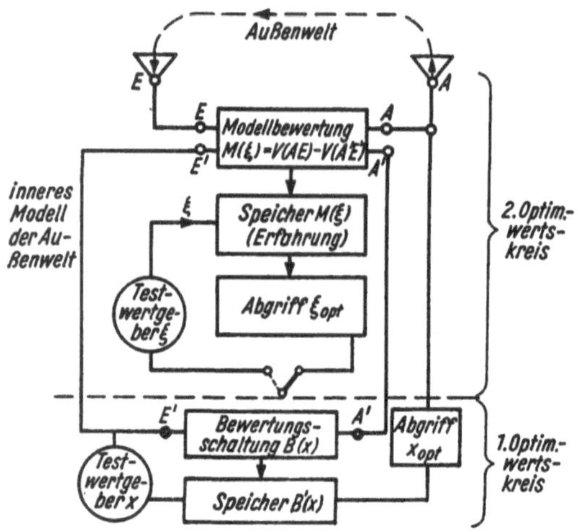

Steinbuch

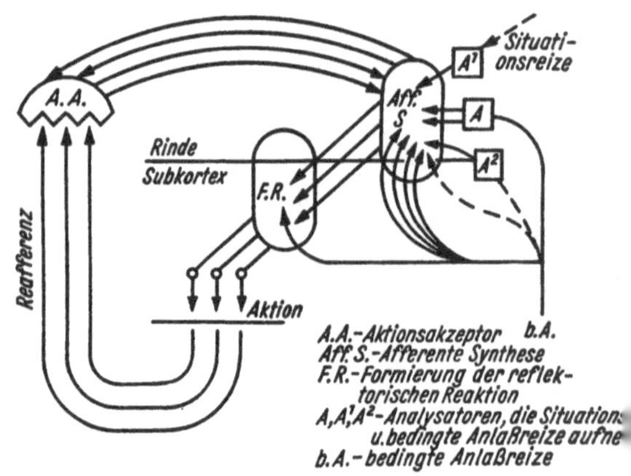

Anochin

$E'A'$ — Inneres Modell der Außenwelt	Bereich der afferenten Synthese bis zum Aktion akzeptor ∼ dem inneren Modell der Außenwelt
Testwertgeber ξ kann die Bewertungsschaltung $B(x)$ zu verschiedenem Verhalten veranlassen (dabei spielt die „Erfahrung“ eine Rolle)	bedingte Situationsreize veranlassen auf der Grun lage vorangegangener Erfahrung eine Vorintegr tion der Nervenprozesse
Testwertgeber x	bedingte Anlaßreize
Bewertungsschaltung $B(x)$ (kann als technische Imitation der dialektischen Einheit von ‚bedingten Anlaß- und Situationsreizen‘ verstanden werden)	afferente Synthese (dialektische Einheit von bedingten Anlaß- u Situationsreizen)
Modellbewertung $M(\xi) = V(AE) - V(A'E')$ — Ermittlung des Unterschieds zwischen dem Verhalten der Außenwelt zwischen den Punkten A und E und dem Verhalten des Modells zwischen A' und E'	Aktionsakzeptor ∼ Modellbewertung (Entstehu des Plans der Handlung auf der Grundlage des V gleichs des Verhaltens der Außenwelt mit den un ähnlichen Bedingungen gemachten Erfahrunge d. h. mit dem inneren Modell der Außenwelt)
Abgriff x_{opt}	Abschluß der afferenten Synthese und Formieru der reflektorischen Reaktion
Einwirkung auf die Außenwelt Erneute Modellbewertung $M(\xi) = V(AE) - V(A'E')$ auf der Grundlage der Rückwirkung der Außenwelt	Aktion Reafferenz und Bewertung des Plans der Reakti mit dem tatsächlich erzielten Effekt durch d Aktionsakzeptor

Abb. 1. Versuch einer heuristischen Zuor

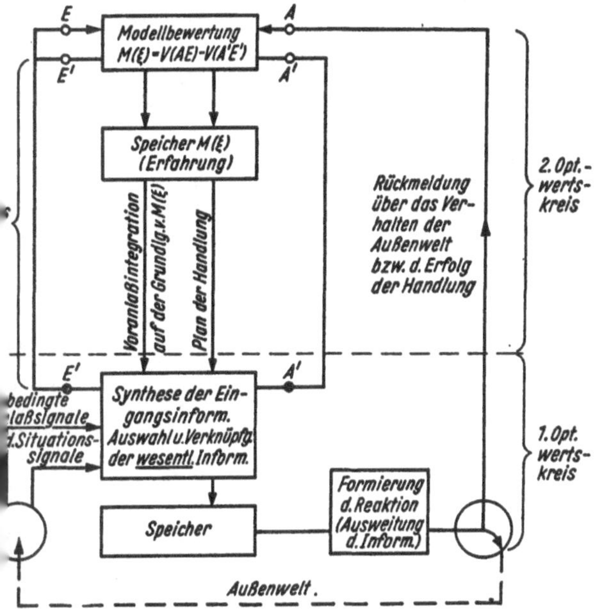

Ieuristischer Versuch einer Anwendung des gezeig-
en Schemas auf den menschlichen Erkenntnisprozeß

'E' — dialektische Negation der sinnlichen Wahr-
ehmung mittels ihrer rationalen Verarbeitung auf
er Grundlage der Erfahrung (relatives Apriori, posi-
iver Kern des Rationalismus)

edingte Situationssignale sind die objektive Grund-
age des die sinnliche Wahrnehmung beeinflussenden
elativen Apriori (im Nichterkennen dieses Moments
esteht eine der wesentlichen Schwächen des Ra-
ionalismus)

edingte Anlaßsignale — aktuelle Sinneswahrneh-
nung (im Hervorheben dieses Moments besteht
er rationelle Kern des Empirismus, in seiner Ver-
bsolutierung seine Schwäche)

ynthese der Eingangsinformation bedeutet Aus-
vahl und Verknüpfung der *wesentlichen* Informa-
ion, d. h., die Erkenntnis ist kein fotografisches Ab-
ild im Sinne des Empirismus. Die Synthese der
ingangsinformation ist eine dialektische Synthese
on sinnlicher und rationaler Erkenntnis (dialektische
Jegation von Rationalismus und Empirismus)

Iodellbewertung — Korrektur des Abbilds auf der
rundlage des Vergleichs von Modell und prakti-
chem Erfolg des Handelns (Bestätigung der Rolle
er Praxis als Kriterium der Wahrheit; im Nicht-
rkennen dieses Aspekts besteht die entscheidende
chwäche von Rationalismus und Empirismus)

bschluß der Synthese auf der Grundlage des Plans
er Handlung und Maßnahmen zu seiner Realisie-
ung — dialektische Einheit von Erkenntnis und
Iandeln

Iandlung (gesellschaftlich-praktische Tätigkeit)

Vergleich des Plans mit dem praktischen Erfolg der
Iandlung und seine Korrektur als Grundlage für
eue Erkenntnisse

und der Verknüpfungsleistung zu suchen ist. Hier eröffnen sich sichtlich Möglichkeiten zur kybernetischen Modellierung des Verhältnisses von Sinneswahrnehmung und theoretischem Denken, Möglichkeiten, die wiederum ihre Ausstrahlung auf die Theorie der technischen Roboter haben werden.

Wir sagten schon: Auswahl von Informationen, Verknüpfung von Informationen und Speicherung wesentlicher Informationen machen die entscheidende Seite des menschlichen Bewußtseins aus. Daher ist die Informationskapazität des menschlichen Gehirns nicht einfach als Informationsspeicherkapazität zu betrachten, sondern man muß der Neuronenschaltstruktur selbst einen Informationsvorrat zusprechen.

Wir sprachen davon, daß die Kybernetik u. a. auch deswegen eine spezifisch dialektisch-materialistische Wissenschaft ist, weil sie im Sinne der FEUERBACH-Thesen von MARX von vornherein auf die Veränderung der Welt, auf das Handeln zielt und nicht auf kontemplative ruhige Abbildung des Seins. Für die Kybernetik steht als ihr Träger nicht der homo sapiens im Mittelpunkt, sondern der homo faber. Diese Relation ist die pragmatische Entsprechung der semantischen Beziehung von Algorithmus und Theorem. Gewiß, auch hier hat die Kybernetik ihre philosophischen und einzelwissenschaftlichen Vorläufer. Das ist für die technischen Wissenschaften fast trivial, gilt aber auch für eine so abstrakte Wissenschaft, wie es die Mathematik ist. Der Intuitionismus eines BROUWER und HEYTING mit seiner konstruktivistischen Haltung dürfte hier seinen rationellen philosophischen Kern haben. Wesentlich für unsere Zwecke ist jedoch die Tatsache, daß die Kybernetik sich ob dieser ihrer besonderen Eigenart für eine Analyse gesellschaftlicher Prozesse anbietet und berufen erscheint, zu einer Bereicherung des Kategoriennetzes des historischen Materialismus und seiner Methodik beizutragen. Es soll hier nicht untersucht werden, ob es präziser ist zu sagen, der historische Materialismus sei die Anwendung des dialektischen Materialismus auf die Gesellschaft oder die Ausdehnung dieser Sätze auf die Geschichte etc. etc. Auf jeden Fall wären die weiter oben behaupteten Zuordnungen zwischen Dialektik und Kybernetik auf den historischen Materialismus übertragbar.

Das scheint uns gerade im jetzigen Moment von großer Bedeutung zu sein. Wir glauben, diese Feststellung aus folgendem Grunde treffen zu dürfen: Theorie und Methode einer Wissenschaft bilden zwar immer eine Einheit, aber diese Einheit ist selbst dialektisch widerspruchsvoll. Zeitweilig tritt die eine dieser beiden Seiten im Gang der Entwicklung einer Wissenschaft wesentlich stärker hervor als die andere. Manchmal kann die genaue Fixierung eines Begriffs, einer Kategorie der entscheidende Knotenpunkt für die Weiterentwicklung einer Wissenschaft sein. Wir denken etwa an die kategoriale Festlegung des Begriffs der Gleichzeitigkeit zu Beginn der Entwicklung der speziellen Relativitätstheorie. Zu anderen Zeiten können Methodenfragen alles überschatten. Meiner persönlichen Meinung nach trifft diese Situation gegenwärtig auf den historischen Materialismus zu. Die Klärung des Verhältnisses zwischen dieser philosophischen Disziplin und einer marxistischen Soziologie, die Analyse der gesellschaftlichen Prozesse in unserer Deutschen Demokratischen Republik, die ganze Fülle der Forschungsaufgaben zum historischen Materialismus, die in dem von der Sektion für Philosophie der

Deutschen Akademie der Wissenschaften zu Berlin beschlossenen Forschungsplan für die DDR verankert sind, verlangen auch eine Weiterentwicklung der Methode des historischen Materialismus. Natürlich kann und muß diese von dem von Marx, Engels und Lenin geschaffenen Fundament ausgehen. Sie darf aber nicht dabei stehenbleiben. Vielmehr wird es sich darum handeln, alles was durch den philosophischen Abstraktionsprozeß aus den Einzelwissenschaften zur Bereicherung dieser Methode herausdestilliert werden kann, auch tatsächlich herauszudestillieren, mag es sich nun um die Anwendung statistischer Methoden oder — und das betrifft uns hier — um die Verwertung methodologischer Errungenschaften der Kybernetik handeln.

Und in der Tat ist die „Fülle der Gesichte", die sich hier aufdrängt, nahezu unübersehbar. Die Stabilitätstheorie kybernetischer Systeme gilt auch für ökonomische und politische Systeme. Die allgemeinen Thesen der Spieltheorie gelten auch für den Klassenkampf, den Kampf verschiedener Gesellschaftssysteme, für die Formen und Methoden der ideologischen Auseinandersetzungen. Das Wechselspiel von Basis und Überbau, die Relationen zwischen den einzelnen Bereichen des Überbaus, das alles bietet sich einer Untersuchung bzw. Interpretation im Bereiche der Informationstheorie an.

Die Tatsache, daß Soziologen des Imperialismus heute viel Aufhebens von angeblichen Möglichkeiten zur Errettung der Stabilität des kapitalistischen Systems mit Hilfe kybernetischer Methoden machen, kann nicht als Vorwurf gegen die Wissenschaft der Kybernetik benutzt werden. Nichts wäre alberner, als etwa das Werk von John v. Neumann und Morgenstern „Theory of Games and Economic Behaviour" deswegen verwerfen zu wollen, weil Morgenstern ein Anhänger der Grenznutzentheorie ist und in diesem hervorragenden mathematischen Werk versucht, die Grenznutzentheorie theoretisch zu untermauern. Natürlich kann die Kybernetik nicht historisch überholte Gesellschaftsordnungen und Systeme, die bereits instabil geworden sind, mit neuem geschichtlichen Inhalt und stabilisierenden Faktoren versehen. Die kybernetische Analyse kann ein instabiles gesellschaftliches System als solches erkennen und je nach Art der Komplexität dieses Systems mehr oder weniger genaue Voraussagen über seine weitere Zukunft machen. Die Kybernetik kann nicht die geschichtlichen und gesellschaftlichen Mittel schaffen, um etwa dem imperialistischen System neue Stabilität zu verleihen. Das bedeutet jedoch nicht, daß diese neue Wissenschaft nicht auch als eine wichtige Waffe zur Verteidigung der immer mehr abbröckelnden Positionen des Imperialismus benutzt werden kann und tatsächlich benutzt wird.

Für uns wichtig ist vor allem: Die Kybernetik kann bei der bewußten Gestaltung eines seiner Natur nach stabilen sozialen Systems, wie es der Sozialismus ist, mithelfen. Sie kann als ein wirksames Instrument der sozialistischen Planung und Organisation der Volkswirtschaft und der gesellschaftlichen Beziehungen betrachtet werden. In diesem Zusammenhang stellt die notwendige Auswertung der Kybernetik dem historischen Materialismus neue umfassende Aufgaben. Als eine theoretische Grundlage der Automatisierung ist sie ein entscheidender Bestandteil unserer modernen Produktivkräfte. Sie muß deshalb in das System der Produktivkräfte, das der historische Materialismus kategorial erforscht, eingegliedert und in ihren diesbezüglichen Auswirkungen auf den Menschen sowie in ihrem Einfluß auf das Gesamtsystem der gesellschaftlichen Produktivkräfte untersucht werden. Kybernetik und Automatisierung werden einen besonders weitreichenden Einfluß auf die Entwicklung des im Arbeitsprozeß stehenden Menschen ausüben. Die moderne Technik befreit den Menschen in zunehmendem Maße von schematischer Arbeit, sie ermöglicht und fordert die allseitige Entwicklung seiner schöpferischen Fähigkeiten. Moderne Vielzweckroboter und elektronische Rechenmaschinen, die ihr Programm erforderlichenfalls selbständig ändern können, werden die Möglichkeiten des Menschen in bezug auf diese Fähigkeiten multiplizieren. Die Kybernetik trägt in diesem Zusammenhang dazu bei, den Begriff des Schöpferischen auf der Grundlage kybernetischer Analogien exakter zu fassen und genauer zu definieren, um damit neue Wege für die Ausbildung dieser menschlichen Fähigkeiten zu weisen.

Die Kybernetik hat außerdem spezielle Methoden zur Bewältigung komplexer Systeme ausgearbeitet, die von den klassischen, von der Physik, Chemie usw. behandelten Systemen, wesentlich verschieden sind. Deshalb ist sie besonders geeignet, die Forschungsmethode des historischen Materialismus zu bereichern. Welche der von Marx und Engels analysierten gesellschaftlichen Beziehungen man sich auch herausgreift und einer zusätzlichen kybernetischen Analyse unterwirft, es zeigt sich immer, daß wir es mit derartigen komplexen Regelsystemen zu tun haben, die den allgemeinen, von der Kybernetik festgestellten Gesetzmäßigkeiten unterliegen.

Um die Kybernetik als Hilfswissenschaft für den historischen Materialismus, seine Theorie und Methode, fruchtbar zu machen, wird es in vielen Fällen notwendig sein, zunächst einmal wohlbekannte Ergebnisse des historischen Materialismus kybernetisch zu interpretieren. Eine solche Neuinterpretation ist wissenschaftlich nur dann gerechtfertigt und sinnvoll, wenn auf diese Weise sich schließlich, wenn auch nicht gleich und sofort, neue Aspekte und Problemstellungen ergeben, die bisher nicht beachtet wurden, die nicht in größeren, jetzt durch die Kybernetik vermittelten Zusammenhängen gesehen wurden. Um nur ein Beispiel zu geben, das allerdings geschichtsphilosophisch und methodologisch von außerordentlicher Bedeutung war und noch ist: die Analogie als eine Methode der Interpretation gesellschaftlicher, geschichtlicher Vorgänge. Oswald Spengler und andere haben unentwegt mit Analogievorstellungen gearbeitet und ganze philosophiehistorische Systeme auf ihnen aufgebaut. Dort, wo dieser Begriff der Analogie selbst höchst verschwommen festgelegt ist, kann man mit ihm alles und nichts beweisen, jede vernünftige und unvernünftige Konstruktion rechtfertigen. Nun benützt aber auch die Kybernetik die Analogiemethode. Sie tut dies aber auf der Grundlage exakter mathematisch-logischer Analysen und Begriffsbildungen. Die kybernetische Neuinterpretation des Analogiebegriffs als Hilfsmittel der Geschichtsphilosophie wird also mithelfen, Idealismus, Mystizismus und Spekulation aus dem Bereich der Geschichte zu vertreiben, und kann zu einer sehr wesentlichen methodologischen Bereicherung des historischen Materialismus führen. Dort freilich, wo eine kybernetische Neuinterpretation schon bekannter

Zusammenhänge um ihrer selbst willen erfolgt, werden keine neuen Erkenntnisse gewonnen, wird ein Modespiel mit Begriffen getrieben, liegt die Gefahr des Schematismus nahe. Aber diese Gefahr ergibt sich in jeder Wissenschaft, in der neue methodologische Hilfsmittel eingeführt werden. Man soll vor allem den Einsatz der Kybernetik als Hilfswissenschaft für den historischen Materialismus nicht an den ersten, noch sehr bescheidenen Erfolgen messen wollen. Jetzt, wo wir noch am Anfang stehen, wird es manchmal bereits ein sehr zufriedenstellendes Ergebnis darstellen, wenn eine kybernetische Interpretation schon bekannter historisch-materialistischer Zusammenhänge uns hilft, diese Zusammenhänge in einem neuen Licht zu sehen, mit neuen Problemkreisen in Berührung zu bringen. Dazu ein Analogon: Als EINSTEIN die LORENZ-Invarianz der MAXWELLschen Gleichungen nachweisen konnte, waren damit zunächst weder neue experimentelle, noch gar technische Tatbestände zutage gefördert worden. Aber es sprang dabei — was damals eine rein theoretische Spielerei zu sein schien — die Formel $e = m \cdot c^2$ heraus, die, wie wir heute wissen, mit dem weiteren Schicksal der Menschheit in einer recht bedrohlichen Weise verbunden ist.

Neben wissenschaftsmethodologischen Problemen von der Art, wie wir sie im Vorstehenden an typischen Einzelfällen charakterisierten, spielen in den Diskussionen um die Kybernetik — speziell im Zusammenhang mit ihren Anwendungen in der Technik — ideologische Fragen eine große Rolle. Sehr gerne werden Diskussionen an eine Gegenüberstellung von Mensch und Automat geknüpft.

Hieran werden sinnlose Spekulationen über übermenschliche, dämonische Roboter und mögliche tödliche Gefahren für die Menschheit geknüpft, wodurch von bestimmten ökonomischen und politischen Schwierigkeiten, denen das kapitalistische System ausgesetzt ist, abgelenkt werden soll. Man erhitzt die Gemüter an im Grunde genommen sinnlosen Fragestellungen. Konkret sieht dieses Verfahren etwa folgendermaßen aus: Man negiert das gesellschaftliche Wesen der Menschen, stellt sie als isolierte Individuen, die sich in unablässigem Kampf befinden, einander gegenüber. Dann läßt man diese Zerrbilder von Menschen Automaten nach diesem ihrem Bild konstruieren und leitet das Schreckgespenst des Automaten ab, der stärker und brutaler ist als der Mensch, der ihn geschaffen hat, der sich verselbständigt, dann den Menschen bekämpft und ihn sich schließlich unterwirft bzw. ihn vernichtet.

Eine Diskussion der Frage des gegenseitigen Verhältnisses von Mensch und Automat ist aber tatsächlich eine Auseinandersetzung in einem Grenzgebiet zwischen Kybernetik und Philosophie. Die Kybernetik allein — ohne Philosophie — ist zwar in der Lage, Modelle zu schaffen, die den Menschen hinsichtlich sehr wesentlicher Gesichtspunkte imitieren, sie ist auch in der Lage, in diesem Zusammenhang wichtige neue Teilerkenntnisse über den Menschen selbst zutage zu fördern. Aber sie bleibt gerade in diesen Fragen nur eine Einzelwissenschaft und bedarf deshalb der Hilfe der Philosophie, um die Brücke zu allen anderen Wissenschaften zu schlagen, wenn sie nach umfassenden Antworten hinsichtlich des Wechselverhältnisses des Menschen zu den ihn imitierenden Automaten sucht. Diese Vermittlung zum Gesamtwissen kann wieder nur die marxistische Philosophie bieten.

Schafft sich der Kybernetiker keine bewußte philosophische Klarheit über die gesellschaftliche Rolle seiner neuen Wissenschaft, über den Charakter der Diskussionen um die zentralen Probleme der neuen Disziplin, so kann er, ohne dies gewollt zu haben, höchst negativen gesellschaftlichen Kräften Vorschub leisten.

Philosophie und Kybernetik, genauer gesagt, marxistische Philosophie und Kybernetik sind von der Sache her, vom kategorialen erkenntnistheoretischen Standpunkt und vom Standpunkt der Anwendung in Technik und Gesellschaft eng miteinander verbunden. Aufgabe künftiger Bemühungen wird es sein, von dieser sachlichen Grundlage ausgehend, in gemeinsamer Forschung, in gemeinsamer Gestaltung wissenschaftspolitischer und wissenschaftsorganisatorischer Formen der Zusammenarbeit das, was der Möglichkeit nach, der objektiven Grundlage nach an sich bereits gegeben ist, bewußt zu gestalten, im Interesse des weiteren Aufbaus unserer Deutschen Demokratischen Republik, im Interesse des Sozialismus und damit wiederum der Wissenschaft selbst.

Prof. Dr. Wilhelm Kämmerer

Leiter der Arbeitsgruppe algorithmische Kybernetik, Außenstelle Jena, des Instituts für angewandte Mathematik und Mechanik der Deutschen Akademie der Wissenschaften zu Berlin

MATHEMATIK UND KYBERNETIK

Einleitung

Die Mathematik nimmt im Rahmen der Einzelwissenschaften eine Sonderstellung zur Kybernetik ein.

Wie jede andere Wissenschaft ist auch die Kybernetik aus praktischen Fragestellungen entstanden, die sich aus der wirklichen Welt darbieten, und aus einer dem menschlichen Geist eigenen Tendenz zur Zusammenschau. Sie hat dabei eine ihr charakteristische und von jeder speziellen Realisierung ihrer Objekte gelöste Problematik gewonnen. Sie benötigt und pflegt in diesem Rahmen eine Reihe mathematischer Disziplinen und ermöglicht Interpretationen auf verschiedenste Anwendungsgebiete, was wiederum rückwirkend ihre eigene Entwicklung fördert. Dabei ist eine Anwendung nicht nur auf solche Objekte möglich, die uns als spezielle Realisierungen von Steuersystemen technischer, organischer, gesellschaftlicher oder auch wissenschaftlicher Natur entgegentreten, sondern ebenso auch auf gemischte Systeme, bei denen der Mensch mit dem Gegenstand seiner Untersuchung oder sonstigen Einwirkung zusammen ebenfalls ein Steuersystem darstellt. Zu solchen gemischten Systemen gehören beispielsweise die Systeme, die sich uns darbieten, wenn Menschen einzeln oder im Kollektiv Maschinen bedienen.

Wie bei der Physik kann man auch bei der Kybernetik von einer theoretischen und einer angewandten Seite sprechen.

Im Rahmen der Einzelwissenschaften wird die besondere Stellung der Mathematik zur Kybernetik dementsprechend durch zwei Gegebenheiten charakterisiert:

1. Kybernetik ist ihren Methoden nach eine mathematische Wissenschaft.[1])
2. Die der Kybernetik eigene enge Verbindung zu einem breiten Kreis verschiedenster Wissenschaften und der mit ihr verbundene Drang nach Abstraktion verschafft ihren Methoden — und dies sind mathematische Methoden — Eingang auch in Wissenschaften, deren Probleme bis dahin einer mathematischen Behandlung unzugänglich erschienen.[2])

[1]) Ljapunow im Vorwort zu „Probleme der Kybernetik“ 1. Akademie-Verlag, Berlin 1962. Übersetzung aus dem Russischen.

[2]) Dies darf aber nicht dazu führen, jedes Eindringen mathematischer Methoden in ein Fachgebiet als Erscheinung einer kybernetischen Denkweise zu bezeichnen!

Kybernetik — eine Wissenschaft

Eine Betrachtung aus mathematischer Sicht

Der Gegenstand

Die Kybernetik hat als wissenschaftliche Disziplin ihren Ursprung in der Mitte unseres Jahrhunderts. Als Initiator ist der amerikanische Mathematiker NORBERT WIENER bekannt, der 1948 sein grundlegendes Werk „Cybernetics" herausgab. Es ist beachtenswert, daß er zu dieser Zeit im engen Arbeitskontakt mit dem Physiologen ROSENBLUETH stand. Begünstigt wurde die Entwicklung des kybernetischen Gedankens durch eine Reihe von Problemen aus der Praxis; erwähnt seien die Automatisierung der Produktion, die Konstruktion komplizierter Rechenautomaten und die in der Folgezeit gemachte Erfahrung, daß sich auch einige Denkvorgänge automatisieren lassen, die man zuvor dem menschlichen Intellekt vorbehalten glaubte, sowie die beginnende Erforschung der Vererbungsmechanismen, der Evolution und der Nerventätigkeit.

Es fehlte und fehlt aber auch nicht an *Streitfragen um die Kybernetik*. So erkennen die einen die Kybernetik zwar an, fordern aber, daß man den Gegenstand der Kybernetik klarer definiere und auch ihre Hauptaufgaben formuliere. Andere wiederum sehen zwar in der Kybernetik nichts dem Charakter einer Wissenschaft Widersprechendes, glauben aber feststellen zu müssen, daß sie nicht mehr sei als eine mechanische Vereinigung einer Reihe von speziellen Fragen anderer Wissensgebiete, daß z.B. die Kybernetik ein Teil der Automatik sei. Eine dritte Gruppe schließlich, die sich nicht über die Fakten klar wurde, sei es, daß sie nicht die erforderliche Zeit aufwandte oder nicht den nötigen Abstraktionsgrad erreichte, sieht in der Kybernetik einen neuen Versuch, eine „Wissenschaft der Wissenschaften" zu schaffen und verurteilt sie deshalb als Pseudowissenschaft.

Über diese Fragen ist schon viel und an vielerlei Stellen diskutiert worden. Man kann daher durchaus die Meinung vertreten, man solle von weiteren Diskussionen absehen und zur vordringlicheren, da nutzbringenden Arbeit selbst übergehen und es einer späteren Zeit überlassen, hier eine letzte Klärung zu bringen. Der Kybernetiker könnte einer solchen Entscheidung ruhig entgegensehen, da das von ihm vertretene Gebiet schon heute Erfolge aufzuweisen hat, die es für sich in Anspruch nehmen kann. Es sei hier nur auf den Begriff ultrastabiler Systeme hingewiesen, den W. ROSS ASHBY aus psycho-physischen Untersuchungen gewonnen hat und der als eine grundlegende Basis für selbstorganisierende Systeme große technische Bedeutung schon in nächster Zukunft zeigt.

Ohne Zweifel sind die Methoden, deren sich die Kybernetik auf ihrer theoretischen Seite bedient, mathematischer Natur. Darüber hinaus läßt sich auf dem Boden der Mengenlehre und Topologie eine strenge Definition der Grundbegriffe einer theoretischen Kybernetik entwickeln, wie der sowjetische Mathematiker JABLONSKI in seiner Arbeit „Grundbegriffe der Kybernetik" [1] ausführte. Im Mittelpunkt seiner Ausführung steht der Begriff eines abstrakten kybernetischen Systems, der selbst wieder zu seiner Definition eine Reihe weiterer Begriffe benötigt, u. a. den des Netzes, des Speichers, des Schemas und seiner Funktion usw.

Diese mathematischen Konstruktionen abstrakter kybernetischer Systeme, auf die im einzelnen hier nicht die Zeit ist einzugehen, lassen dann die Frage auftauchen, in welchem Zusammenhang sie zu den konkreten „in unserer Umwelt auftretenden" Systemen stehen. Zu diesen gehören z.B. ein Nervennetz ebenso wie eine Automatenstraße oder ein Ziffernrechenautomat, ein Molekül ebenso wie ein Algorithmus zur Lösung einer mathematischen Aufgabe usw. Bekanntlich kommt man mit dem energetischen Begriffssystem nicht zu einem vollständigen Verständnis der konkret in unserer Umwelt auftretenden Systeme. Die Behandlung der strukturellen Fragen macht ein zweites Begriffssystem notwendig, das den Begriff der Information zentral trägt. Beide Aspekte treten in unserer Umwelt verbunden auf. Ein energetisches System ohne Struktur ist chaotisch, und jeder Informationsprozeß ist an einen energetischen Träger gebunden.

Bei Betrachtung eines konkreten Systems wird man je nach Zielsetzung den einen oder den anderen Gesichtspunkt stärker betonen. In diesem Sinne kann man von einem konkreten Steuersystem sprechen; dieses ist an die besondere Form seiner Realisierung gebunden. So treten uns bestimmte technische oder biologische oder gesellschaftliche usw. Steuersysteme als konkrete Steuersysteme entgegen.

Auf der anderen Seite steht das exakt definierbare abstrakte kybernetische System als präzisierter Begriff.

Hier liegt eine ähnliche Situation vor, wie sie bei den Bestrebungen, zu einer Präzisierung des Algorithmenbegriffs zu kommen, 1936 zur CHURCHschen These geführt hat. Man kann den Zusammenhang zwischen den beiden Arten von Steuersystemen in eine grundlegende *Hypothese über Steuersysteme* fassen: *Jedes konkrete Steuersystem kann durch ein abstraktes kybernetisches System adäquat dargestellt werden* oder auch in der Form: *Jedes konkrete System kann hinsichtlich des strukturellen Aspekts durch ein abstraktes kybernetisches System adäquat dargestellt werden.* Dabei soll die adäquate Darstellung in dem Sinne verstanden werden, daß gewisse Charakteristiken des abstrakten kybernetischen Systems — diese liegen in Schemata und Funktionen verankert — die entsprechenden Charakteristiken des konkreten Steuersystems unverzerrt und anschaulich darstellen. So faßt ein abstraktes kybernetisches System im allgemeinen mehrere konkrete Steuersysteme zusammen, nämlich die Klasse der konkreten Steuersysteme, die isomorphe Schemata und Funktionen aufweisen, beispielsweise also neben einem biologischen evtl. auch ein technisches System. *Diese exakt definierten abstrakten kybernetischen Systeme sind nun die Objekte* der theoretischen Kybernetik. Sie sind nicht identisch mit den konkreten Steuersystemen, die Objekte der entsprechenden Wissenschaften sind. So sind die Moleküle Gegenstand von Untersuchungen der Physiker und Chemiker, Nervennetze unterliegen den Untersuchungen des Physiologen und technische Regelsysteme werden von dem Mathematiker und Ingenieur behandelt.

Die abstrakten kybernetischen Systeme weisen eine Reihe charakteristischer Eigenschaften auf.

1. *Die abstrakten kybernetischen Systeme sind diskreter Natur.* Weder Schemata noch Funktionen (Operatoren) lassen stetige Übergänge zu. Man kann nicht

von Addition zu Multiplikation stetig übergehen, nicht von einem Schema mit einem Zyklus zu einem solchen mit mehreren. Auch die Zeit und die Speicherinhalte gehen diskret in die Konstruktion der mathematischen Steuersysteme ein. *Dieser diskrete Charakter gibt den Verfahren, deren sich die Kybernetik bedient, ein bestimmtes Gepräge.* Sie verschieben das Blickfeld der angesprochenen mathematischen Disziplinen in Richtung auf mengentheoretische, wahrscheinlichkeitstheoretische, topologische, algebraische und besonders logische Methoden. Hier ist ein deutliches Abrücken von den um Analysis und numerische Mathematik gruppierten Disziplinen zu konstatieren. Diese Tatsache bedingt eine besondere Ausrichtung des auf kybernetischem Gebiet arbeitenden Mathematikers.

2. Konkrete Steuersysteme, die auf kybernetische Behandlung drängen bzw. bei denen eine adäquate Darstellung durch abstrakte kybernetische Systeme angebracht erscheint, sind komplexer Natur. Dies führt dazu, daß zur Untersuchung anstehende *abstrakte kybernetische Systeme im allgemeinen ebenfalls komplexer Natur sind.*
3. Der Begriff des abstrakten kybernetischen Systems *ist relativ bezüglich der Aspektenwahl.* Darin kommt zum Ausdruck, daß man ein konkretes System unter Umständen in unterschiedlichster Weise als Steuersystem auffassen kann. So können wir beispielsweise von einem in Betrieb befindlichen Rechenautomaten das System Maschine oder das die Maschine steuernde Programm oder den durch dieses Programm realisierten Algorithmus als besondere Seite auffassen und dementsprechend das abstrakte kybernetische System bilden.
4. Bei der Aufstellung abstrakter kybernetischer Systeme adäquat zu konkreten Systemen werden vielfach *Vernachlässigungen von Randerscheinungen* notwendig. Beispiele bieten die Aufstellung von Algorithmen zur automatischen Sprachenübersetzung und zur Behandlung strategischer Spiele.

Die Methoden und Hauptaufgaben

Ist so der Gegenstand der theoretischen Kybernetik in den abstrakten kybernetischen Systemen gefunden, lassen sich auch die Hauptaufgaben und die wesentlichsten Arbeitsmethoden der angewandten Seite, soweit sie heute sichtbar sind, umreißen.

A. Die Analyse eines konkreten Steuersystems mit dem Ziel, das zugehörige abstrakte kybernetische System zu gewinnen, tritt uns in zwei Formen entgegen, je nachdem, ob wir das System in seiner Makrostruktur oder Mikrostruktur den Untersuchungen zugrunde legen.

   1. Bei der *Makrobehandlung* sind dem Experiment zunächst nur die Pole, der äußere Speicher und das Verhalten zugänglich. Solche Situationen liegen u. a. bei Untersuchungen an strategischen Spielen und an biologischen Objekten vor.

      a) Dabei wird eine *einleitende Analyse des Schemas* auf das Auffinden der Pole hinzielen, d. h. der Stellen, an denen der Experimentator seine

Untersuchungen ansetzen kann, also auf das Auffinden etwa der Angriffsstellen gewisser Reizeinwirkungen, der Anschlußstellen für Meßinstrumente, insbesondere auch deren spezifische Struktur, und auf das Auffinden des äußeren Speichers. Mögliche Experimente werden zu einer Informationsverarbeitung führen.

b) Daraus erwächst die Frage nach einer zweckmäßigen *Kodierung der Information*, um die Ergebnisse in durchsichtiger Form zu erhalten.

c) Führt man in die Experimente einen den Gegebenheiten angepaßten Zeitschritt ein, so läßt sich eine *Analyse des äußeren Verhaltens* anschließen, das unter Umständen schon zu solchen Erkenntnissen führt, die ein meist allerdings nur teilweises Erkennen des inneren Speichers ermöglichen, so etwa hinsichtlich seiner Mindestgröße und gewisser Zusammenhänge.

d) Wiederholte Analysen, die, auf den schon erreichten Erkenntnissen aufbauend, über den inneren Speicher ausgeführt werden können, lassen diese Erkenntnisse unter Umständen weiter ausbauen, ohne daß im allgemeinen die tatsächliche innere Struktur vollkommen erfaßbar wird.

2. Hier kann unter Umständen eine *Mikrobetrachtung* weiterhelfen, die selbst wieder in der gleichen prinzipiellen Arbeitsfolge wie unter 1. durchzuführen wäre.

Ist man durch eine sinnvolle Kombination von Makro- und Mikrobetrachtung zu einem abstrakten kybernetischen System gekommen, das im Sinne der oben angeführten grundlegenden Hypothese die in Schema und Funktion liegenden Charakteristiken des konkreten Steuersystems unverzerrt und anschaulich durch die entsprechenden Charakteristiken des abstrakten kybernetischen Systems darstellt, so kann sich eine *Analyse der Funktionen mit Hilfe von Algorithmen* anschließen. Dabei kann man entweder wiederum experimentell direkt vorgehen oder nach Übergang zu einem anderen konkreten System, dem die gleichen bzw. äquivalenten Algorithmen zukommen. Eine solche Arbeit einer Modellierung kann beispielsweise mittels eines geeigneten Programms am Rechenautomaten durchgeführt werden. Hier tritt das Äquivalenzproblem von Algorithmen auf.

B. Bei der *Synthese* von Steuersystemen liegen gewisse charakteristische Funktionen gegeben vor mit der Aufgabe, Steuersysteme zu konstruieren, denen diese charakteristischen Funktionen zukommen. Dabei sind zumindest gewisse Nebenbedingungen als zusätzliche Forderungen zu erfüllen, etwa in dem Sinne, gewisse Parameter zu optimieren. Eine Synthese von Steuersystemen kann sich an die durchgeführte Analyse eines konkreten Steuersystems anschließen, um etwa zu einer Modellierung des konkreten Steuersystems zu gelangen, das nur hinsichtlich gewisser charakteristischer Funktionen unser Interesse hat.

C. Schließlich können Untersuchungen an abstrakten kybernetischen Systemen mit der Tendenz einer Untersuchung an „gestörten" *Systemen* zur Ermittlung von „Fehlerursachen" durchgeführt werden, so z. B. im Sinne einer

Diagnose und auf Maßnahmen hinzielend, die zu einer Beseitigung oder Kompensation der Fehlerursachen führen können.

Die vorliegenden Betrachtungen hatten den Zweck zu zeigen, daß es möglich ist, die kybernetischen Begriffe exakt so zu formulieren, daß Gegenstand, Methoden und Hauptaufgaben einer Wissenschaft Kybernetik bestimmt vorliegen.

Es soll hier nicht untersucht werden, ob man tatsächlich die Kybernetik auf diesen gesicherten Bereich beschränken soll oder beschränken wird. Allein schon die Tatsache, daß sowohl bei der Analyse als auch bei der Synthese konkrete Steuersysteme in den Bereich der Betrachtungen einbezogen werden, wird de facto den Wirkungsbereich des Kybernetikers breiter ziehen und ihn in einen notwendigen und fruchtbaren engen Kontakt mit Vertretern anderer Wissenschaften bringen.

Die breitere Basis und die Entwicklungstendenz

Um vom Blickpunkt des Mathematikers aus eine Orientierung über die Breite des kybernetischen Gedankenguts und über die derzeitige Tendenz der Entwicklung zu geben, seien hier aus den zahlreichen Tagungen über Kybernetik einige herausgegriffen und analysiert. Für unsere Belange am nächsten liegt die vom Institut für angewandte Mathematik und Mechanik der Deutschen Akademie der Wissenschaften zu Berlin vom 20. bis 23. März 1962 veranstaltete Tagung mit dem Thema „Mathematische und physikalisch-technische Probleme der Kybernetik“, zumal ihr insbesondere das Ziel gestellt worden war, zu einer solchen Orientierung die Grundlage zu bieten. Der innere Kreis aus den 44 dargebotenen Vorträgen, der sich im wesentlichen auf rein mathematischem Gebiet abspielt, kann zwischen den drei Pfeilern Informationstheorie, Algorithmentheorie und Theorie der Automaten gespannt werden.

Konzentrierte sich das klassische physikalische Begriffssystem um den zentralen Begriff der Energie, so erweist die Untersuchung von kybernetischen Systemen die Notwendigkeit eines zweiten Systems, das sich um den Begriff der Information gruppiert. Aus einem speziellen Problem der Nachrichtenübertragung, nämlich der Kodierung von Nachrichten, hat Claude E. Shannon 1948 die Anregung zu einer *Theorie der Information* gewonnen. Das Grundproblem liegt darin, zu einer vorliegenden Informationsquelle, etwa einer bestimmten Sprache, eine Methode der Kodierung zu schaffen, bei der ein vorliegender, unter Umständen noch gestörter Übertragungskanal die maximal mögliche Informationsmenge bei gleichzeitig angestrebter Sicherheit überträgt. Bei der mathematischen Behandlung dieses Anpassungsproblems wird die Informationsquelle als Wahrscheinlichkeitsraum aufgefaßt, der Kanal wird modellmäßig dargestellt durch zwei abstrakte Räume mit einer Übergangswahrscheinlichkeit. Der Informationsgehalt, mit dem man es unternimmt, messend an den Informationsbegriff heranzukommen — allerdings unter Verzicht auf eine inhaltliche Bewertung —, ist der Natur nach eine mathematische Erwartung, bezogen auf ein Wahrscheinlichkeitsschema. Die formale Ähnlichkeit mit der Formel für die Entropie der Thermodynamik hat dazu geführt, auch hier die Bezeichnung Entropie zu verwenden. Zunächst läßt sich dieser Begriff auf den Wahrscheinlichkeitsraum Informationsquelle anwenden, und er liefert ein Maß für die in der Quelle liegende Unsicherheit, die gerade durch das Erscheinen der speziellen Nachricht beseitigt wird. Durch die Anpassung der Quelle an einen Kanal mittels einer gewählten Verschlüsselung werden in die weiteren, zunächst abstrakten Räume ebenfalls Wahrscheinlichkeitsfelder induziert, auf denen dann entsprechend Entropiebildungen möglich sind. So ergibt sich für das einem außenstehenden Beobachter vollständig erkennbare verbundene System aus Sende- und Empfangssystem, die Verbundentropie; registriert der Empfänger die bei ihm einlaufenden Symbole lediglich im Sinne eines statistischen Ereignisses, so kann er dazu ebenfalls eine Entropie bilden, die Entropie empfangsseitig. Man kann aber auch unter der Bedingung eines bestimmten ausgesandten Symbols die Empfangssituation betrachten wie auch umgekehrt unter der Bedingung eines bestimmten empfangenden Symbols auf die Sendesituation zurückschließen. So spielen noch zwei bedingte Entropien ein, die wesentlich den gestörten Kanal charakterisieren. Die eine, die Verlustentropie, gibt den Betrag an, der von der Quellentropie bei der Übertragung im Kanal verlorengeht; nur die Differenz beider kommt als Transinformationsgehalt beim Empfänger an. Die Größe dieses Transinformationsgehalts hängt nicht nur vom Kanal selbst, sondern auch von der Quelle ab. Das über einer Varianz der Quelle erreichbare Maximum an Transinformationsgehalt ist eine Eigenschaft des Kanals allein und dient als Kanalweite bzw., wenn man zu Informationsflüssen übergeht, als Kanalkapazität zur Charakterisierung des Kanals. Es ist überraschend und gleichsam Inhalt eines Haupttheorems der Informationstheorie, daß auch beim gestörten Kanal durch geeignete Kodierung und Datenverarbeitung diese Kanalkapazität nicht nur beliebig nahe erreicht werden kann, sondern daß dies sogar unter beliebiger Annäherung an die Forderung nach Übertragungssicherheit geschehen kann.

Verarbeitung und Auswertung von Informationen ist eine wesentliche Seite kybernetischer Systeme. Dabei treten die einzelnen Informationen, die den Charakter von Befehlen haben, welche unter Bedingungen gegeben werden, in einem zeitlich geordneten Ablauf auf. Beschreibungen solcher vollständig detaillierten und zeitlich geordneten Anweisungen werden als Algorithmen bezeichnet. So tritt uns als weitere Disziplin der Kybernetik die *Lehre von den Algorithmen* entgegen. Dieser Begriff blieb lange Zeit unpräzisiert. Es verband sich mit ihm die durch die Schaffung zahlreicher erfolgreicher und teilweise recht weitgreifender Algorithmen genährte Erwartung, schließlich zu einem allgemeinen Algorithmus zu gelangen, der die Erledigung aller mathematischen Problemstellungen in sich vereinigte. Allerdings blieb bei verschiedenen angestrebten Verallgemeinerungen trotz vielfältiger Bemühungen der Erfolg aus. David Hilbert hat auf dem Pariser internationalen Mathematikerkongreß im Jahre 1900 eine Reihe ungelöster Probleme genannt, darunter, als 10. Hilbertsches Problem bekannt, die Frage nach der Möglichkeit, ein universelles Verfahren zu schaffen, das gestattet, eine beliebige diophantische Gleichung von mehreren Unbekannten zu lösen. Aus der Tatsache heraus, daß so viele Anstrengungen ähnlicher Art ohne Erfolg geblieben sind, erwuchs der Verdacht auf das Vorhandensein einer prinzipiellen Unmöglichkeit. 1936 stellte A. Church seine These auf, die darauf hinzielte, den seitherigen verschwommenen Begriff des Algorithmus durch einen exakt definierten Begriff zu ersetzen mit der grundlegenden Hypothese, daß sich zu jedem konkreten Algorithmus ein auf diese Weise präzisierter Algorithmus finden lasse. Die wesentliche Erkenntnis, daß sich die in der Folgezeit von verschiedenartigsten Vorstellungen aus entwickelten Präzisierungen des Algorithmenbegriffs als gleichwertig erweisen, bestärkt die Vermutung, daß man es hier tatsächlich mit einem fundamentalen Begriff zu tun hat. Erwähnt seien hier zunächst u. a. die Begriffsbildungen von M. A. Turing über ein allgemeines mathematisches Schema, das als Maschine interpretiert werden kann — man spricht daher von Turing-Maschinen —, der von Markow geschaffene Normalalgorithmus, der auf einer Folge von Substitutionsformeln aufgebaut ist, und die rekursiven Funktionen. Spielen sich die letzten Begriffsbildungen weitgehend in üblichen mathematischen Verfahren ab, so besticht die Turingsche Prägung durch ihre anschauliche Zugänglichkeit. Die Markowschen Normalalgorithmen wiederum erweisen sich als offenbar besonders geeignet, gewisse theoretische Untersuchungen zu tragen, die nun, nachdem eine Präzisierung des Algorithmenbegriffs erfolgt war, in Angriff genommen werden konnten. Es stand die Frage, ob es wohldefinierte Probleme gibt, die einer algorithmischen Behandlung unzugänglich sind, und die Aufgabe, gegebenenfalls solche Prozesse anzugeben. In der Folgezeit wurde eine Reihe solcher Beispiele genannt. Hier sei nur auf die Arbeiten von B. S. Nowikow hingewiesen, der zeigen konnte, daß die klassische Aufgabe von der Identität von Worten in der Gruppentheorie algorithmisch nicht lösbar ist. In diesen erkenntnistheoretisch außerordentlich wichtigen Ergebnissen kann man wohl den in unserem Jahrhundert bis dahin wesentlichsten Beitrag der Mathematik sehen, im Sinne eines Naturgesetzes über die, wie W. E. Post es ausdrückte, „limitations of the mathematicising power of Homo Sapiens", nämlich, daß es mathematische Probleme gibt, bei denen die Mathematiker mit mathematischen Methoden nachweisen konnten, daß sie mittels der rechnenden Mathematik nicht lösbar sind.

Schließlich sei noch auf eine weitere Präzisierung des Algorithmenbegriffs hingewiesen, die auf eine Anregung des sowjetischen Mathematikers Ljapunow zurückgeht und die zunächst aus gewissen Belangen der Anwendung von Algorithmen auf dem Gebiete der Programmierung von Rechenautomaten entwickelt wurde und Wege erkennen läßt, die zu einer Methode der Systematisierung der Programmierung führen können. Die Operatorenmethode von Ljapunow, die von Janow mit dem Ziel, zu einer Lösung des Äquivalenzproblems zu kommen, axiomatisiert wurde, läuft auf eine in der mathematischen Logik entwickelte Methodik der Definition einer Sprache über einem Alphabet hinaus. Die besondere Bedeutung dieser Operatorenmethode liegt darin, daß sie in ihren begrifflichen Bildungen einer praktischen Anwendung sehr entgegenkommt.

Wenden wir uns dem dritten Pfeiler, *der Theorie der Automaten*, zu. Hier spielen außer Begriffen und Methoden der mathematischen Logik solche der

Mengenlehre, der Topologie und der Algebra hinein. Auf der einen Seite wird hier eine Axiomatik des Automaten angestrebt; sie verläuft ähnlich der im vorigen Abschnitt skizzierten Präzisierung des Begriffs des mathematischen Steuersystems. Der Automat wird in seiner Struktur in allgemeiner Form als Zusammenfassung einer Menge von Zuständen und zweier Mengen von Informationen definiert, die ihn als Ein- und Ausgangssignale mit der Umwelt in Verbindung setzen, und mit zwei Funktionen. Die eine Funktion verkörpert eine Abbildung der Verbundmenge aus Eingangsinformation und inneren Zuständen auf die Menge der inneren Zustände, d. h., sie bestimmt aus dem anliegenden inneren Zustand in Zusammenwirkung mit der Eingangsinformation den folgenden inneren Zustand. Die zweite Funktion stellt eine entsprechende Abbildung der Verbundmenge auf die Menge der Ausgangsinformation dar. Es läßt sich zeigen, daß man durch geeignete Hinzunahme weiterer innerer Zustände diese zweite Funktion stets auf eine Abbildung der Zustandsmenge allein auf die Menge der Ausgangsinformation reduzieren kann. Den Zielen einer Synthese kybernetischer Systeme als Basis für ihre konkrete Realisierung zugewandt ist die andere Betrachtung der Automaten als sequentielle Schaltsysteme. Hier entwickelte sich, ausgehend von der BOOLEschen Algebra, die Theorie kombinatorischer und sequentieller Schaltkreise, in die ebenfalls topologische Fragen einspielen.

Weitere mathematisch interessante Zweige stehen mit diesen drei dominierenden Gebieten in engem Zusammenhang. So verlangt die Informationstheorie ihr vorausgehend eine Theorie des Signals und seiner Umwandlungen. Eng mit der Theorie der Automaten verbunden sind die Fragen der Nervennetze, wobei auch Probleme der mehrwertigen Logik einspielen. Die Theorie der Spiele knüpft an die Algorithmentheorie an, die die Schaffung eines vollständigen Verhaltensplans anstrebt, also eines Algorithmus, der für alle möglichen Situationen — diese werden vom Einwirken aller Spieler abhängen — das Verhalten des einzelnen Spielers optimal, evtl. im Sinne möglicher oder nötiger Annäherungen, festlegt. Die mathematische Linguistik strebt eine mathematische Strukturanalyse von natürlichen Sprachen an und bildet damit die theoretische Grundlage für die automatische Übersetzung. Vordringlicher erscheint die Frage einer automatischen Informationsverdichtung.

Alle diese Gebiete stellen selbst schon Anwendungen der Kybernetik im Sinne ihrer mathematischen Methoden dar oder leiten zu diesen über. Verfahren der Informationstheorie werden in Physik und Technik dort Anwendung finden, wo man sich den Grenzen der Meßbarkeit nähert. Algorithmen spielen überall ein, wo es sich um exakte Formulierungen bestimmter Arbeitsabläufe handelt, sei es in der Physiologie, Psychologie oder in der Pädagogik, wo also das kybernetische System den lehrenden und lernenden Menschen einschließt. Diese Anwendungsgebiete näher zu beschreiben ist den speziellen Fachvertretern vorbehalten.

Zwei wesentliche Gesichtspunkte seien aber hier noch behandelt; das Problem des lernenden Automaten und die Anwendung kybernetischer Methoden auf das System Mensch und Mathematik.

In den letzten Jahren haben zahlreiche internationale Tagungen und Veranstaltungen zum Problemkreis Kybernetik stattgefunden. Eine Analyse ist z. Z. aus bekannten Gründen schwierig und nur lückenhaft möglich, zumal auch der Zugang zu den Originaltagungsberichten ein Problem geworden ist. Immerhin lassen sich — zum Teil nur — Widerspiegelungen aus Berichten über solche Tagungen von Teilnehmern aus anderen sozialistischen Ländern erkennen.

So ist einem im zweiten Band der „Probleme der Kybernetik" abgedruckten Bericht einer sowjetischen Delegation über den II. Internationalen Kongreß über Kybernetik, der 1958 in Namur stattfand, zu entnehmen, daß die Thematik dieses Kongresses nicht scharf abgegrenzt war, so daß viele Vorträge und Begriffe kaum noch Beziehungen zur Kybernetik hatten. Andererseits ließ der Kongreß erkennen, wie umfangreich die Gebiete sind, auf denen jetzt die Bearbeitung kybernetischer Probleme in den verschiedenen Ländern erfolgt. Großes Interesse wird in wissenschaftlichen Kreisen der Grenze kybernetischer Probleme und deren Anwendung in den verschiedenen Zweigen der Wirtschaft und der Wissenschaft entgegengebracht.

1958 fand in Moskau unter Beteiligung von 29 Akademieinstituten, 11 Universitäten und 19 Hochschulen eine Allunionskonferenz über maschinelle Sprachenübersetzung statt, die in ihrer Breite und in der Aufzählung schon Wirklichkeit gewordener Maßnahmen sowie in ihren Entschließungen zeigte, welche Bedeutung man der mathematischen Linguistik beimißt, welche breite Fundierung und welcher Reifeprozeß schon durch die Arbeit in den vergangenen Jahren auf diesem speziellen Anwendungsgebiet kybernetischer Methoden in der Sowjetunion erfolgt ist.

Die 1959 in Paris abgehaltene Internationale Tagung über Informationsverarbeitung (ICIP) der UNESCO widmete den Fragen der automatischen Sprachenübersetzung eine Sektion. Eine weitere Sektion befaßte sich mit dem Problemkreis einer einheitlichen Sprache für wissenschaftlich-numerische Arbeiten, insbesondere mit den Bestrebungen nach einer „problemorientierten" Sprache — sie führten zu ALGOL 60 — mit dem Ziel einer Vereinfachung und Präzisierung des Austauschs von Informationen, insbesondere zwischen verschiedenen Rechenzentren, und als Basis für eine automatische Übersetzung in spezielle Maschinensprachen. Bedeutsam war weiterhin eine besondere Sektion für Zeichenerkennung und lernende Maschinen, in der K. Steinbuch die Einführung gab.

Der erste IFAC-Kongreß 1960 in Moskau ließ erkennen, daß die Problematik der selbstoptimierenden Regelsysteme an Interesse gewonnen hat.

1961 gab es neben allgemeinen Konferenzen, wie dem III. Internationalen Kongreß in Namur, schon spezielle Tagungen, die der neuen Thematik gewidmet waren. Hier sei auf die Tagung „Lernende Automaten" der Nachrichtentechnischen Gesellschaft, Fachausschuß Informationsverarbeitung, vom 13. bis 14. April 1961 in Karlsruhe und auf ein an der Universität Illinois am 8. und 9. Juni 1961 durchgeführtes Symposium „Principles of Self-Organization" hingewiesen, zwei Veranstaltungen, die dem Mathematiker wertvolle Anregungen und Hinweise über die sich abzeichnenden Tendenzen gaben, andererseits aber die Notwendigkeit und Möglichkeit eines engen Zusammenspiels mit benachbarten Wissenschaften demonstrierten.

Aus mathematischer Sicht seien einige Problemkreise herausgegriffen, die wesentlich und charakteristisch erscheinen. Wenn man über die Prinzipien einer Selbstorganisation sprechen will, wird man sich zunächst mit dem Begriff eines selbstorganisierenden Systems auseinandersetzen müssen. Nun ist es widersinnig, auf ein kybernetisches System als abgeschlossenes Ganzes den Begriff Selbstorganisation anwenden zu wollen. Kein System kann in dem Sinne selbstorganisierend sein, daß es aus einer schlechten Organisation von sich heraus zu einer besseren übergeht. Ein Maschinenautomat, der zu einem bestimmten Zweck geschaffen wurde, kann wohl unter Umständen seine Aufgabe anfangs nur recht mangelhaft ausführen, bis es ihm nach einer mehr oder minder langen Einlaufperiode gelingt, sich die notwendigen Meßdaten über Material und Umwelt zu beschaffen. Ebenso wird es unvermeidlich sein, daß dieser Automat zu einer späteren Zeit in seiner Leistungsfähigkeit wieder nachläßt, da seine Bauelemente einem Verschleiß unterworfen sind. So wird der Automat bereits verschiedene Zustände hinsichtlich der Güte seiner Arbeit aufweisen. Doch gerade dieses Durchlaufen seiner verschiedenen Gütezustände liegt als Ganzes in seiner Organisation begründet. Es ist eben eine Auswirkung seiner Organisation, wie lange er benötigt, bis er befriedigende Arbeit leistet, und wie lange er diese fortzusetzen vermag. Ein Automat anderer Herkunft ist vielleicht so organisiert, daß er bei sonst gleichen Eigenschaften zusätzlich die Fähigkeit besitzt, abgenutzte Werkzeuge selbsttätig gegen neue auszuwechseln. Bei einem Vergleich beider Automaten werden wir dann dem zweiten das Prädikat „besser organisiert" zusprechen. Aus dieser auch mathematisch formulierbaren Überlegung resultiert, daß von Selbstorganisation nur in diesem Sinne gesprochen werden kann, daß ein System mit einem anderen System verkoppelt ist und das erste etwa als Teilsystem im Rahmen des Gesamtsystems selbstorganisierend ist. Damit führen aber diese Überlegungen W. Ross Ashbys zu dem gleichen Ergebnis, das K. Steinbuch bei seiner Vorstellung vom lernenden Automaten gewann, als er als wesentliches Teilsystem das innere Modell der Außenwelt als bewertendes Prinzip in sein Automatenmodell einführte. Für den Mathematiker erwächst hieraus eine Reihe interessanter und wichtiger Fragen, die auf eine präzisierte Fassung der Begriffe Organisation, Grad einer Organisiertheit und Güte einer Organisation hinauslaufen. Es sei hier nur darauf hingewiesen, daß Organisation mathematisch das Vorhandensein von Einschränkungen in einem mehrdimensionalen Funktionenraum bedeutet.

Es muß zwar immer wieder betont werden, daß es völlig abwegig ist, den Problemkreis Rechenautomaten mit Kybernetik gleichzusetzen; andererseits spielen aber Rechenautomaten für den Kybernetiker eine wichtige Rolle. An einem ebenfalls von Ashby angeschnittenen Problem bietet sich Gelegenheit, zunächst den einen Aspekt zu demonstrieren, der darin besteht, den Rechenautomaten als kybernetisches System zu verwenden. Die besondere Rolle des Rechenautomaten besteht hierbei darin, daß er im Gegensatz zu anderen physikalisch-technischen Systemen nicht nur primitive Gleichgewichtszustände hinsichtlich der Umwelt besitzt. So bietet ein auf einem Rechenautomaten ablaufendes Programm, das etwa die Umstellung einer Kriegswirtschaft auf Friedenswirtschaft simuliert, sehr viel Interessantes hinsichtlich möglicher Stabilitäten. Andererseits sind die Rechenautomaten unserer Erkenntnis noch voll zugänglich — im Gegensatz zu organischen Systemen, die zwar unser höchstes Interesse erwecken, aber infolge ihrer Kompliziertheit für uns noch kaum verständlich sind. So bietet sich der Rechenautomat zum „Spielen" auf kybernetischem Gebiet geradezu an.

Es sei hier ein interessantes Beispiel geboten. Ashby behauptete im Zusammenhang mit dem Problem des Entstehens lebender und intelligenter Organismen, daß nicht deren Vorhandensein erstaunenswert sei, ein Nichtvorhandensein wäre erstaunlich. Jedes dynamische System erzeugt ihm eigentümliche Lebensformen, wenn nur die in ihm bestehenden Gesetze unverändert bleiben, und zwar auf dem Wege einer Selbstorganisation, die hier als Anpassung an die Umgebung auftritt, mit der Auswirkung eines Überlebens im Sinne einer Selektion, Ashby widerspricht der Meinung, eine Maschine könne nicht auswählen, und stellt dem gegenüber, daß jede Maschine, die zu einem Gleichgewicht strebt, einen dementsprechenden Akt der Selektion ausführe. Er betrachtet einen Rechenautomaten in seinem Ganzen als „Welt". Einem Teil des Speichers weist er die Aufgabe zu, „Lebensraum" einer bestimmten Population zu sein. Es seien anfänglich die Ziffern 0, 1, . . . , 9 in gleichmäßiger Verteilung auf die Zellen dieses Speicherteils gegeben. Sie werden als Typen „gerade" und „ungerade" betrachtet. Die Umwelt greift nun in bestimmter Weise in diese Population ein. Aufs Geratewohl werden zwei beliebige Zellen aufgerufen, und ihre Inhalte, also zwei Ziffern aus 0, 1, . . . , 9, werden miteinander multipliziert; die Produktziffer bei einstelligem Resultat bzw. die rechte Produktziffer bei zweistelligem Resultat wird sodann anstelle des Inhalts der einen der beiden aufgerufenen Zellen abgespeichert. Das Verfahren wird beliebig oft in gleicher Weise fortgesetzt. Die Population wird so einem ständigen Wechsel unterworfen. Es zeigt sich nun, daß hierbei eine Selektion in Richtung auf Begünstigung des geraden Typs eintritt. Dies wird verständlich, wenn man die vier möglichen und gleichwahrscheinlichen Kombinationen von Paaren hinsichtlich der Typen „gerade" und „ungerade" betrachtet. In drei Fällen tritt das Nachfolgeelement ohne Typenwechsel ein. Nur in dem Falle, da das erste Element ungerade ist, das zweite aber gerade, führt das infolgedessen gerade Produkt zum Ersatz des ungeraden Elements durch ein gerades. Einen Schönheitsfehler hat das Beispiel Ashbys — die Auslese geht nämlich noch innerhalb des bevorzugten Typs „gerade" weiter und läßt schließlich nur „Nullen" überleben. Eine leichte Variante stellt nicht nur diesen Mangel ab, sie bringt obendrein noch eine weitere interessante Situation. Man bildet die Umwelt so, wie es Ashby vorschlägt, nur daß sie im Falle eines Produkts, welches eine Null als rechte Ziffer trägt, das nachfolgende Element dem vorigen gegenüber unverändert einsetzt. Es läßt sich leicht zeigen, daß die Population im angepaßten Zustand drei Typen bietet, nämlich die Nullen, die ihre anfängliche Stärke unverändert beibehalten, den Typ „fünf" und den Typ „gerade", während der Typ „ungerade außer fünf" ausgestorben ist. Wie erklärt ein Beobachter, der den Anfangszustand nicht kennt, die eingetretenen prozentualen Verhältnisse?

Die Karlsruher Tagung zeigte uns nun die andere Seite, die den Rechenautomaten in den kybernetischen Interessenbereich rückt: den Rechenautomaten als Mittel zur Modellierung kybernetischer Systeme über deren meist angenäherte Algorithmierung mit dem Ziel, Hypothesen auf ihre Vollständigkeit zu prüfen. Auch hier sind es Probleme, die mit lernenden Automaten eng zusammenhängen, nämlich Modelldarstellungen des bedingten Reflexes und Lernprogramme. Das Ziel solcher Untersuchungen, die von verschiedensten Rechenzentren durchgeführt werden, beansprucht auch ökonomisches Interesse, ebenso wie die Programmierungsversuche etwa des Dame- oder des Go-Spiels. Zur Frage der Bedeutung und Nützlichkeit eines solchen Vorgehens seien hier einige Sätze zitiert, die sich an gewisse Untersuchungen zu einem unserem Dame-Spiel analogen Spiel anschließen: „Es gibt heute bereits genügend Arbeiten darüber, daß man einen Rechner so programmieren kann, daß er lernt, das Spiel besser zu spielen, als die Person in der Lage wäre, die das Programm aufstellte. Dies gelingt obendrein in der bemerkenswert kurzen Zeit von 8—10 Maschinenstunden. Dabei wird der Maschine nicht mehr vorgegeben als die Spielregeln, ein Richtungssinn und eine unvollständige Liste mehrerer Parameter, die mit dem Spielverlauf zusammenhängen, deren korrekte Vorzeichen und Wichtigkeit aber unbekannt und unbenannt sind. Als ein Resultat dieser Experimente kann mit einer gewissen Sicherheit gesagt werden, daß es nun möglich ist, Lernschemen zu entwickeln, die eine durchschnittliche Person überfordern, und solche Lernschemen können evtl. bei Problemen aus dem praktischen Leben eingesetzt werden."

Von den mathematischen Aspekten sei noch folgender herausgegriffen. Er betrifft das System Mensch und Mathematik. Es handelt sich um Versuche mannigfaltigster Art, menschliche intelligente Tätigkeiten Automaten zu übertragen. Einmal wird dem Rechenautomaten die Aufgabe übertragen, selbst Programme zusammenzustellen, zunächst zufälliger Natur, diese dann einer Erfolgsbewertung zu unterwerfen, um daraus Rückschlüsse je nach Erfolg oder Mißerfolg für das weitere Vorgehen zu sammeln. Die Untersuchungen zeigen, daß nach einer gewissen Einarbeitungszeit die Erfolgsquote sprunghaft ansteigt und beibehalten wird. Andere Arbeiten streben eine Simulation menschlichen Vorgehens an, wie es der Mensch etwa beim Auffinden von Beweisen zeigt im Sinne einer Mittelfindung, wobei zielstrebig Merkmale erfaßt werden, durch die sich das Erreichte noch von dem Angestrebten unterscheidet, und aus einem Vorrat an Mitteln, d. h. an möglichen Vorgehensweisen im Sinne einer Umänderung des Unterschieds, das aussichtsreichste Mittel jeweils zur versuchsweisen Anwendung kommt. Es liegen erfolgreiche Versuche einer automatischen Beweisfindung nicht nur auf speziellen arithmetischen Gebieten vor, sondern auch Ansätze auf geometrischem Gebiet.

Hier bleibt dem Mathematiker noch viel zu tun.

Da kein besonderes Referat „Kybernetik und Technik" vorgesehen ist, seien noch einige notwendige Bemerkungen gestattet. Der Problemkreis Zeichenerkennung wurde schon im Zusammenhang mit den sich abzeichnenden Entwicklungsrichtungen erwähnt. Ihm kommt eine ganz entscheidende Bedeutung für die weitere Entwicklung technischer Steuersysteme zu. Schon für das Nahziel einer breiten Anwendung selbstorganisierender Systeme im Rahmen technischer Prozesse sind neben den existierenden Rezeptoren in Form mannigfaltigster Meßgeräte Mittel zur Kommunikation mit der Umwelt nach dem Prinzip einer Erfassung von Formenähnlichkeiten ebenso dringend erforderlich wie eine Beseitigung des Engpasses, der in der noch immer zu kleinen Speicherkapazität liegt. Für eine systematische Höherentwicklung der Automaten ist letzthin die Frage einer aktiven Kommunikation mit der Umwelt entscheidend. Das Problem der Zeichenerkennung bietet neben seiner technischen Seite — hierzu soll sogleich noch etwas gesagt werden — auch mathematisch interessante und wichtige Fragen. Es sei nur auf eine Arbeit von Albert Novikoff [2] hingewiesen „Integralgeometrie als ein Mittel zur Zeichenerkennung". Im Zusammenhang mit den Belangen der Zeichenerkennung und dem Fragenkreis bedingter Reflexe wurde von K. Steinbuch, Karlsruhe, ein aussichtsreiches Prinzip als Lernmatrix realisiert. Es handelt sich dabei um die Möglichkeit, Kontakte zwischen zwei Scharen rechtwinklig gekreuzter Leitungen während einer „Lernperiode" automatisch zustande kommen zu lassen, um sie dann in einer folgenden „Kann-Periode" verwenden zu können. Im Hinblick auf das Problem der Zeichenerkennung liegt die Bedeutung der Lernmatrix darin, daß ein auf diesem Prinzip aufgebauter Leseautomat nicht mehr auf ein festes Alphabet verdrahtet ist, sondern daß er vielmehr in einer vor der eigentlichen Arbeit liegenden Lernperiode sich die Kenntnis des speziellen Alphabets bzw. Symbolsatzes aneignet und so eine wesentlich höhere Anpassungsfähigkeit an wechselnde Aufgaben besitzt.

Die Lernmatrix erweist sich weiterhin, wenn man mehrere Exemplare in Kaskadenform kombiniert, auch für ein Zustandekommen bedingter Zuordnungen höheren Grades geeignet, etwa in solchen Etappen wie Zeichen-Buchstaben, Buchstabenfolge-Wortbedeutung, Wortfolge-Satzbedeutung. Es kann erwartet werden, daß diese Entwicklung auch bei der Konstruktion und beim Bau von Übersetzungsmaschinen erfolgreiche Anwendung finden wird. Ebenso dürfte sie eine wichtige Rolle beim Problem der Wiederauffindung gespeicherter Informationen spielen. Sie bietet unter Umständen Möglichkeiten, das derzeitige starre Adressenprinzip zum Einholen einer gespeicherten Information durch das Prinzip einer größten Ähnlichkeit zu ersetzen, das offenbar auch bei Gedächtnisprozessen in unserem Gehirn mitwirkt.

Die Bedeutung der mathematischen Kybernetik für die Deutsche Demokratische Republik

Bei der Charakterisierung der besonderen Stellung der Mathematik zur Kybernetik wurde zu Beginn dieses Vortrags die der Kybernetik eigene enge Verbindung zu zahlreichen Wissenschaften und das damit verbundene Eindringen mathematischer Methoden und Denkweisen in Wissenschaften, deren Probleme bis dahin einer mathematischen Behandlung unzugänglich erschienen, betont. Es sei hier noch auf eine Erscheinung hingewiesen[3]), die sich auf dem Gebiet der Mathematik im Zusammenhang mit der Kybernetik gegenwärtig abzeichnet und die die volkswirtschaftliche Bedeutung der Mathematik im Rahmen der Automatisierung wesentlich beeinflussen kann.

Vor einer Generation war der Begriff des Industriemathematikers noch unbekannt. Gewiß hatte sich die Symbiose Mathematiker/Physiker längst als äußerst erfolgreich erwiesen und dementsprechend Pflege und Entwicklung erfahren. Aber erst mit dem später erfolgenden Eindringen wissenschaftlicher Arbeitsmethoden in den Produktionsprozeß überhaupt haben auch die Mathematiker in ihn Eingang gefunden, meist im Gefolge der Physiker oder Konstrukteure, wenn man will als eine Art sekundärer Hilfskräfte.

Die Mathematik, die in einer über Jahrhunderte verlaufenden Entwicklung das Kontinuum geschaffen hatte, zielte mit den Methoden ihrer Anwendung im wesentlichen auf quantitative Erfassungen. Noch heute ist es eine weitverbreitete Meinung, daß man von den Mathematikern nur dann Hilfe erwarten könne, wenn es um die Klärung numerischer, also quantitativer Beziehungen gehe. Nun haben die Mathematiker in der Mitte des vorigen Jahrhunderts die Grundbegriffe der mathematischen Logik geschaffen und konnten eine Disziplin entwickeln, die sie in die Lage versetzte, auch mit Zuständen, also mit Qualitäten, umzugehen. Die Methoden der angewandten mathematischen Logik sind es, die seit kurzem den Mathematiker befähigen, direkt in der Schaffung von Konstruktionen Produktionsnähe zu erringen. Es ist kein Zufall, daß die Pionierarbeiten auf dem Gebiet der Rechenautomaten wesentlich von mathematischer Seite erfolgten. In der Folge der weiterschreitenden Automatisierung wird es weitgehend vom Ausbildungsstand und von der verfügbaren Anzahl entsprechender Mathematiker abhängen, welche wirtschaftlichen Chancen nach innen und außen sich ein Land auf dem Entwicklungsgebiet kybernetischer Maschinen erringen kann. Dieser Punkt bedarf hinsichtlich der Einleitung notwendiger Maßnahmen zur Nachwuchsausbildung besonders sorgfältiger Pflege.

Um den direkten Nutzen kybernetischer Methoden, und hier speziell mathematischer Untersuchungen, für die Automatisierung an einem Beispiel zu skizzieren, seien aus dem Vortrag von Stafford Beer „Towards the Cybernetic Factory" [2] auf dem schon erwähnten Symposium der Universität Illinois einige Bemerkungen in freier Übersetzung zitiert: Automation in dem ingenieurmäßig üblichen Sinne ist nur auf bestimmte Industrien anwendbar, wie z. B. auf die Automobilindustrie, die einmal einen effektiven Bedarf garantiert und zum anderen eine fast erstarrte Entwicklungspolitik besitzt mit einer nur schwachen Reaktion auf relativ langfristige Änderungsperioden wie etwa in Farbe und

[3]) Dieser Abschnitt ist ein wörtliches Zitat aus dem Einführungsvortrag von Prof. Dr. W. Kämmerer zu der Tagung „Mathematische und physikalisch-technische Probleme der Kybernetik" des Instituts für angewandte Mathematik und Mechanik der Deutschen Akademie der Wissenschaften zu Berlin vom 20. bis 23. März 1962.

modischer Form. Die kybernetische Fabrik dagegen erstrebt ein wesentlich anpassungsfähigeres, schneller reagierendes automatisches System, das in der Lage ist, jede Art von Produktionsprozeß zu steuern. Im weiteren wird die derzeitige automatische Fabrik, die fast menschenleer ist, die durch eine auf Fehlerkontrolle eingestellte Rückführung gesteuert wird und die auf das evtl. Eintreten einer Reihe vorausgedachter Situationen programmiert ist, als lebender Organismus angesehen, dessen Nervensystem mit dem Kleinhirn endet. Sie ist zwar noch über die einzelnen Zustände und einen begrenzten Bereich von Einwirkungen der Außenwelt unterrichtet und verfügt über entsprechende automatische Reaktionen. Das verbliebene Leitungsgremium einer solchen Fabrik, dem es nun obliegt, die Funktion des Großhirns zu spielen, greift nur noch sporadisch und dann meist noch unvollkommen ein. Einen solchen Organismus kann man nur als schwer krank bezeichnen. Das Konzept einer kybernetischen Fabrik sieht den ganzen industriellen Komplex als lebenden Organismus an, als deren wesentliche Tendenz hierbei die Tendenz zum Überleben angesehen wird. Die weiteren Untersuchungen von Beer zielen auf ein künstliches Hirnmodell ab, unter dessen Regie die Fabrik mit dem evolutionären Kriterium des Überlebens läuft. Seine mathematischen Ausführungen geben nun eine mengentheoretische Untersuchung der notwendigen Systemeigenschaften an und führen von hier zu praktischen Maßnahmen für die vorliegende Aufgabe der Umstrukturierung eines Walzwerks. Es ist interessant, daß auch auf der etwa gleichzeitig stattgefundenen Karlsruher Tagung ebenfalls ein Beitrag über Anwendung kybernetischer Methoden für Walzwerke geboten wurde unter dem Thema „Lernende Automaten im Hüttenwesen".

Die Situation in der Deutschen Demokratischen Republik

Die vorbereitende Konferenz „Mathematische und physikalisch-technische Probleme der Kybernetik" zeigte in der großen Anzahl der gebotenen Referate, in der von ihnen überstrichenen Breite, insbesondere aber auch hinsichtlich der angeschnittenen Anwendungsmöglichkeiten und nicht zuletzt durch die über Erwarten hohe Anzahl von über 600 Besuchern, daß in der DDR ein breites Interesse an diesen Problemen vorhanden ist. Andererseits zeigte sich, was die mathematische Seite betrifft, daß die Betätigung auf kybernetischem Gebiet bis jetzt allgemein nur in mehr oder weniger zufälligen Einzelaktionen besteht.

Auf dem Gebiet der Lehre gibt es die an der Friedrich-Schiller-Universität Jena bestehende Professur mit Lehrauftrag für Kybernetik im Rahmen der mathematisch-naturwissenschaftlichen Fakultät und die eng mit ihr verbundene, sich aber erst im Aufbau befindliche Arbeitsgruppe algorithmische Kybernetik als Außenstelle Jena des Instituts für angewandte Mathematik und Mechanik der Deutschen Akademie der Wissenschaften zu Berlin. Diese hat es übernommen, die seinerzeit im Zentralinstitut für Automatisierung, Jena, begonnene deutsche Herausgabe der laufenden sowjetischen Bandreihe „Probleme der Kybernetik" fortzusetzen, um so neben einer ersten Bereitstellung einschlägiger Fachliteratur in deutscher Sprache auch zu einer Ausbildung geeigneter Kräfte zu kommen. Im Verlauf der Vorbereitungskonferenz ergab sich erfreulicherweise auch die Gelegenheit, zusammen mit Fachvertretern aus den sozialistischen Ländern den Entschluß zu fassen, gemeinsam eine den Problemen der Kybernetik zugewandte Zeitschrift mit besonderer Betonung mathematischer Problematik unter dem Titel „Studia Cybernetica" herauszugeben.

Maßnahmenvorschlag zur Entwicklung der Kybernetik in der Deutschen Demokratischen Republik

Der Kybernetik-Kommission beim Generalsekretär der Deutschen Akademie der Wissenschaften zu Berlin wird im folgenden eine Reihe von grundsätzlichen Maßnahmen vorgeschlagen, wie sie sich aus der mathematischen Problematik ergeben, mit dem Ziel, damit eine Basis für die Erarbeitung detaillierter und konkreter Empfehlungen zu bieten.

Zuvor einige allgemeine Bemerkungen:

1. Ein relativ kleines Land wie die Deutsche Demokratische Republik wird sich seinem begrenzten Potential entsprechend nicht an der gesamten Front der Wissenschaft und Technik stark machen können. Es wird auf eine angemessene und gezielte Begrenzung ankommen, soweit es sich um spezielle Gebiete und Zweige handelt. Den grundsätzlichen Positionen der Wissenschaft und Technik aber, die den Charakter von Schlüsselstellungen besitzen, wird man in jedem Fall eine ihrer Bedeutung gemäße Beachtung widmen müssen, wenn man nicht einen gefährlichen Tempoverlust größter Breite in der künftigen Entwicklung der Volkswirtschaft und Kultur erleiden will. Auf dem Nationalkongreß hat Prof. Dr. M. v. Ardenne in seinem Diskussionsbeitrag [3] die Frage nach den Quellen unsere Entwicklung hemmender Fehler gestellt. Seine Stellung dazu sei zitiert: „Es sind hier zu nennen: mangelhafte Plantechnik, die noch nicht die modernen Einrichtungen der elektronischen Informationsspeicherung und Informationsverarbeitung sowie der Kybernetik ausnutzt. *Hier steht eine Aufgabe von schicksalhafter Bedeutung vor allen Kybernetikern des sozialistischen Lagers.*"

2. Kybernetik ist kein Zauberschlüssel, der mühelos die Tore zu einer fortgeschrittenen Automatisierung öffnet. Die Anwendung kybernetischer Methoden setzt einen bereits hohen wissenschaftlichen Stand und eine breite Aufgeschlossenheit hinsichtlich des Einsatzes wissenschaftlicher Methoden in Industrie und Wirtschaft voraus. Der Wissenschaftliche Beirat für Mathematik beim Staatssekretariat für das Hoch- und Fachschulwesen hat vor einigen Jahren mit größter Sorgfalt in einer ähnlichen Situation eine gründliche Analyse zur Frage des „Einsatzes von Mathematikern in der Industrie und Wirtschaft der DDR" durchgeführt. Die daraus resultierenden und eingeleiteten Maßnahmen haben damals zu einer wesentlichen Verbesserung der Situation beigetragen, wenngleich nicht übersehen werden kann, daß sich z. Z. wieder

eine rückläufige Tendenz bemerkbar macht. Es wäre zu erwägen, wieweit die Erfahrungen und Resultate dieser Arbeit im vorliegenden Falle nutzbar gemacht werden können.

3. Ein erfolgreicher Einsatz kybernetischer Methoden wird in der gegenwärtigen Situation in der DDR in Sonderfällen bei günstig gelagerten Aufgabenstellungen zwar durchaus möglich sein, diese Erfolge werden aber den Charakter von sporadischen Einzelaktionen behalten, solange nicht eine größere Zahl auf diesem Gebiet ausgebildeter Spezialisten zur Verfügung steht und systematische Erfahrungen hinsichtlich der Einsatzmöglichkeiten kybernetischer Methoden vorliegen. Für beides fehlen aber noch die Voraussetzungen.

Die Kybernetik-Kommission wird daher ihre Aufmerksamkeit folgenden Fragen zuwenden müssen, deren Lösung für die Entwicklung der Kybernetik von grundlegender Bedeutung ist:

1. Bereitstellung von Fachliteratur.

   Es sind Maßnahmen zu erwägen, die darauf abzielen, die Fortsetzung bereits auf diesem Gebiet angelaufener Arbeiten zu sichern und weitere Arbeiten, insbesondere zur Herausgabe notwendiger Lehrbücher, systematisch zu planen. Dem Anlauf einer geplanten kybernetischen Zeitschrift ist Aufmerksamkeit zu widmen und in Fragen der Kooperation mit den sozialistischen Partnern Unterstützung zu geben.

2. Ausbildung von Fachkadern, insbesondere von Diplom-Mathematikern für das Gebiet Kybernetik.

   Es sind Maßnahmen zu erwägen, die eine entsprechende Verankerung der im Blickpunkt der Kybernetik stehenden mathematischen Disziplinen im Studienplan sichern, wobei der Gedanke einer speziellen Profilierung einzelner Universitäten ein wirksames Mittel gegen Zersplitterung und stoffliche Überforderung des Ausbildungsplans zu bieten vermag.

3. Anlauf von Studien und eigenen Forschungen.

   Um eine Basis für einen nutzbringenden Einsatz kybernetischer Methoden zu erarbeiten, sind materielle und personelle Voraussetzungen zu schaffen, die eine Gewinnung notwendiger Erfahrungen anhand von Studienaufträgen ermöglichen.

4. Der Frage der Bereitstellung von Arbeitszeit an Rechenautomaten für Zwecke der Lehre und der experimentellen Forschung auf dem Gebiet der theoretischen und angewandten Kybernetik ist besondere Aufmerksamkeit zu widmen. Zu dieser Frage sei die Stellungnahme des sowjetischen Mathematikers Ljapunow [4], er ist der Herausgeber der sowjetischen Bandreihe „Probleme der Kybernetik", zitiert: „Erst die Zusammenfassung solcher Experimente ermöglicht es, rationelle Verfahren zur Bewertung von Algorithmen auszuarbeiten. Gleichzeitig fällt auch ein Licht darauf, welche Funktionen des

Denkens algorithmisch beschrieben werden können. *In Verbindung damit muß man fordern, einen angemessenen Teil der Arbeitszeit der Rechenmaschinen* für experimentelle Arbeiten auf dem Gebiet der Kybernetik zur Verfügung zu stellen."

5. Hierbei ist der Möglichkeit, auf diesem Wege zugleich zu einer der Facharztausbildung analogen Fachmathematikerausbildung zu kommen, besondere Bedeutung beizumessen. Eine Zusammenarbeit zwischen dem Staatssekretariat für das Hoch- und Fachschulwesen und der Forschungsgemeinschaft der naturwissenschaftlichen, technischen und medizinischen Institute der Deutschen Akademie der Wissenschaften zu Berlin im Rahmen einer kürzlich erfolgten Vereinbarung[4]) wird sich in dieser Richtung besonders fruchtbringend auswirken können, um einen notwendigen Reifeprozeß der Hochschulabsolventen zielstrebig zu sichern und zu beschleunigen.
6. Um enge Arbeitskontakte zwischen den verschiedenen Wissenschaften, die an kybernetischen Methoden interessiert sind, zu entwickeln und schon bestehende zu pflegen, sind entsprechende Maßnahmen zu erwägen, die in der Lehre, in der Struktur der Forschung und bei der Schaffung von Fachliteratur in dieser Richtung wirken können.
7. Es ist den in der Sowjetunion vorhandenen Erfahrungen und durchgeführten Maßnahmen, wie beispielsweise der Gründung eines Instituts für mathematische Probleme der Kybernetik in Moskau, besondere Aufmerksamkeit zu widmen, und es sind Möglichkeiten zu erwägen, diese Erfahrungen für einen eigenen Aufbau auszuwerten.

Lassen Sie mich diesen Beitrag mit einigen Bemerkungen zur Perspektive der Kybernetik abschließen, die der Vizepräsident der Ukrainischen Akademie der Wissenschaften, W. M. Gluschkow, Direktor des Instituts für Kybernetik in Kiew, in einem Artikel in der Литературная газета vom 25. 9. 1962 anführt. Seiner Meinung nach wird sich in den nächsten zehn Jahren die Kybernetik wesentlich der Probleme der Planung, Abrechnung und Lenkung der Produktion annehmen. Danach folgen die Probleme wissenschaftlichen Schaffens. Der heutige Stand der Kybernetik gestattet die Schlußfolgerung, daß man bislang keinerlei Einschränkungen in der Entwicklung „denkender" Maschinen sieht.

Als Menschen, die die Zeit nüchtern sehen, als Materialisten, sind wir überzeugt, daß die Welt — fast bis zum Mechanismus des kompliziertesten, verborgensten Denkprozesses — erkennbar ist. Wenn jedoch einmal die Gesetzmäßigkeiten schöpferischer Arbeit erkannt werden, wird es möglich, auch diese zu programmieren.

Wäre es nicht besser, die unfruchtbaren Streitereien darüber, was die Kybernetik kann und was sie nicht kann, abzubrechen? In der Praxis sollte das verwirklicht werden, wozu die Kybernetik heute fähig ist, und man sollte daran arbeiten, daß das heute Unmögliche morgen möglich wird.

[4]) „Neues Deutschland" vom 14. Juli 1962: Zusammenarbeit mit der Forschungsgemeinschaft.

Literatur

[1] In „Probleme der Kybernetik“ 2. Akademie-Verlag, Berlin 1962. Übersetzung aus dem Russischen.

[2] In „Principles of Self-Organization“, Transactions of the University of Illinois Symposiums on Self-Organization. Herausgeber: HEINZ VON FOERSTER und GEORGE W. ZOPF, Pergamon-Press, 1962.

[3] ARDENNE, M. VON, Vorschläge zur Änderung unseres Industrieprofils. Aus der Diskussion unseres Nationalkongresses, Neues Deutschland vom 18. 6. 1962.

[4] LJAPUNOW, A. A., Über einige allgemeine Probleme der Kybernetik, in „Probleme der Kybernetik“ 1. Akademie-Verlag, Berlin 1962, S. 16. Übersetzung aus dem Russischen.

Diskussion

Prof. Dr. ARNOŠT KOLMAN

Mitglied der Tschechoslowakischen Akademie der Wissenschaften

ZU DEN JÜNGSTEN AUSEINANDERSETZUNGEN ÜBER PHILOSOPHISCHE FRAGEN DER KYBERNETIK

Gestatten Sie mir, daß ich Ihrer Konferenz als erstes im Namen der Tschechoslowakischen Akademie der Wissenschaften die wärmsten Grüße überbringe.

Ich möchte zu den jüngsten Auseinandersetzungen über philosophische Fragen der Kybernetik sprechen.

Sicher ist Ihnen bekannt, daß in der Sowjetunion, z. B. in der Literaturzeitung und in anderen Zeitschriften, schon seit Monaten eine lebhafte Diskussion über philosophische Fragen der Kybernetik geführt wird. An dieser Diskussion haben sich die Literaturkritiker und Literaturforscher BJALIK, JERMILOW, SELINSKI, der Mathematiker SOBOLEW, die Physiologen ANOCHIN und PARIN, die Philosophen TODOR PAWLOW, Präsident der Bulgarischen Akademie der Wissenschaften, ich und der Leiter des Kybernetik-Instituts der Ukrainischen Akademie der Wissenschaften, GLUSCHKOW, beteiligt.

Als Philosoph und Mathematiker möchte ich hier gegen zwei Fronten Stellung nehmen:

1. gegen die Gegner der Kybernetik,
2. gegen gewisse Überschwenglichkeiten, wie man sie auch in unserem marxistischen Lager findet.

Über philosophische Probleme der Kybernetik zu sprechen, ist heute natürlich etwas anderes als zu Beginn der 50er Jahre. Damals war die Kybernetik gerade im Begriff, sich als Wissenschaft zu konstituieren, und viele marxistische Philosophen hatten bekanntlich die Kybernetik zu einer Mystifikation erklärt. Und es waren nicht nur die Philosophen, die gegen die Kybernetik auftraten, sondern auch viele Naturwissenschaftler, ja sogar Techniker und Ingenieure, die an der Theorie der höheren Automaten arbeiteten.

Heute fände man wahrscheinlich keinen Marxisten mehr, der sich offen gegen die Kybernetik stellen würde. Es gibt allerdings Wissenschaftler — Philosophen sowie Naturwissenschaftler, Techniker, Politökonomen usw. —, die sich zum Marxismus bekennen, die jedoch, obwohl sie in Worten der Kybernetik ihre Anerkennung bezeugen, in Wirklichkeit verkappte Gegner der Kybernetik sind. Man könnte sie etwa folgendermaßen klassifizieren:

Erstens gibt es eine Gruppe, die die Kybernetik einengen möchte. Diese Leute sagen, die Kybernetik sei eine Wissenschaft, die sich nur mit den selbstregulierenden Systemen in der Technik befasse.

Zur zweiten Gruppe gehören diejenigen, die sich sehr gern der kybernetischen Terminologie bedienen, selbst dort, wo sie möglicherweise völlig fehl am Platze ist. Zahlreich vertreten sind solche Wissenschaftler unter den Biologen, Ärzten, Psychologen, Volkswirtschaftlern u. a. Der Inhalt ihrer Wissenschaft bleibt dabei aber der alte; er wird lediglich mit einer pseudokybernetischen Terminologie verbrämt.

Schließlich gibt es eine dritte Gruppe verkappter Gegner der Kybernetik, die sich theoretisch zur Kybernetik gar nicht äußert, die jedoch praktisch, wo immer nur möglich, die Einführung nicht nur der Kybernetik, sondern auch jedweder Automatisierung überhaupt hemmt.

Als ich im November 1954 das erste Mal Gelegenheit hatte, in der Sowjetunion einen öffentlichen Vortrag über die Kybernetik zu halten, und zwar zu ihrer Verteidigung, hatte ich versucht, die Ursachen dieses ablehnenden Verhaltens mancher Marxisten zu ergründen. Ich glaube, zwei Hauptursachen dafür angeben zu können, daß manche Marxisten gegen die Kybernetik sind.

Erstens, weil sie mit den Problemen der Kybernetik nicht vertraut sind. Sie kennen die Kybernetik nur vom Hörensagen oder aus populären Schriften. Dabei sind sie natürlich mit den reaktionären, falschen Schlußfolgerungen in Berührung gekommen, die in den kapitalistischen Ländern von einigen Kybernetikern, hauptsächlich aber von verschiedenen Journalisten und Philosophen aus der Kybernetik gezogen werden.

Es gibt aber noch eine zweite, viel tiefergehende Ursache. Sie besteht in dem bekannten Beharrungsvermögen des Denkens, vor dem Lenin so oft gewarnt hat, in der schrecklichen Macht der Gewohnheit, wie Lenin sagte, und in dem dogmatischen Widerstand gegen das Umlernen dessen, was wir früher einmal gelernt haben. Es ist die Bequemlichkeit des Denkens. Darin ist, glaube ich, der Hauptgrund dafür zu sehen, daß es noch immer Marxisten gibt, die gegen die Kybernetik auftreten.

Natürlich ist es heute nicht einfach, die Kybernetik der Mystifikation zu zeihen. Im Programm der Kommunistischen Partei der Sowjetunion wird ja explizit gesagt, daß die Kybernetik und deren Anwendung — nicht nur in der Wissenschaft und unmittelbar in der Produktion, sondern auch in anderen Bereichen — für den Aufbau der materiell-technischen Basis des Kommunismus sehr wichtig ist. Deshalb beobachten wir, daß die Gegner der Kybernetik in den gegenwärtigen Diskussionen nach anderen Wegen suchen, um sozusagen über die Hintertreppe gegen die Kybernetik aufzutreten. Ihr Hauptargument, das sie dabei vorbringen, ist der Vorwurf der Reduktion auf niedere Bewegungsformen der Materie. Sie behaupten, die Anwendung der Kybernetik in der Biologie, in der Psychologie usw. führe zu einer solchen Reduktion, das heißt zu einer mechanistischen Auffassung des Materialismus.

Nun sind wir dialektischen Materialisten durchaus nicht der Meinung, daß beim Studium der höheren Stufen die niedrigeren Stufen der Bewegung unbeachtet bleiben sollten. Diese sind notwendigerweise stets mit den höheren Stufen der Bewegung verbunden. Wir halten es im Gegenteil für erforderlich, die niedrigen Stufen zu studieren. Das ist allerdings nur eine notwendige, aber keine hinreichende Bedingung. Die kybernetischen Methoden können nicht als Ersatz für biologische, psychologische, physiologische oder ökonomische Methoden benutzt werden; sie sind Hilfsmethoden. Wenn die kybernetische Methode in einer gegebenen Wissenschaft, z. B. in der Physik, nicht von der Realität abweichen will, muß sie unter Leitung und Kontrolle der spezifischen Methode dieser Wissenschaft stehen. Nur dann vermag sie wirklich wertvolle und richtige Resultate zu liefern. Der Einwand der unerlaubten Reduktion ist also gegenstandslos.

Andere, gleichsam „theoretisch" verhüllte Einwände der Gegner der Kybernetik beziehen sich auf die Begriffe *Information* und *Entropie.* Es gibt bürgerliche Kybernetiker, die die Entropie nicht genügend verallgemeinert auffassen, sondern vom Standpunkt der Thermodynamik und die „Information" mit dem Begriff „Quantität der Information" verwechseln. Auch in einem ansonst vorzüglichen Werk des sowjetischen Ingenieurs POLETAJEW gibt es einige fehlerhafte Formulierungen dieser Art. Doch der Umstand, daß — hauptsächlich von bürgerlichen Kybernetikern, z. B. auch von N. WIENER — der Fehler gemacht wird, die Information als etwas darzustellen, was über dem Materiellen und dem Geistigen thront, gewissermaßen in einem dritten Reich, kann kein Grund dafür sein, gegen die — von solchen philosophischen Entgleisungen befreite — Kybernetik aufzutreten.

Auf größten Widerstand stoßen wir bei den marxistischen Theoretikern dort, wo es um die Anwendung der Kybernetik in den Gesellschaftswissenschaften geht. Es gibt auch heute noch marxistische Politökonomen, die nicht nur die Kybernetik, sondern auch die Mathematik, wenn sie das Niveau der Arithmetik übersteigt, in der politischen Ökonomie nicht anwenden wollen, und zwar deswegen nicht, weil sie die Mathematik nicht kennen. Gewöhnlich geben sie zwei Gründe dafür an, weshalb man die höhere Mathematik in der politischen Ökonomie nicht anwenden könne.

Sie behaupten, die politische Ökonomie habe es mit diskreten Größen zu tun, während die höhere Mathematik, die Analysis, es mit stetig veränderlichen Größen zu tun habe. So könne man z. B. nicht von einem Zehntel eines Schuhs sprechen und schon gar nicht von einem unendlich kleinen Teil eines Schuhs. Das aber ist ein unsinniger Einwand. Denselben Einwand könnte man schließlich auch in bezug auf die Physik machen. Auch da kann man nicht von einem Zehntel eines Elektrons oder eines Energiequants sprechen.

Andererseits wenden diese Politökonomen ein, die Anwendung der Mathematik in der politischen Ökonomie sei angeblich gleichzusetzen mit einem Übergang zu der sogenannten mathematischen Schule der politischen Ökonomie. Hierbei handelt es sich jedoch um ein Mißverständnis, denn die mathematische Schule der politischen Ökonomie ist nicht deshalb unwissenschaftlich, weil sie die Mathematik anwendet, sondern weil ihr eine falsche ökonomische Theorie — die BÖHM-BAWERK-Theorie[1]) — zugrunde liegt. Bekanntlich schrieb MARX, der selbst die Mathematik benutzte, daß er sich der Mathematik bedienen möchte, um die kapitalistischen Wirtschaftskrisen zu analysieren und deren Gesetzmäßigkeiten aufzudecken. Vom Standpunkt der oben genannten Auffassung müßte allerdings MARX auf Abwegen gewandelt sein.

Ich will nunmehr eine andere Seite aufgreifen — die überschwenglichen Aussagen über die Kybernetik. Sie kamen vor allem im Verlauf der Diskussion in der Sowjetunion vor, sind aber auch bei Ihnen in der Deutschen Demokratischen Republik in manchen Arbeiten zu finden.

Ich glaube, ein Philosoph, der über Kybernetik schreibt, muß den zentralen Begriff der Kybernetik, den Begriff der Information, sehr exakt behandeln. Es darf nicht der Eindruck erweckt werden, als wollten wir gewisse Konzessionen denjenigen machen, die be-

[1]) Gemeint ist die subjektive Grenznutzentheorie des Wertes (Anm. d. Red.).

haupten, die Information wäre weder Materie noch Bewußtsein. Das wäre im Grunde genommen nichts anderes als eine unbewußte, ungewollte Rückkehr zum Machismus, zu den sogenannten „Elementen des Weltalls“ von AVENARIUS usw.

Ich bin der Meinung, daß es ein Fehlgriff ist, folgendes Beispiel anzuführen: Eine Information wird auf eine Schallplatte aufgenommen. Es gibt nun eine Apparatur, die diesen Inhalt invariant erhält und von der Schallplatte in einen Zeitungsartikel überträgt, ohne daß der Mensch dabei eingreifen muß. Der Informationsinhalt bleibt hierbei derselbe, wobei das Bewußtsein des Menschen direkt gar nicht engagiert war. Der Stoff hingegen, das „Materielle“, hat sich verändert. Also — so argumentiert man — sei eine Information weder Stoff noch Bewußtsein.

Das ist ein Trugschluß, weil man, wenn man die Information behandelt, von der LENINschen Widerspiegelungstheorie ausgehen muß. Nur dann, wenn von dieser Theorie ausgegangen wird, kann man richtig verstehen, was Information ist. Information ist eine Widerspiegelung. Sie existiert noch nicht, wenn etwas auf eine Schallplatte aufgetragen ist, und auch dann noch nicht, wenn auf Papier Buchstaben stehen; das sind nur Flecke, physikalische Ereignisse, nichts weiter. Erst wenn das Bewußtsein hinzukommt und die Flecke als Begriffe interpretiert, werden diese zur Information. Außerdem muß natürlich das unterschiedliche Niveau der Abstraktion in Betracht gezogen werden.

Schließlich muß zwischen „Information“ und „Quantität der Information“ unterschieden werden. Die Kybernetiker interessiert ja nicht der Inhalt, der Sinn der Information, sondern die Quantität der Information. Als Quantität kann die Information verallgemeinert werden. Man kann dann auch davon sprechen, daß eine Quantität der Information von einem Teil der Maschine auf einen anderen Teil der Maschine übertragen wird.

Ferner bin ich der Ansicht, daß es falsch ist, die Kybernetik allzu weit zu fassen. Sicher ist es unrichtig, überall Kybernetik und kybernetische Beziehungen erblicken zu wollen. Ich glaube, nicht jede Art der Rückwirkung ist ein *feed back*, vielmehr nur jene, die in einem Informationsprozeß vor sich geht, bei der es sich also um Übertragungen von Informationsquantitäten handelt. Jede Wechselwirkung, jede Rückwirkung als feed back und somit als der Kybernetik zugehörend anzusehen, halte ich für falsch.

Nicht richtig dürfte es auch sein, eine zu weite Universalisierung der Autoregulation als eine angeblich allgemein und überall auftretende Gesetzmäßigkeit vorzunehmen. Natürlich ist die Autoregulation sehr stark verbreitet, doch es wäre falsch und formal, sie überall finden zu wollen.

Ebenso ist es übertrieben, die revolutionierende Bedeutung der Kybernetik mit dem revolutionären Ideengut von KARL MARX gleichzusetzen. Das ist falsch. Die Auswirkungen, die die Kybernetik haben könnte, so groß und wahrhaft umwälzend sie auch sein mögen, sind nicht im mindesten mit der Entdeckung von KARL MARX und deren Auswirkungen zu vergleichen. Ich glaube auch, daß es nicht richtig ist, KARL MARX als den „ersten Kybernetiker“ zu bezeichnen. Das sind Überspitzungen, die wir nicht nötig haben, die uns im Gegenteil nur schaden könnten.

Es ist nicht richtig, die Kybernetik als eine Art Zwischenreich zwischen der Philosophie und anderen Einzelwissenschaften darzustellen. Ich bin vielmehr der Meinung, daß die Kybernetik ebenso eine materialistisch-dialektische Wissenschaft ist wie jede andere Naturwissenschaft heute. Ihr eine Vorzugsstellung einräumen zu wollen, grenzt bereits an das, was unsere ideologischen Gegner tun, die aus der Kybernetik eine „kybernetische Philosophie“ machen möchten. Mir scheint, daß all das gar nicht notwendig ist, wenngleich auch feststeht, daß die Kybernetik eine sehr große Rolle für die Menschheit spielen wird.

Ich möchte aber auch noch andere Übertreibungen erwähnen, die Phantastereien, die mit der Kybernetik verflochten werden. Gemeint sind manche Behauptungen namhafter Wissenschaftler, die wir sehr verehren, die auf ihrem Gebiet — besonders auf dem der Mathematik — Großes geleistet haben. So wird z. B. behauptet, die Kybernetik-Apparatur — ich sage nicht Maschine, weil die Kybernetik-Apparatur eigentlich nicht dasselbe ist wie eine Maschin, denn sie ist nicht dazu da, Energie, sondern Entropie zu transformieren — könne angeblich Empfindungen haben, sich freuen, ja sogar ästhetisch empfinden, einen Willen haben usw. Alles das wird mit vollem Ernst behauptet, und es wird argumentiert, daß es gar keinen prinzipiellen Unterschied zwischen Maschine und Mensch geben könne.

Meines Erachtens ist das ein Fehler, denn ihrem Ursprung nach ist die Apparatur von Menschen geschaffen. Der Mensch ist das Produkt einer Millionen Jahre währenden natürlichen Evolution — seine Struktur ist auch eine ganz andere als die Struktur der Maschine —, und es existiert gar kein Grund für die Behauptung, die Maschine könne denken oder fühlen. Diejenigen, die die Idee einer denkenden oder fühlenden Maschine vertreten, sagen, man dürfe den Begriff der Maschine nicht zu eng fassen. Ich bin einverstanden, daß man den Begriff der Maschine nicht zu eng definieren darf, z.B. nicht so, als ob eine Maschine immer unmittelbar vom Menschen hergestellt werden müßte. Doch man darf den Begriff der Maschine auch nicht zu weit fassen, sonst könnte man alles unter diesen Begriff einordnen. Ich stehe auf dem Standpunkt, diese zu großzügige Auslegung des Begriffs ist nichts anderes als ein Rückgriff auf bereits sehr alte Versuche, die vor 200 Jahren vom mechanischen Materialisten Lamettrie angestellt wurden. Heute, da die Naturwissenschaften derart weit fortgeschritten sind und der dialektische Materialismus bereits mehr als 100 Jahre existiert, haben wir es nicht nötig, zu Lamettrie zurückzukehren. Im übrigen ist es die amerikanische Soziologie, die sog. semantische Soziologie, die durch Kunstgriffe ähnlicher Art — durch „Erweiterung" des Sinns der Termini — den Klassenkampf aus der Welt schaffen möchte, indem sie den Begriff des Arbeiters und den des Unternehmers zu einem Begriff „producer", Schaffender, vereinigt. Schaffende seien alle und deshalb gebe es auch keinen Klassenkampf mehr, behauptet diese Soziologie. Das sind Methoden, die mit Wissenschaft nichts gemein haben.

Die allzu enthusiastischen Freunde der Kybernetik gehen sogar so weit zu behaupten, daß die Kybernetik-Apparatur uns in Zukunft helfen werde, die Sprache der Bewohner ferner Welten, die die Kosmonauten einst entdecken werden, zu entziffern, auch dann, wenn diese Bewohner uns in nichts ähnlich sein sollten.

Solche Phantastereien entbehren jeder Grundlage. Wenn es tatsächlich Wesen gibt, die uns in nichts ähneln und in einer völlig anderen Welt als der unseren leben, dann besteht für uns auch keine Aussicht, deren inneres Leben, deren Psyche zu ergründen. Die Psyche ist ja stets nur ein Abbild, ein Spiegelbild der Welt, in der die Wesen leben. Wenn es keine Zwischenverbindungen gibt, keine Zwischenstufen, auf denen wir Gemeinsames haben, wenn diese Wesen etwa in einem flüssigen Milieu, in einem Ozean leben und selbst flüssig sind und nichts als diesen Ozean kennen, dann haben sie auch keine solche Arithmetik wie wir, weil bei ihnen 1 und 1 gleich 1 sein wird und nicht gleich 2 wie bei uns, wovon man sich durch ein Experiment mit Quecksilberkügelchen leicht überzeugen kann. Es besteht also im Umgang mit solchen uns gänzlich unähnlichen Wesen auch nicht die Möglichkeit, von der Laplace einmal träumte, nämlich, in den sibirischen Steppen ein großes Abbild des Pythagoreischen Lehrsatzes aus hohen Leuchttürmen aufzustellen, um damit den Marsbewohnern verständlich zu machen, daß es auf der Erde intelligente, hochentwickelte Wesen gibt.

Die „Sprache" solcher hypothetischen, uns in nichts ähnlichen Lebewesen zu entziffern, ist nicht dasselbe, wie die Sprache der Maya zu entziffern, in der es Begriffe gibt, die mit unseren übereinstimmen, wie ‚Sonne', ‚Wasser', ‚eins', ‚zwei', ‚drei' usw. In diesem Fall ist es möglich, auf Grund dieser gemeinsamen Begriffe weiterzugehen und Kombinationen anzustellen, verschiedene Hypothesen aufzustellen und schließlich die tauglichste zu finden. Im anderen Falle ist dies nicht möglich.

Wie schwierig eine solche Verständigung wäre, ist daraus zu ersehen: Handelte es sich um Bewohner eines Planetensystems außerhalb unserer Metagalaxis, so ist es gar nicht sicher, ob wir ihnen solche Elementarbegriffe wie „rechts" und „links" beibringen könnten. Es wäre ja möglich, daß ihre Welt eine Anti-Welt sei, in der der Stoff aus Anti-Atomen aufgebaut ist. Dann würden die physikalischen Gesetze bei ihnen andere als bei uns sein, und es wäre auch mit Hilfe von Signalen nicht möglich, zu entscheiden, ob diese Bewohner dieselbe Auffassung von „rechts" und „links" haben wie wir oder eine genau umgekehrte.

Solche und ähnliche überspitzte Spielereien können wohl in phantastischen Romanen vorkommen. In der Wissenschaft sind sie fehl am Platze, ja sogar schädlich, weil sie von den aktuellen Fragen ablenken. Ich glaube, daß wir alle — Ihr, liebe Freunde in der Deutschen Demokratischen Republik, wir in der Tschechoslowakischen Sozialistischen Republik, in der Sowjetunion und in den anderen sozialistischen Ländern — noch sehr hart arbeiten müssen, damit die Kybernetik in Industrie, Produktion, Wirtschaftswissenschaft, Biologie, Medizin, Pädagogik usw. wirklich real Eingang findet. Dazu müssen wir aber zahlreiche Mathematiker heranbilden. Je mehr sich die Kybernetik entwickelt, desto mehr Leute werden gebraucht, die mit ihr vertraut und die ihre Methoden praktisch einzuführen imstande sind.

Was ich hier sagte, war nicht gegen die Phantasie gerichtet. Im Gegenteil! Ohne Phantasie kann keine Wissenschaft betrieben werden. Aber man muß zwischen Phantasie und Phantasterei unterscheiden, die nicht mit der Wissenschaft rechnet, die möglicherweise sogar auf mystische Wege führt.

Abschließend möchte ich bemerken, daß die Kybernetik für uns Philosophen viele neue Probleme aufwirft. Wir müssen uns daher auch — in Zusammenarbeit mit Mathematikern, Naturwissenschaftlern und Technikern — mit solchen Problemen befassen wie mit der Vertiefung der Definition des Denkens, des Willens usw. bzw. mit der Verwandlung des äußeren physikalischen Impulses in einen Vorgang des Denkens (worüber LENIN geschrieben hat)[2]) oder mit dem Problem der Information, das ich hier nur gestreift habe. Das ist unsere Pflicht.

Die Kybernetik umfassend ins Leben einzuführen — das ist keine leichte Aufgabe. Ich sprach schon davon, daß wir gegen Vorurteile, gegen die Trägheit des Denkens, gegen die Faulheit des Denkens kämpfen müssen. Die Kybernetik ist die Wissenschaft, die geeignet ist, im Rahmen und unter den Bedingungen der sozialistischen und später der kommunistischen Gesellschaft dem Menschen am besten zu helfen, die Vorurteile und das Beharrungsvermögen des Denkens zu überwinden, damit er sich von den folgenschweren Auswirkungen der Vorurteile, die er von der alten Welt mitbekommen hat, freimacht. Das ist eine lösbare Aufgabe, die jedoch weitaus schwieriger ist und mehr Zeit beansprucht als die Aufgabe, die physikalischen Trägheitskräfte der Materie zu überwinden.

Die Kybernetik hat drei Hauptfunktionen:

1. den Menschen von sich wiederholenden und deshalb sehr ermüdenden Funktionen der physischen und der geistigen Arbeit zu befreien;

[2]) Gemeint ist folgende Bemerkung LENINS: „. . . für jeden Materialisten ist die Empfindung ... die Verwandlung der Energie des äußeren Reizes in eine Bewußtseinstatsache." LENIN, Materialismus und Empiriokritizismus. Dietz-Verlag, Berlin 1957, S. 40 (Anm. d. Red.).

2. der Biologie und der Medizin zu dienen, und zwar in dreierlei Hinsicht — in der Diagnostik, beim zeitweiligen Ersatz gewisser innerer Organe während einer Operation oder bei Erkrankung durch kybernetische Apparaturen und in der Prothetik;
3. den psychologischen Wissenschaften — der Psychologie, Psychiatrie, Pädagogik und Gnoseologie — zu helfen, exakte mathematische Methoden einzuführen.

Die dritte Funktion der Kybernetik ist heute noch sehr schwach entwickelt; sie ist noch eine Frage der weiteren Zukunft. Aber alle diese Funktionen und insbesondere die dritte Funktion werden künftig für die Menschheit von größter Bedeutung sein. Sie werden dem neuen, dem kommunistischen Menschen Glück und fröhliches Leben in einer Gesellschaft bringen, deren Regulierung, deren Kontrolle und deren moralisches Niveau ihrer Mitglieder in voller Harmonie mit Wissenschaft und Technik sein werden. Wissenschaft und Technik werden dann nie mehr der Unterdrückung des Menschen dienen können.

Allerdings — und das unterstreiche ich immer wieder und will es auch hier auf dieser Konferenz sagen — wird die Kybernetik, die die Theorie der höchsten Automatisierung ist, diese humanistische Wirkung nicht automatisch mit sich bringen. Man muß darum kämpfen, ein jeder in der Gesellschaft auf seinem Platz, vor allem auch darum, daß es zwischen dem moralischen Niveau des Menschen und dieser höchsten Technik, zu der die Menschheit gelangt ist, keine Divergenzen gibt.

Prof. Dr. László Kalmár

Mitglied der Ungarischen Akademie der Wissenschaften
Vorsitzender der Kybernetik-Kommission des Präsidiums der Ungarischen Akademie der Wissenschaften

ÜBER EINE ERKENNTNISTHEORETISCHE WURZEL DES „ANTI-KYBERNETISMUS“

Zunächst möchte ich Ihrer Tagung herzlichste und freundliche Grüße der Ungarischen Akademie der Wissenschaften übermitteln, insbesondere die der Kybernetik-Kommission des Präsidiums der Akademie, deren Vorsitzender ich bin, und dieser Tagung sowie Ihnen in der Arbeit auf dem Gebiete der Kybernetik vollen Erfolg wünschen.

Prof. Dr. A. Kolman sprach davon, daß verschiedene Gelehrte noch Gegner der Kybernetik seien. Er schilderte einige Formen dieses „Anti-Kybernetismus“, die von der Erklärung der Kybernetik zur Scheinwissenschaft bis zur Einschränkung der Kybernetik auf die Mathematik oder auf das rein Technische reichen.

Es ist verständlich, daß die Kybernetik in der ersten Zeit ihrer Entwicklung als neue wissenschaftliche Forschungsrichtung viele Gegner hatte, insbesondere im sozialistischen Lager. Die Kybernetik ist ja in kapitalistischer Umgebung entstanden, und vor allem in der ersten Zeit war sie sehr stark mit idealistischen und mechanisch-materialistischen Ansichten verflochten. Das ist eine der Ursachen der ablehnenden Haltung.

Aber es gab auch einen Mangel an Informationen über wissenschaftliche Ergebnisse der Kybernetik. In der ersten Zeit waren die wissenschaftlichen Ergebnisse, die in den imperialistischen Ländern erzielt wurden, strenges Geheimnis. Was man als Informationen bekam, waren lediglich sensationell aufgemachte journalistische Berichte über Großrechenautomaten usw.

Es gab aber noch eine dritte Komponente, eine Krankheit, kann man sagen, nämlich den Dogmatismus. Ich fasse das so auf: Dogmatismus ist eine Krankheit des Marxisten, nicht des Marxismus. Wenn jemand dogmatisch ist, dann ist er unfähig, entstehendes

Neues zu erkennen. Der größte Vorteil eines Marxisten gegenüber den Vertretern anderer Weltanschauungen besteht eben darin, daß er erkennt, was neu im Entstehen begriffen ist. Er kann dieses Neue fördern, sich entwickeln lassen. Allerdings gab es damals bei uns eine Situation, die für die Dogmatiker günstig war. Deshalb hat man in der Kybernetik eben nicht das entstehende Neue erkannt. Wie ist es nun möglich, daß es auch heute noch Gegner der Kybernetik unter den Wissenschaftlern gibt, da bereits Informationen über wissenschaftliche Ergebnisse der Kybernetik vorliegen, auch über Ergebnisse in der Sowjetunion und im sozialistischen Lager, da die idealistischen und mechanistisch-materialistischen Vorwürfe gegenüber der Kybernetik wenigstens schon zum Teil entkräftet sind?

Es gibt nunmehr eine marxistische Deutung der Ergebnisse der Kybernetik, sogar schon in Einzelheiten, wie wir das z.B. aus dem Vortrag von Prof. Dr. G. Klaus ersehen haben. Wir führen einen Kampf an zwei Fronten — gegen den Revisionismus und gegen den Dogmatismus.

Prof. Dr. A. Kolman hat davon gesprochen, daß das Denken eine schreckliche Macht der Gewohnheit in sich birgt. Das ist tatsächlich ein Grund dafür. Ich hatte z. B. vor einigen Wochen mit einem berühmten Biologen eine Diskussion über die Anwendung kybernetischer und mathematischer Methoden in der Biologie. Er war sehr entschieden dagegen und meinte, in der Biologie habe man es mit so komplizierten Vorgängen zu tun, daß die mathematische Logik gar nicht angewendet werden könne. Daraufhin stellte ich ihm die Frage, was für eine Logik er für biologische Ereignisse verwende. Schließlich erwies es sich, daß er den gesunden Menschenverstand anwende, der ja bekanntlich schon durch die Logik des Aristoteles formalisiert wurde. Es hat sich aber herausgestellt, daß der gesunde Menschenverstand in Form der Aristotelischen Logik nicht einmal auf viel einfachere Ereignisse als die in der Biologie anwendbar ist. Man kann nicht einmal die Ereignisse vollständig beschreiben, mit denen man es in der Mathematik oder auf dem Gebiet der Schaltkreise zu tun hat. Noch weniger kommt man damit im Falle von komplizierten Ereignissen aus.

Darüber hinaus gibt es aber auch noch gewisse erkenntnistheoretische Wurzeln des Anti-Kybernetismus, und ich meine, daß es sich hierbei um eine neue Form des Idealismus handelt. Die idealistische Philosophie hat schon verschiedene Formen in ihrer Geschichte angenommen, je nach den Umständen. Warum sollte man annehmen, daß es nicht auch künftig so sein wird. Im Gegenteil! Ich glaube sogar, in sozialistischer oder marxistischer Umgebung wird die idealistische Philosophie wieder eine neue Form annehmen — hat sie schon angenommen, nämlich die Form eines Pseudo-Materialismus.

Herr Kolman hat bereits darauf hingewiesen, die Gegner der Kybernetik würden sich darauf berufen, daß es verschiedene Stufen der Bewegung der Materie gibt, wobei die Kybernetik angeblich die höheren Stufen auf die niedrigeren zurückführen wolle, um so die Verschiedenheit dieser Stufen zu verwischen. Darauf kann man erwidern: Selbstverständlich gibt es verschiedene Stufen der Bewegung der Materie, doch was das Wesentliche ist und was man als Prüfstein des Materialismus in dieser Hinsicht ansehen kann, besteht darin, daß man diese verschiedenen Stufen als verschiedene Entwicklungsstufen der Bewegung *derselben* Materie ansehen muß. Wenn manche den marxistischen Fachausdruck „Stufen der Bewegung der Materie“ anwenden, denken sie dabei an etwas anderes, nämlich an verschiedene Arten von Materie. So gibt es nach ihrer Meinung zunächst die gewöhnliche „materialistische Materie“, die sog. mechanische, physikalische, vielleicht auch noch die chemische Bewegung. Mit der biologischen Bewegung, mit dem Leben, beginnt dann schon eine andere Art der Materie.

Wissenschaftler, die so denken, denken idealistisch. Denn eine solche andere Art der Materie gibt es nicht, in der Welt herrscht nur eine einzige Art der Materie. Eben darin besteht die materielle Einheit der Welt. Die Materie existiert in verschiedenen Entwicklungsstufen der Bewegung. Und was die lebendige von der nichtlebendigen Materie unterscheidet, das liegt nicht in der Materie, im Stoff, in der Substanz selbst, sondern in der höheren Stufe der Bewegung. Um zu dieser höheren Stufe zu gelangen, mußte die Materie auch die niedrigen Stufen durchlaufen. Eben darum folgt aus der materiellen Einheit der Welt, daß es außer spezifischen Gesetzen der verschiedenen Entwicklungsstufen der Bewegung der Materie auch gemeinsame Gesetze gibt, z.B. gemeinsame Gesetze der Steuerung oder der Informationsverarbeitung — und das ist das Gebiet der Kybernetik.

Für manche Gelehrte ist der Anti-Kybernetismus eine neue Ausdrucksform dafür, daß das Leben und der Mensch vom lieben Gott geschaffen worden sind. In einer sozialistischen Gesellschaft möchten sie das so nicht mehr ausdrücken. Hingegen glauben sie noch sagen zu können, es gebe verschiedene Stufen der Bewegung der Materie. Es sei Unsinn, wenn die Kybernetik Gemeinsames im Verhalten von Maschinen und von Lebewesen suche, denn ein Lebewesen, insbesondere ein Mensch, sei ja etwas Höheres. Nein! Etwas Höheres im Sinne einer höheren Materie gibt es nicht. Es handelt sich nur um eine höhere Entwicklungsstufe, und eben die Kybernetik erklärt — ich meine z.B. die kybernetische Theorie des Lebens von Ljapunow —, wie eine solche Entwicklung höherer Formen der Bewegung der Materie entsteht. Die Kybernetik ist nicht eine den verschiedenen Stufen der Bewegung in der marxistischen Theorie entgegengesetzte Lehre. Das ist eine falsche Interpretation, eigentlich eine neue Art des Idealismus, ein Idealismus unter Verwendung materialistischer Fachausdrücke. Wenn man die Tiere oder den denkenden Menschen als etwas völlig anderes ansieht als die übrige Materie, dann hält man im Grunde genommen den Menschen für ein Abbild Gottes, oder aber es handelt sich um eine neue versteckte Form des Vitalismus. Und hinter der Behauptung, das Leben, das Denken oder die Gesellschaft seien so kompliziert, daß man das nicht mit kybernetischen Methoden erfassen könne, verbirgt sich eine neue Form des Agnostizismus. Man spricht viel davon, daß ein Naturwissenschaftler zumindest die Grundlagen der Gesellschaftswissenschaften studieren müsse, um nicht im mechanistischen Materialismus stecken zu bleiben.

Allerdings wird das Gegenstück selten betont, daß nämlich ein Gesellschaftswissenschaftler, der Marxist sein will, sich auch naturwissenschaftliche Kenntnisse aneignen muß. Kann man denn überhaupt Materialist sein ohne Kenntnis der Eigenschaften der Materie? Daraus kann doch nur eine neue Form des Idealismus entstehen, in der etwa Gott nicht Gott, sondern Materie heißt.

Eine der erkenntnistheoretischen Wurzeln des Anti-Kybernetismus besteht also in einem Überleben des Idealismus in pseudomaterialistischer Form.

Wie kann diese erkenntnistheoretische Wurzel des Anti-Kybernetismus bekämpft werden? Selbstverständlich nicht mit den alten, falschen Methoden des Dogmatismus. Es genügt nicht zu erklären, diese Wurzel sei idealistisch, man muß vielmehr dafür arbeiten, daß sich die Kybernetik trotz solcher falschen Ansichten durchsetzt. Und dazu ist eben vor allem wissenschaftliche Arbeit auf dem Gebiete der Kybernetik notwendig. Natürlich ist es wichtig, die durch die Kybernetik aufgeworfenen philosophischen Probleme zu klären, damit man nicht wieder in diese oder jene Form des Idealismus verfällt und die Kybernetik auf wirklich materialistischer Grundlage betreiben kann. Ebenso wichtig ist es aber, konkrete kybernetische Forschung zu treiben. Kybernetische Forschungsarbeit kann ich mir jedoch nur so vorstellen, daß sie im Zusammenwirken von Fachleuten der verschiedenen Wissensgebiete erfolgt, deren Fachbereiche etwas mit Kybernetik zu tun haben. Andernfalls würden die Gegner der Kybernetik sagen, dieser sei Mathematiker und habe Gutes in der Mathematik geleistet, jener sei Biologe mit beachtenswerten Erfolgen in der Biologie, ein anderer wiederum sei Techniker, der neue Maschinen konstruiere, — und das solle man als Kybernetik bezeichnen? Das Spezifische der Kybernetik ist die Möglichkeit der Zusammenarbeit von Mathematikern, Technikern, Biologen, Psychologen, Gesellschaftswissenschaftlern, Ökonomen usw., weil die Gesetze der Kybernetik allgemeine Gesetze sind, die auf der materiellen Einheit der Welt beruhen.

Eine solche Zusammenarbeit ist auch für die Weiterentwicklung der Kybernetik notwendig. Deshalb begrüße ich auch sehr den Denkschrift-Entwurf, in dem auch über eine kybernetische Zeitschrift gesprochen wird, die die befreundeten Länder zusammen redigieren und herausgeben sollen. Eine allgemeine kybernetische Zeitschrift wäre ein geeignetes Organ, um eine Zusammenarbeit zu organisieren. In dieser Hinsicht kann diese Zeitschrift nicht durch die schon bestehenden Fachzeitschriften ersetzt werden.

Dipl.-Phil. Rainer Thiel

Aspirant am Institut für Philosophie der Humboldt-Universität zu Berlin

ZUM BEGRIFF DER INFORMATION UND ZUM BEGRIFFSPAAR QUANTITÄT—QUALITÄT

Zunächst möchte ich eine Bemerkung vortragen zu dem Verhältnis, das meiner Ansicht nach zwischen dem Begriff der Information, wie er in der Informationstheorie benutzt wird, und dem marxistischen Materiebegriff besteht. Mir scheint, daß man sich nicht dadurch irreführen lassen darf, daß die Informationstheorie einen Begriff verwendet, der früher in keiner Wissenschaft so recht zu Hause war, aber jetzt auch von der Erkenntnistheorie beansprucht wird. Ich glaube, daß uns durch den Begriff der Information ein Aspekt der Wirklichkeit, der Materie besser zugänglich geworden ist: die Struktur der Wirklichkeit. Es ist bekannt, daß die Struktur heute in vielen Wissenschaften eine Rolle spielt, in der Physik seit langem schon. Aber der philosophische Materiebegriff, der von den Physikern verwendet wurde und auch in populären philosophischen Darstellungen noch nicht immer überwunden ist, war ein Begriff des mechanistischen Materialismus, in dem kein Platz für die Kategorie der Struktur gewesen ist.

Es war das Verdienst der marxistischen Theoretiker Marx, Engels und Lenin, aus gesellschaftswissenschaftlichen Überlegungen heraus auf die Bedeutung der Struktur in der Wirklichkeit aufmerksam gemacht zu haben. Die Erweiterung des Materiebegriffs, die Lenin gegeben hat, besteht vor allem auch in dem Hinweis, daß die Materie, die wir als objektive Realität betrachten, sich nicht darin erschöpft, aus bewegten Komplexen von Masse oder Stoff zu bestehen, sondern daß darunter vor allen Dingen auch die objektiv realen Beziehungen zwischen den Dingen zu verstehen sind. Vom Standpunkt des historischen Materialismus ist Materie nicht etwa in erster Linie die Maschine oder das Brot, mit dem die Menschen zu tun haben, sondern es sind vor allen Dingen die gesellschaftlichen Verhältnisse zwischen den Menschen und die Verhältnisse der Menschen zu den Produktionsmitteln, und in diesem Zusammenhang sagen wir etwa, daß eine Gesellschaftsformation eine bestimmte Klassenstruktur hat.

Eine der großen Neuerungen des marxistischen Materiebegriffs war der inhärierende Hinweis auf die strukturellen Beziehungen, der Hinweis darauf, daß die Strukturen genau so zur objektiven Realität gerechnet werden müssen wie Stoff und Energie.

In diesem Sinne hat die Informationstheorie jetzt von der technischen und mathematischen Seite her die Aufmerksamkeit darauf gelenkt, daß es in der Wirklichkeit objektive Strukturen gibt. Ich verstehe dabei unter Technischem nicht einfach etwas Anorganisches, sondern eine Modellierung menschlicher Verhaltensweisen. In diesem allgemeinen Sinne muß man das Messen der Information vor allem als ein Messen von Struktur betrachten. Insofern wird der marxistische Materiebegriff als sinnvoll und universell definiert bestätigt und zugleich auch für die Mathematik eine neue Möglichkeit erschlossen, um die strukturellen Gegebenheiten in der Realität begrifflich fassen zu können und meßbar zu machen. Es ist selbstverständlich, daß nun auf dieser Grundlage der Informationsbegriff auch in die erkenntnistheoretischen Betrachtungen eingeführt und dort weiter untersucht werden muß.

Ich möchte nun einige Bemerkungen vortragen zum Gebrauch der philosophischen Kategorien Quantität und Qualität in Mathematik und Gesellschaftswissenschaft.

Die Kybernetik ist so wesentlich mit mathematischen Aussagen verknüpft, daß die Relevanz kybernetischer Begriffe für Philosophie und Gesellschaftswissenschaft meist zugleich mit der Anwendbarkeit mathematischer Begriffe in diesen Disziplinen diskutiert wird. LENIN hat schon 1908 auf die mitentscheidende Bedeutung der Mathematik für den Fortschritt der Naturwissenschaft hingewiesen [1]. Das Verständnis für die Bedeutung der Mathematik im System der Wissenschaften ist aber unter den Philosophen insgesamt gesehen noch sehr schwach, so daß auch heute noch die wenigsten sehen, welche *philosophischen* Vorurteile den Einsatz der Mathematik in der Gesellschaftswissenschaft hemmen. Eines dieser Vorurteile lautet: Die Mathematik hat es mit Quantitäten zu tun; im Gegensatz dazu gehe es im gesellschaftlichen Bereich um Qualitäten. Man will dabei unter „Quantität" und „Qualität" dasselbe verstanden wissen wie bei der Anwendung dieser Ausdrücke in der Philosophie.

Wir wollen prüfen, ob das berechtigt ist. Nach HEGEL ist die Qualität eine Bestimmung, die einem Etwas nicht nur überhaupt eigen ist, sondern eine Bestimmung, mit der es sich „in der Beziehung auf andere auf eine eigentümliche Weise *erhält*, die fremden in ihm gesetzten Einwirkungen nicht in sich gewähren läßt, sondern seine eigenen Bestimmungen in dem Andern ... *geltend* macht" [2]. Nach der marxistischen Literatur gehören zur Qualität eines Dings die Bestimmungen, die ihm Stabilität verleihen [3]. Das sind Bestimmungen, die die Kybernetik durch das Medium der Differentialgleichungen betrachtet. TSIEN bemerkt, „daß die entscheidende Frage, die man an ein lineares System mit konstanten Koeffizienten stellen kann, die Stabilitätsfrage ist" [4]. Und wir wissen, daß auch bei den allgemeineren nichtlinearen Systemen die Stabilitätsfrage nicht unwichtig wird, sondern lediglich nach den Nullstellen der Lösung spezifiziert und unter Einschluß der Anfangsbedingungen betrachtet werden muß. In der mathematischen Theorie der Differentialgleichungen werden also gerade solche Bestimmungen behandelt, die von der Philosophie als qualitative betrachtet werden. Darüber hinaus gibt die Mathematik Kriterien an, die zu entscheiden erlauben: Sind gewisse Parameterwerte in einer Differentialgleichung *so* groß, *daß* das vorgelegte System stabil ist, oder nicht? Es werden also Verfahren angegeben, welche erlauben — nach der philosophischen Terminologie —, aus den vorgelegten Quantitätsbestimmungen Schlüsse auf die Qualität eines Systems zu ziehen, die sich in Eigenschaften ausdrückt, welche durch mathematische Begriffe widergespiegelt werden. In der kybernetischen Literatur wird z. B. die Frage untersucht: Sind gewisse Koeffizienten einer Differentialgleichung so groß, daß das hiermit beschriebene System arbeiten kann oder nicht? Es ist ganz offensichtlich, daß hier nach der *Qualität* eines Systems gefragt wird.

In der Art und Weise, wie die Theorie der Differentialgleichungen ihren Gegenstand betrachtet[1]), ist also die Einheit von Quantität und Qualität verwirklicht. Ob diese Einheit berücksichtigt wird, kündigt sich meist schon durch die Form der Frage an: „Ist etwas *so* groß, *daß* ...?" Wir haben damit einen Schlüssel in der Hand, weitere Realisierungen

[1]) Es wird nicht behauptet, daß Stabilitätsuntersuchungen der einzige Gegenstand der Theorie der Differentialgleichungen seien.

dieser Einheit in der Mathematik aufzudecken. HEGEL hat in seiner Großen Logik die Stufen spezifiziert, in denen sich die Einheit von Quantität und Qualität begriffsdialektisch entwickelt. Wenn wir nun etwa die Koeffizienten einer Differentialgleichung als Parameter des Zeitverhaltens interpretieren, dann können wir genau angeben, an welcher Stelle der philosophischen Nomenklatur die Koeffizienten der verschiedenen Differentialausdrücke — z.B. die Parameter der Dämpfung, der Trägheit — eingeordnet werden können.

Daß die Mathematik mit Qualitäten operiert, habe ich absichtlich an einer solchen Disziplin gezeigt, in der die *Zahl* immerhin eine bedeutende Rolle spielt. Nehmen wir solche Disziplinen wie die mathematische Logik, allgemeiner solche Disziplinen, in denen Beziehungen von zweielementigen Mengen untersucht werden, so müssen wir auch hier feststellen, daß es um Qualitäten geht. Das kann allerdings nicht damit begründet werden, daß die Werte logischer Funktionen etwa in der Schaltalgebra als *Zustände*, und zwar als Zustände eines Relais interpretiert werden. Der Begriff des Zustands bezieht sich gerade auf die quantitative Veränderung eines Dings, denn die Zustandsänderung besteht darin, daß sich etwas an einem Ding ändert, das Ding als Träger aber bestehen bleibt. Es geht um etwas anderes:

Für HEGEL sind die Zahlen *zunächst* nur quantitative Bestimmtheiten, weil sie augenscheinlich keine individuellen Eigenschaften haben, durch die sie mit ihresgleichen in Beziehung stehen. Auf den ersten Blick anders ist das bei den Wahrheitswerten einer zweiwertigen Wahrheitsfunktion, bei der sich beide Werte aufeinander beziehen, indem sie jeweils die Negation voneinander sind. Derartige polare Bestimmtheiten betrachtet HEGEL als qualitativ [5], und auf einer fortgeschrittenen Stufe seiner Begriffsdialektik findet schließlich auch gebührende Berücksichtigung, was wir von der Zahlentheorie her wissen und was auch Prof. Dr. W. KÄMMERER durch seinen Hinweis auf das eigentümliche Verhalten von Zahlenpopulationen demonstrierte, nämlich daß die Zahlen sehr wohl voller Bestimmtheiten stecken, durch die sie sich aufeinander beziehen. In diesem Sinne sagt ENGELS: „Die Zahl ist die reinste quantitative Bestimmung, die wir kennen. Aber sie steckt voll qualitativer Unterschiede" [6].

Es gibt noch mehr mathematische Begriffe, die nach der philosophischen Terminologie als qualitative Bestimmtheiten bezeichnet werden müssen. HEGEL und ENGELS nennen das Endliche und das Unendliche in ihrer gegenseitigen Beziehung. HEGEL führt die nichtlineare Beziehung (Funktion) unter dem Namen Potenzenverhältnis als qualitative Bestimmtheit. Er widmet dem Potenzenverhältnis einen Abschnitt in der begriffsdialektischen Entwicklung der Einheit von Quantität und Qualität. In meiner Dissertation konnte ich zeigen, daß mit Hilfe mathematischer Nichtlinearitäten Vorgänge modelliert werden können, die in der marxistischen Literatur als Prototypen für das Umschlagen quantitativer Veränderungen in qualitative fungieren.

Damit ist zunächst hinreichend gezeigt, daß es die Mathematik — in philosophischer Sprechweise — durchaus mit Qualitäten zu tun hat.

Es ist andererseits ein Irrtum zu glauben, daß es in der Gesellschaftswissenschaft nur auf qualitative Bestimmungen ankomme. Wo heute bereits zahlenmäßig bilanziert wird, sieht man natürlich die quantitativen Bestimmungen deutlich vor sich. Unsere leitenden gesellschaftlichen Organe fordern sehr energisch, daß der Kreis der zahlenmäßig bilanzierten Erscheinungen schnell ausgeweitet wird. Hier konzidiert man auch die Anwendbarkeit von Mathematik und Kybernetik.

Aber wie steht es mit den umfangreichen Gebieten, in denen die exakte Messung scheinbar unmöglich ist? Die Philosophie zwingt uns zu der Annahme, daß auch hier die Prozesse, die Dinge und Menschen qualitativ *und* quantitativ bestimmt sind. Tatsächlich unterstellen wir auch überall die quantitative Bestimmtheit der Dinge, ohne daß wir uns dessen immer bewußt sind. Die quantitative Einschätzung von Dingen, Prozessen und Menschen kommt in solchen Nomenklaturen zum Ausdruck wie „sehr gut", „gut", „befriedigend" ... oder „stark", „schwach", „intensiv", „besser" usw. Manchmal findet man sogar in Zeitungsartikeln Bestimmungen gesellschaftlicher Erscheinungen, die als qualitative ausgegeben werden, in Wirklichkeit aber nur quantitative sind. So hieß es z.B. in einem Bericht über die Entwicklung der militärischen Beziehungen im sozialistischen Lager, daß diese Beziehungen auf eine *qualitativ* höhere Stufe gehoben worden seien. Zur Charakterisierung der neuen Qualität wurde aber lediglich vorgebracht, daß diese Beziehungen nunmehr „noch besser" seien als vorher. Entweder war zu dem betreffenden Zeitpunkt keine *qualitativ* neue Stufe erreicht, oder der Autor hat nicht erkannt, worin der *qualitative* Fortschritt zu sehen ist. „Noch besser" ist aber eine rein quantitative Bestimmung.

In der Praxis werden ständig Entscheidungen gefällt, deren Tragweite einen hohen Preis für eine exakte Messung rechtfertigen würde. Dennoch unterbleiben die Messungen, weil man nicht weiß, wie man sie ausführen soll. An ihre Stelle treten subjektive Wertungen, sogenannte Einschätzungen, in denen dann eben solche Ausdrücke wie „intensiv", „stark" usw. angewandt werden.

Im Hinblick auf spätere Objektivierungen ist also das Einschätzen die Verwendung eines provisorischen Maßstabs. Es ist nicht ohne Erkenntniswert, namentlich bei kollektiv erarbeiteten Einschätzungen. Es läßt aber an Sicherheit und Genauigkeit des Wissens über objektive Verhältnisse zu wünschen übrig und trägt daher hypothetischen Charakter. Dasselbe Maß an Vertrauen aber, das man gewöhnlich diesem hypothetischen Maßstab schenkt — schenken muß, weil man anders meist nicht zum Handeln kommt —, könnte man genausogut einem hypothetischen, provisorischen Maßstab entgegenbringen, der sich von dem empirisch-subjektiven durch eine Form unterscheidet, die seiner *Verwendung zu mathematischen Ansätzen angepaßt* ist.

Wenn wir also in der Praxis viele Entscheidungen auf die Resultate von Einschätzungen und die durch sie verliehenen Prädikate wie „sehr stark", „stark", „schwach" usw. aufbauen, so braucht uns nichts zu hindern, diesen Prädikaten Zahlen zuzuordnen und eventuell die Existenz von Zwischenwerten zu postulieren. Bleibt man sich bewußt, daß dieser mit Zahlen normierte Maßstab genau so hypothetisch ist wie der Maßstab mit verbaler Normierung, so hat man nichts verloren, wohl aber die Möglichkeit zur Anwendung auch solcher mathematischer Begriffe gewonnen, die aus Theorien entnommen sind, in denen Maße gelten. Die Beherrschung dieser Begriffe ist eine wichtige Voraussetzung, um zu sinnvollen Fragestellungen für das Gewinnen von Zahlenmaterial zu kommen.

J. v. Neumann und O. Morgenstern schreiben: „Was das Fehlen eines Maßes für die wichtigsten Faktoren betrifft, so ist das Beispiel der Wärmelehre höchst instruktiv; ehe die mathematische Theorie entwickelt war, waren die Möglichkeiten quantitativer Messungen weniger günstig, als sie es heute in der Ökonomie sind. Die genauen Messungen von Quantität und Qualität der Wärme (Energie und Temperatur) waren das Ergebnis und nicht die Voraussetzung der mathematischen Theorie" [7]. Engels hatte dieses Problem schon vorher allgemeiner gefaßt: „Wollte man warten, bis das Material fürs Gesetz *rein* sei, so hieße das, die denkende Forschung bis dahin zu suspendieren, und das Gesetz käme schon deswegen nie zustande" [8].

Wie stark auch immer der Grad von Improvisation sein mag, der den Anwendungen der Mathematik auf der Grundlage hypothetischer Maßstäbe eigen ist, so scheint hier wie überall das Aufstellen von Hypothesen und ihre Korrektur an der Praxis das Kettenglied zu sein, um methodisch planvoll und mit bewußter Zielsetzung zu neuen Ergebnissen zu gelangen. Auf diesem Wege könnten wir auch die Konkretisierung und Spezifikation zahlreicher philosophischer Kategorien voranbringen und der Philosophie den Reichtum der mathematischen Begriffsbildung zugänglich machen oder aber den Reichtum philosophisch interessanter Erscheinungen selbst erfassen, wo dies heute noch nicht möglich ist.

Es hat nicht an Bemühungen gefehlt, z.B. das Material philosophisch zugänglich und lehrbar zu machen, das MARX in seinem „Kapital" entwickelt hat. Tatsache ist aber, daß wir bis jetzt immer noch kaum eine Spezifikation einer so fundamentalen Erscheinung wie der des dialektischen Widerspruchs haben, was die Bedeutung der Philosophie für die praktische Anwendung zur Zeit noch stark einschränkt. Durch das Medium der Kybernetik gesehen findet man dagegen auf Anhieb ein Einteilungsprinzip, nach dem man selbstzerstörende und selbstreproduzierende Widersprüche unterscheiden kann, indem man die Beziehung dieser philosophischen Kategorie zu den kybernetischen Begriffen „Verstärkersystem" und „Regelsystem" aufdeckt.

Es ist damit eine gute Ausgangsbasis gegeben, um den Nachweis der kybernetischen, in der Regel mathematisch formulierten Eigenschaften derartiger Systeme als Grundlage für gesellschaftswissenschaftliche Untersuchungen zu benutzen, die uns tiefer in die Erkenntnis der funktionellen Zusammenhänge der gesellschaftlichen Entwicklung hineinführen, wozu die Zusammenarbeit von Philosophen, Mathematikern und Ökonomen entwickelt werden muß. Mit dieser Zielsetzung hat sich bereits ein Netz von persönlichen Beziehungen entwickelt. Es kann als eine Grundlage künftiger philosophischer Forschungen gelten, wenn es gelingt, den hieran interessierten, hierzu vorbereiteten Philosophen auch formell den gesellschaftlichen Auftrag zu geben, der ihnen erlaubt, ihre Arbeitskraft dafür einzusetzen.

Literatur

[1] LENIN, W. I., Materialismus und Empiriokritizismus. Berlin 1962, S. 298.

[2] HEGEL, G. W. F., Wissenschaft der Logik. Bd. I. Leipzig 1948, S. 101.

[3] Vgl. z.B.: Grundlagen der marxistischen Philosophie. Berlin 1959, S. 254. Desgl. KLAUS/KOSING/REDLOW, Das Verhältnis von Quantität und Qualität in der Entwicklung der Materie. Berlin 1959, S. 11.

[4] TSIEN, H. S., Technische Kybernetik. Berlin 1958, S. 12.

[5] HEGEL, G. W. F., Wissenschaft der Logik. Bd. I. Vgl. etwa S. 368, 393.

[6] ENGELS, F., Dialektik der Natur. Berlin 1952, S. 275.

[7] NEUMANN, J. v./MORGENSTERN, O., Spieltheorie und wirtschaftliches Verhalten. Würzburg 1961, S. 3.

[8] ENGELS, F., Dialektik der Natur. S. 256.

Dr.-Ing. PETER NEIDHARDT, *Berlin*, äußerte seine Meinung zu einigen Aufgaben, die der technischen Kybernetik im Rahmen der Volkswirtschaft der DDR zufallen, und stellte gewisse Fragen der Definition verschiedener kybernetischer Begriffe zur Diskussion.

Im besonderen spielte eine seiner Bemerkungen zum Begriff der Information eine Rolle. Dr. NEIDHARDT polemisierte dagegen, daß — wie häufig gesagt werde — eine Information eine Einheit aus einer Semantik und einem physikalischen Träger sei. Dabei verwies er auf die Tatsache, daß die Informationsentropie als statistische Größe anzusehen sei, was mit Semantik überhaupt nichts zu tun habe. Da aber Information, wenn sie zwischen Menschen ausgetauscht wird, andererseits semantische Bedeutung besitze, möchte er zwischen Information und Nachricht in dem Sinne unterschieden wissen, daß Nachricht als Spezialfall von Information betrachtet werde. Als Nachricht definierte Dr. NEIDHARDT dabei eine zur Einwirkung auf Sinnesorgane von Menschen bestimmte physikalische Zustandsfolge, die nicht unmittelbar wahrnehmbare Ereignisse kennzeichne.

Prof. Dr. LUDWIG KÜTTNER, *Hochschule für Architektur und Bauwesen Weimar, Lehrstuhl für Gebiets- und Städteplanung,* sprach sich dafür aus, daß sich mehr Wissenschaftler als bisher Problemen der Kybernetik in ihrem Fachbereich zuwenden sollten und die pädagogische Arbeit zur Vermittlung kybernetischer Kenntnisse auf der Grundlage eines langfristigen Planes gestaltet werden müsse. Es stehe außer Zweifel, daß es für die Leitungstätigkeit im Staatsapparat und in der Produktion ohne eine entsprechende Erarbeitung der Erkenntnisse der Kybernetik und Mathematik in Zukunft nicht möglich sein werde, den wissenschaftlich-technischen Höchststand zu erreichen.

Im weiteren Verlauf seiner Darlegungen ging Prof. Dr. KÜTTNER auf die Anwendungsmöglichkeit der Kybernetik in der Gebiets-, Stadt- und Dorfplanung ein.

Dr. Johannes Behr

Wissenschaftlicher Arbeitsleiter am Institut für Wirtschaftswissenschaften der Deutschen Akademie der Wissenschaften zu Berlin

WIRTSCHAFTSWISSENSCHAFTEN UND KYBERNETIK

Während in den voraufgegangenen fachrichtungsgebundenen Symposien und Konferenzen überwiegend das Verhältnis der Kybernetik zu den hier vertretenen wissenschaftlichen Disziplinen erörtert, insbesondere auf aussichtsreich erscheinende oder bereits in Arbeit genommene Forschungsthemen verwiesen sowie zu einzelnen in der Literatur veröffentlichten, teilweise auch zu eigenen Arbeitsergebnissen referiert wurde, liegt der heutigen Veranstaltung eine andere, umfassendere Absicht zugrunde.

Über den notwendigerweise begrenzten Gesichtskreis des eigenen Arbeitsbereichs hinaus soll der Fachmann über die mit dem Eingang kybernetischer Verfahren in andere — ihm auf den ersten Blick mehr oder weniger fernliegende — Wissenschaften verbundenen Probleme unterrichtet und auf diese Weise zu einem sinnvollen Gedankenaustausch, wenn nicht gar zu einer fruchtbaren Zusammenarbeit angeregt werden.

Nun sind derartige Betrachtungen nicht neu. Besonders innerhalb der Naturwissenschaften und in der Technik hatte sich schon in der Vergangenheit der Vorstoß in Grenzgebiete als ebenso unvermeidlich wie ergiebig erwiesen. Gleichfalls unbestreitbar ist indes der Umstand, daß mit der Herauslösung der Kybernetik aus den verschiedenen Fachgebieten und deren Formung zu einer Wissenschaft sui generis diese Tendenz sich nicht nur verstärkt, sondern auch auf Bereiche und Probleme auszudehnen beginnt, die weit über die herkömmlichen Berührungslinien zwischen den verschiedenen Wissensgebieten hinausgreifen und dabei eng mit dem Fortschritt gerade jener Disziplinen einhergehen, die man aus diesem oder jenem Grunde zur Kybernetik rechnet.

So obliegt, um diese Aussage mit einem Beispiel zu belegen, der politischen Ökonomie des Sozialismus als einer Theorie der zur Herrschaft gelangten Arbeiterklasse die sorgfältige Analyse der materiellen und wissenschaftlichen Produktivkräfte und ihrer Entwicklung. Allein schon hierauf gründen sich die Brücken zur Naturwissenschaft und Technik sowie der Zwang, die aus dem wachsenden Einfluß der Kybernetik resultierenden technischen, wirtschaftlichen und sozialen Wirkungen gemeinsam mit den Wissenschaftlern der genannten Disziplinen zu werten und durch abgestimmte Maßnahmen in die gewünschten Bahnen zu lenken. Die Vertreter der Wirtschaftswissenschaften begrüßen daher die Empfehlung, beim Präsidium der Deutschen Akademie der Wissenschaften zu Berlin eine zentrale Sektion für Kybernetik zu gründen.

Der Einfluß der Kybernetik auf die Wirtschaftswissenschaften bleibt indes keineswegs auf jene Belange begrenzt, die mit der Einführung der neuen Technik in die Volkswirtschaft, sei es die Produktion oder Verwaltung, verbunden sind. Charakteristisch hierfür ist vielmehr das Bestreben, spezifische Probleme der politischen Ökonomie, die sich bislang einer Bearbeitung mittels vorwiegend beschreibender Verfahren entzogen, durch Einsatz tauglicher, in Naturwissenschaft und Technik entwickelter mathematischer und kybernetischer Methoden erneut aufzugreifen und einer — und sei es auch nur teilweisen — Lösung zuzuführen. So mehren sich in jüngster Zeit die Versuche, in gemeinsamer Arbeit von Volkswirtschaftlern und Regelungsingenieuren bestimmte, wegen ihrer Komplexität mathematisch sehr schwer erfaßbare dynamische Zusammenhänge zwischen solchen ökonomisch bedeutsamen Größen wie Wachstum von Produktion, Entwicklung der Preise, der Produktionsfonds und Investitionen durch elektrische und andere Analogiemodelle nachzubilden und experimentell zu durchdringen.

Daß man auf diese, für die ökonomische Grundlagenforschung zweifellos neuartigen Fragenstellungen und erfolgversprechenden Methoden sowohl in Kreisen der Wirtschaftswissenschaftler als auch in denen der Naturwissenschaftler und Techniker in der Deutschen Demokratischen Republik aufmerksam geworden ist, konnten wir zahlreichen Gesprächen und Anfragen sowie Hinweisen in der Literatur entnehmen.

Interessant, aber keineswegs überraschend ist dabei der Umstand, daß die Anregungen zur Aufnahme derartiger Untersuchungen überwiegend von Naturwissenschaftlern und Regelungsingenieuren ausgehen, die, obgleich sie nicht Ökonomen sind, doch über ausreichende Kenntnisse und Erfahrungen im Bau ähnlicher Modelle für ihr Fachgebiet verfügen, um die Möglichkeiten derartiger Experimente auch für die ökonomische Forschung zumindest vermuten zu können.

Daß es sich bei den erwähnten ersten Ansätzen einer Zusammenarbeit von Regelungsingenieuren mit Volkswirtschaftlern nicht um zufällige Verirrungen auf wesensfremde Gebiete handelt, begründet die Kybernetik mit den von ihr verallgemeinerten Begriffen wie beispielsweise des Systems, der Information, des Regelkreises, der Übertragungsfunktion sowie der von ihr nachgewiesenen Isomorphierelationen usw.

Wir dürfen jedoch nicht darauf vertrauen, daß diese — zwar wissenschaftlich nachgewiesenen — Möglichkeiten einer gemeinschaftlichen Bearbeitung ökonomischer Probleme mittels der in Naturwissenschaft und Technik entwickelten oder ähnlicher Verfahren nun auch umgehend und zwangsläufig zur alltäglichen Wirklichkeit werden. Um dies zu erreichen, sind unserer Meinung nach zumindest zwei Voraussetzungen zu erfüllen: Ein zahlenmäßig weit größerer Kreis der in der wirtschaftswissenschaftlichen Grundlagenforschung tätigen Ökonomen, insbesondere aber des wirtschaftswissenschaftlichen Nachwuchses, muß sich gediegene mathematische und naturwissenschaftliche Kenntnisse und Fertigkeiten aneignen. Dies schon deshalb, um mit Mathematikern und Naturwissenschaftlern erst einmal zu einem ergiebigen fachlichen Gespräch gelangen zu können.

Vor allem aber vermag dem Wirtschaftswissenschaftler niemand die schwierige Aufgabe abzunehmen, die Forschungsziele seines eigenen Bereichs so weit und präzise in die dem zur Mithilfe aufgerufenen Naturwissenschaftler oder Ingenieur verständliche Sprache der Mathematik umzusetzen, um für diese festumrissene Ansätze zur Bearbeitung solcher Themen mit den ihrem Fach gemäßen Verfahren zu begründen. Dies gilt nicht minder für die ökonomische Interpretation gewonnener Teilergebnisse sowie die Angabe des weiteren Weges in der Forschung und der hierzu verfügbaren bzw. erforderlichen Mittel.

Sodann sind geeignete Schritte zu unternehmen, um die in den einzelnen Wissenschaften gewonnenen Erfahrungen hinsichtlich der Förderung von Lehre und Forschung auf dem Gebiet der Kybernetik auf ihre Verallgemeinerung hin zu sichten und soweit wie möglich anderen Disziplinen nutzbar zu machen.

Eben deshalb unterstützen die hier vertretenen Wirtschaftswissenschaftler den Vorschlag der Kybernetik-Kommission beim Generalsekretär der Deutschen Akademie der Wissenschaften zu Berlin, die in den fachrichtungsgebundenen Vorkonferenzen sowie auf der heutigen Tagung zusammengetragenen Ergebnisse und im einzelnen erwogenen Maßnahmen zu erörtern und zu einer gemeinsamen Denkschrift über die Bedeutung der Kybernetik für Wissenschaft, Technik und Wirtschaft in der Deutschen Demokratischen Republik zu vereinigen.

Dieser Zielstellung der heutigen Veranstaltung gemäß wollen wir im folgenden in aller Kürze auf mögliche Ansätze für eine gemeinschaftliche Bearbeitung ökonomischer Probleme mittels mathematischer und kybernetischer Methoden verweisen, aber auch — denn dies scheint uns vordringlich zu sein — vom gegebenen Stand der Voraussetzungen für eine derartige Forschungsarbeit innerhalb der Wirtschaftswissenschaften sowie von den unseres Erachtens hierfür künftig erforderlichen Maßnahmen Kenntnis geben.

Gewöhnlich wird das Verhältnis von Kybernetik und Ökonomie als Sammelbegriff für jene technisch-ökonomischen und sozialen Probleme aufgefaßt, die in der sozialistischen Gesellschaft mit fortschreitender Automatisierung von Produktion, Handel, Verkehr und Nachrichtenwesen zu lösen sind. Dies nicht ohne Grund. Bekanntlich haben sich die industriell entwickelten Länder des sozialistischen Weltwirtschaftssystems — unter ihnen die Deutsche Demokratische Republik — in ihren langfristigen Perspektivplänen hinsichtlich Produktion, Verbrauch und Arbeitszeitverkürzung hohe Ziele gestellt.

Der umfassende Aufbau des Sozialismus in der Deutschen Demokratischen Republik — insbesondere ihrer nationalen Volkswirtschaft — bedingt die rasche Steigerung von Produktion und Arbeitsproduktivität auf der Grundlage des höchsten Standes von Wissenschaft und Technik. Deshalb wird von der 17. Tagung des Zentralkomitees der Sozialistischen Einheitspartei Deutschlands „die allseitige Förderung der modernen Naturwissenschaft und Technik, vor allem die entschiedene Einführung ihrer fortgeschrittensten Ergebnisse in die Praxis der Produktion und im engsten Zusammenhang damit eine neue höhere Qualität der Leitung der Volkswirtschaft und der Planung verlangt“ [1].

Die Entwicklung von Mathematik und Kybernetik sowie die Verbreitung und Verwendung ihrer Begriffe, Denkweisen und Verfahren innerhalb der Ökonomie rücken deshalb immer mehr in den Vordergrund von Forschung, Lehre und Praxis der Wirtschaftswissenschaften.

Der Einfluß der Kybernetik auf die sozialistische Ökonomie erstreckt sich indessen nicht nur auf die Einführung der neuen Technik innerhalb der Betriebe. Ihren ökonomischen Aufgaben gemäß relativ selbständig organisiert, gegenüber der wirtschaftlichen Umwelt weitgehend stabil und der erweiterten Reproduktion aus eigenen Mitteln fähig, bleiben diese dennoch Elemente eines übergeordneten kybernetischen Gesamtsystems, nämlich der auf der Grundlage des gesellschaftlichen Eigentums an den Produktionsmitteln organisierten sozialistischen Volkswirtschaft. Es lassen sich nun zwischen deren einzelnen Elementen sowie zwischen diesen und den zentralen staatlichen Leitungsorganen vielfältige höchst differenzierte wechselseitige Abhängigkeiten, Informationskanäle, Signale usw. nachweisen, die eine Untersuchung mit den Methoden der Mathematik und Kybernetik aussichtsreich erscheinen lassen.

Bekanntlich unternehmen die Vertreter der bürgerlichen Ökonomie seit Jahrzehnten Versuche, die im kapitalistischen Reproduktionsprozeß zunehmenden Widersprüche zwischen den wachsenden Produktivkräften und den historisch überlebten Produktionsverhältnissen des privaten Eigentums an den Produktionsmitteln durch Einsatz mathematischer, naturwissenschaftlicher und in letzter Zeit auch kybernetischer Begriffe und Verfahren zu glätten oder theoretisch zu rechtfertigen. Es bleibt deshalb eine wesentliche Aufgabe der Vertreter der marxistischen politischen Ökonomie, nachzuweisen, daß selbst der Einsatz moderner mathematischer und kybernetischer Methoden keine verwertbaren Resultate garantiert, solange die politökonomischen Prämissen der Wirklichkeit widersprechen. Die Beherrschung des eigenen Fachs vorausgesetzt, erfordert diese Aufgabe vom marxistischen Politökonomen überdies in zunehmendem Maße gediegene Kenntnisse auf jenen Wissensgebieten, deren sich heute u. a. auch die bürgerliche Ökonomie als Hilfsmittel bedient. Und dies betrifft viele Gebiete der angewandten Mathematik, in immer stärkerem Umfang auch der Regelungstechnik, z. B. bei Gleichgewichtsanalysen, Stabilitätsuntersuchungen, der mathematischen Logik, Informationstheorie usw. Die Einsicht in die Zweckmäßigkeit und Notwendigkeit der Kenntnis und Beherrschung der genannten Gebiete beginnt sich seit einigen Jahren allgemein durchzusetzen. Hiervon zeugt beispielsweise die vom Institut für Wirtschaftswissenschaften der Deutschen Akademie der Wissenschaften zu Berlin im Oktober 1960 veranstaltete internationale Konferenz zu „Neuen Erscheinungen in der modernen bürgerlichen politischen Ökonomie".

Besitzt folglich die Zurückhaltung gegenüber den von der modernen bürgerlichen politischen Ökonomie unter Benutzung der exakten Wissenschaften formulierten Resultate einen durchaus positiven Kern, so mag in ihr doch zugleich ein erkenntnistheoretischer Irrtum enthalten sein: Aus exakten Methoden allein folgt noch kein richtiges Ergebnis, wenn die sachlogischen, d. h. hier politökonomischen Prämissen der Wirklichkeit widersprechen. Umgekehrt kann aus falschen ökonomischen Prämissen und Untersuchungsergebnissen nicht zwingend auf die Untauglichkeit der eingesetzten Methoden geschlossen werden. So ist dem marxistischen Politökonomen nach wie vor die verantwortliche Arbeit aufgegeben, mit hoher Sachkenntnis sowohl auf dem eigenen Fachgebiet als auch im Bereich mathematischer, kybernetischer und naturwissenschaftlicher Disziplinen ständig nach verwertbaren Analogien, Denkmethoden und experimentellen Verfahren zu suchen und deren möglichen Nutzen für den eigenen Forschungsbereich zu beurteilen.

Die kybernetischen Prozesse und Elemente im System der sozialistischen Volkswirtschaft sind hinsichtlich ihrer Struktur, Funktion und ihrer Ziele weitgehend durch die in der sozialistischen Produktionsweise wirkenden ökonomischen Gesetzmäßigkeiten determiniert; sie unterscheiden sich in vielerlei Hinsicht wesentlich von jenen der kapitalistischen Industrieländer.

Dieser Umstand ist nicht nur für die marxistische politische Ökonomie erkenntnistheoretisch bedeutsam — er führt auch zu unmittelbar praktischen Konsequenzen für die Forschung auf dem Gebiet der Anwendung mathematischer und kybernetischer Methoden in den sozialistischen Wirtschaftswissenschaften.

So wurde ein erheblicher Teil der von der bürgerlichen Ökonomie in den vergangenen Jahrzehnten entwickelten Methoden der Verfahrensforschung, der Bedarfsanalyse, der Theorie der Entscheidungen und Optimierung, der Kosten-, Preis- und Finanztheorie für den Einsatz im kapitalistischen Großbetrieb entwickelt, der sich gegenüber einer feindlichen Umwelt behaupten und unter Konkurrenzbedingungen erweitert reproduzieren muß.

Die Produktionsverhältnisse in der sozialistischen Volkswirtschaft sind von entgegengesetzter Natur. Produktionsumfang, Investitionen und Rentabilität in den einzelnen Betrieben sind den Entwicklungszielen der gesamten Wirtschaft unterzuordnen. Deshalb werden umfassendere und kombinierte Optimalitätskriterien und zum Teil völlig neuartige Methoden benötigt. Diese volkswirtschaftlich vordringlichen, zugleich aber äußerst komplexen Aufgaben können nur in engster Gemeinschaftsarbeit von Ökonomen, Mathematikern und Naturwissenschaftlern bearbeitet werden.

Man mag geteilter Ansicht sein, ob die lineare Programmierung ökonomischer Aufgaben, etwa nach der Simplex-Methode oder nach verwandten Verfahren, bereits als Anwendung der Kybernetik im Bereich der Wirtschaftswissenschaften aufzufassen ist oder nicht. Im gegenwärtigen Stadium der ökonomischen Forschung mittels mathematischer und kybernetischer Methoden sollte man diesem Streitpunkt keine allzu große praktische Bedeutung beimessen. Sicherlich trifft das auf sie als ein in der Regel vereinfachter Spezialfall in nur geringerem Grade zu als auf die am Beginn ihrer Ausarbeitung stehenden Methoden der nichtlinearen Programmierung, die der Dynamik volkswirtschaftlicher Prozesse besser angepaßt werden können. Unbestreitbar jedoch ist der Zusammenhang zwischen ökonomischer Programmierung und Optimierung in dieser oder jener Form und der Kybernetik in folgender Hinsicht: Der Programmierung bestimmter ökonomischer Aufgaben liegt das Prinzip des Wirtschaftens als eine besondere Kategorie rationalen Handelns zugrunde; darauf verweisen schon die von ihr benutzten oder geprägten

Termini wie Planaufgabe, Zielfunktion und Mittel, Nebenbedingungen, Nutzeffekt, Sparsamkeit usw.

Eng verwandt mit der Analyse wirtschaftlicher Operationen, die sich im Verlaufe weniger Jahrzehnte unter den Bezeichnungen Verfahrensforschung, Unternehmensforschung (operations research) zu einem selbständigen Zweig der ökonomischen Forschung mit großem praktischem Nutzen herausgebildet hat, ist die Theorie der ökonomischen Programmierung, die zwei Fragen in den Vordergrund ihrer Untersuchungen rückt: Einmal versucht sie die für wirtschaftliche Aufgaben verfügbaren Mittel, seien es Arbeitskräfte, Material, Maschinen oder finanzielle Mittel, zu bestimmen, ihre möglichen Verwendungsformen zu ermitteln sowie — was besonders wichtig ist — die Vereinbarkeit der einzelnen Faktoren entsprechend den verschiedenen Zielen festzustellen. Daß Maschinen in gewissem Umfang Arbeitskraft und Geschicklichkeit ersetzen können — und umgekehrt —, ist ebenso bekannt wie etwa die Substitutionsfähigkeit von Heizöl und Kohle als Brennstoffe. Die Konkurrenz der genannten Größen wird aber um so bedeutsamer, je knapper die Ressourcen sind, die zur Realisierung verschiedener Produktions- und Verbrauchsziele eingesetzt werden können. Mitunter begründet die Wahl einer bestimmten technischen oder technologischen Variante, beispielsweise der Aufbau einer Petrolchemie, eine ganze Kette von Interaktionen, von der konstruktiven Entwicklung, den vor- und nachfolgenden Investitionsprogrammen bis zum Endverbrauch, mit denen der Einsatz andersartiger Verfahren, Rohstoffe usw. unvereinbar sein kann. Die Abstimmung der verfügbaren Mittel mit den unterschiedlichen ökonomischen Zielen, ihre „Harmonisierung", ist Hauptaufgabe der betrieblichen und volkswirtschaftlichen Bilanzierung. Die Bedeutung der Kybernetik für die ökonomische Bilanzierung darf hierbei nicht einseitig in der Ausnutzung der von dieser entwickelten Rechenmaschine zur schnelleren Erfassung, Aufbereitung und Analyse empirischer Daten gesehen werden, obgleich deren Einsatz eine notwendige Bedingung ist, um die Fülle der Informationen mit vertretbarem Aufwand an Zeit und Arbeitskraft bewältigen zu können. Ihre Vorzüge offenbaren sich vor allem dann, wenn die Kombination der Mittel, ihre innere Vereinbarkeit und Substitutionsfähigkeit nicht unter dem Gesichtspunkt eines oder weniger, in ihrer volkswirtschaftlichen Bedeutung äquivalenter Ziele zu ermitteln und zu werten sind, vielmehr auf ein ganzes *System* ökonomischer Aufgaben bezogen werden müssen, die zueinander nicht in einem alternativen, sondern hierarchischen Verhältnis von kurzfristigen und langfristigen Etappen, dritt-, zweit- und erstrangigen Neben- und Hauptaufgaben stehen, wobei die ersteren Mittel zur Verwirklichung der letzteren sind. Die Bilanzierung der Programme erfordert dann auch eine „Harmonisierung" der Struktur der Ziele, in der jedes Ziel zugleich Bedingung für die Realisierung übergeordneter Ziele ist. Derartig komplexe Zusammenhänge lassen sich nur bearbeiten, wenn man die von der Mathematik und Kybernetik entwickelten Methoden zur Systematisierung von Strukturen heranzieht.

Zum anderen obliegt der ökonomischen Programmierung die Aufgabe, jene Kombination verfügbarer und miteinander vereinbarer Mittel anzugeben, die eine optimale Realisierung des formulierten Ziels gewährleistet. Aus einer Vielzahl, unter Umständen sogar einer unendlichen Menge miteinander verträglicher und möglicher Programme ist ein optimales Programm zu begründen. Während nun die Ausarbeitung mathematischer Methoden zur Ermittlung optimaler Programme weit fortgeschritten ist, bereitet die widerspruchsfreie Formulierung und eindeutige ökonomische Interpretation der vorzugebenden Zielfunktionen erhebliche Schwierigkeiten. Das zeigt sich bereits an dem Versuch, die häufig genannte programmatische Forderung nach maximaler Produktion mit minimalem Einsatz an Mitteln in eine einzige mathematische Zielfunktion zu kleiden. Tatsächlich enthält diese Forderung zwei Ziele: entweder bei gegebenen Mitteln die Produktion zu maximieren oder bei gesetzten Produktionszielen den Aufwand zu minimieren. Für die Auswahl dieser oder jener Variante als günstigste Planaufgabe reicht indes die Ermittlung der Verhältnisse zwischen Aufwand und Ertrag oft nicht aus, es interessieren unter Umständen gerade die absoluten Mengen hinsichtlich der Leistung und der dafür insgesamt oder an einzelnen Faktoren eingesetzten Größen. Optimal im Sinne der mathematischen Zielfunktion mag sowohl eine Steigerung der Produktion um 20 Prozent bei einer Zunahme der Produktionskosten um 5 Prozent als auch eine Steigerung der Produktion um nur 10 Prozent bei einer Kostensenkung von 5 Prozent sein.

Objektive Kriterien zur Gewichtung der einzelnen Faktoren nach ihrer volkswirtschaftlichen Bedeutung lassen sich sicherlich nur finden, wenn zu deren Ermittlung alle relevanten ökonomischen Größen in ihrer gegenseitigen Verflechtung beurteilt werden. Aber gerade dazu bedarf es der Hilfe der Kybernetik, und zwar schon bei der Speicherung und Verarbeitung von Millionen einzelner Daten und deren Analyse in Verflechtungsbilanzen. Hinzu tritt ferner der bereits genannte Umstand, daß nach einer Vielzahl ihrem Charakter gemäß heterogener Ziele optimiert werden kann, bei deren Realisierung die beschränkt verfügbaren Mittel jedoch untereinander konkurrieren. So ist es im einzelnen sinnvoll, entweder die Produktionsmenge, die Rentabilität, die Kapazitätsausnutzung, die Produktivität, die Kosten, die eingesetzten Investitionen oder andere Faktoren zu optimieren. Leider zeigt die Erfahrung, daß die Optimierung einer Größe nicht zwangsläufig auch die Optimierung der anderen Größen nach sich ziehen muß.

Nehmen wir einmal an, nach sorgfältiger Erwägung werde der Rentabilität eines Betriebs gegenüber allen anderen optimierbaren Größen der Vorzug gegeben. Dann werden die ermittelte Zielfunktion sowie das hiervon abgeleitete Produktionssortiment weitgehend von den dem Betrieb für die einzelnen Erzeugnisse von außen als Parameterwerte vorgegebenen Preisen bestimmt. Von deren ökonomischer Realität hinsichtlich Bedarf, Qualität usw. hängt es ab, ob sich die im voraus errechnete Rentabilität des Betriebs tatsächlich bestätigt. Andererseits wirkt der Betrieb als Teilsystem der Volkswirtschaft auf diese u. a. in dem Umfang zurück, wie das durch die Optimierung der Rentabilität neu strukturierte Warenangebot volkswirtschaftlich ins Gewicht fällt und dadurch entsprechende Reaktionen, beispielsweise ein Über- oder Unterangebot und Preisveränderungen, auslöst, die wiederum eine veränderte Rentabilitätslage verursachen. Hinzu kommt die von Prof. Dr. G. Klaus unterstrichene Tatsache, daß in der Ökonomie die Festsetzung von Zielen auch eine Frage von zum Teil außerökonomischen Wertungen ist, die sich zwar motivieren, aber im Sinne einer exakten Präferenzskala nicht ordnen lassen. Dies gilt für solche Fragen wie: Soll der Variante mit einer sechsprozentigen Steigerung der Bruttoproduktion gegenüber einer anderen mit nur drei Prozent Produktionszunahme, aber einer Arbeitszeitverkürzung von wöchentlich zwei Stunden der Vorzug gegeben werden usw.?

Über die Schwierigkeiten der genannten Art und möglichen Begrenzungen des Anwendungsbereichs mathematischer und kybernetischer Methoden in der Ökonomie sowie die damit erzielbaren Ergebnisse wird man sich im Verlaufe der Forschung Klarheit verschaffen müssen. Als prinzipielle und generelle Einwände gegen die Einführung dieser Methoden in die wirtschaftswissenschaftliche Forschung können sie gewiß nicht dienen.

Im übrigen kann auch in der Wirtschaftswissenschaft meist nur eine langjährige gediegene Detailforschung erweisen, ob es sich bei derartigen Schwierigkeiten tatsächlich um endgültige Schranken für die Erkenntnis handelt oder nur um momentane Hindernisse, die mit verfeinerten oder andersartigen Methoden überwunden werden können.

Ähnlich wie einige andere Wissenschaften — genannt werden häufig die Psychologie und die Biologie — hat die Wirtschaftswissenschaft einen Entwicklungsstand erreicht, bei dem es ihren Vertretern offenkundig wird, daß sich mit der bisherigen Methode der vorwiegend verbalen Beschreibung und Interpretation von Sachverhalten wesentlich neue Erkenntnisse und Fortschritte kaum mehr erreichen lassen. Zum anderen haben aber die als methodische Hilfswissenschaften zumindest teilweise geeigneten Disziplinen wie die moderne Mathematik und die Kybernetik erst in den letzten Jahrzehnten ein solches Niveau erreicht, daß ihr Einsatz auf den Gebieten der Gesellschaftswissenschaften erfolgversprechend zu werden beginnt. Um dies mit einem Beispiel zu belegen, erinnere ich an eine Äußerung von K. Marx [2], daß „ich verschiedenemal versucht habe — zur Analyse der Krisen —, diese up und downs als unregelmäßige Kurven zu berechnen, und geglaubt habe (ich glaube noch, daß es mit hinreichend gesichtetem Material möglich ist), daraus die Hauptgesetze der Krisen mathematisch zu bestimmen“.

Wir wissen heute, daß diese Aufgabe zur damaligen Zeit nicht lösbar gewesen wäre. Zwar kann man mittels der Fourier-Reihen unharmonisch verlaufende lineare Schwingungen durch trigonometrische Polynome näherungsweise darstellen und berechnen, aber diese Möglichkeit unterliegt leider mehreren gerade für die Untersuchung ökonomischer Schwingungen empfindlichen Einschränkungen: Welche konkrete Form diese Schwingungen auch annehmen würden, sie müßten in immer wiederkehrender Folge von gleicher Gestalt, insbesondere aber von unveränderlicher Frequenz sein. Doch wie wir aus den empirischen Beobachtungen von Krisenzyklen der modernen kapitalistischen Volkswirtschaften wissen, sind gerade diese Forderungen nicht erfüllt. Hinzu tritt ein weiterer Umstand. Ein Wesenszug ökonomischer Prozesse, die durch kybernetische Modelle „erklärt“ bzw. durch mathematische Verfahren berechnet werden sollen, besteht darin, daß ihre Schwingungen nicht nur nicht harmonisch und von unregelmäßiger Periodenlänge sind, sondern darüber hinaus in ihren charakteristischen Daten, z. B. nach Amplitude und Phase, sowohl von äußeren Faktoren, beispielsweise historischen Zufälligkeiten, als auch von inneren, systemimmanenten Ursachen beeinflußt werden. Somit mußte der Einsatz des herkömmlichen methodischen Apparats zur näherungsweisen Berechnung ökonomischer Schwingungsvorgänge vorwiegend auf lineare Systeme beschränkt bleiben, während seine Anwendungen auf die ökonomisch realeren dynamischen Systeme versagte. Die in den zwanziger Jahren unternommenen Versuche der mathematisch-statistischen Analyse von Krisenzyklen scheiterten gewiß nicht zuletzt an den eben erwähnten Unzulänglichkeiten der hierfür verfügbaren Methoden.

Mit Komplikationen der eben skizzierten Art wird sicherlich jede Wissenschaft im Zuge des Fortschreitens ihrer Erkenntnisse und Methoden stets aufs Neue konfrontiert werden. Solange jedenfalls einwandfreie Beweise für die Nichtlösbarkeit bestimmter ökonomischer Probleme ausstehen — und solche Beweise setzen in der Regel einen hohen Stand der Erkenntnis als Resultat gründlicher Forschungsarbeit voraus —, wäre es voreilig, selbst aus mehr oder weniger fundierten Vermutungen angesichts bestehender Schwierigkeiten den generellen Schluß zu ziehen: Mathematische und — wir können inzwischen hinzufügen — kybernetische Methoden seien in der Ökonomie ungeeignete Instrumente und böten gegenüber den bisherigen Verfahren der vorwiegend verbalen Beschreibung von Sachverhalten keine wesentlichen Vorzüge. Für den marxistischen Ökonomen darf deshalb als Arbeitshypothese nur die eine Konsequenz gelten: Die bislang verfügbaren Methoden erweisen sich für bestimmte ökonomische Probleme als unzureichend, sie müssen deshalb in zäher und unter Umständen langfristiger Detailforschung Schritt für Schritt verbessert und durch ergiebigere Verfahren ergänzt werden.

Tatsächlich deuten die in den letzten Jahren insbesondere durch die Regelungstechnik entwickelten Verfahren gewisse Möglichkeiten an, zumindest in bestimmten Fällen auch nichtlineare geschlossene ökonomische Regelsysteme hinreichend analysieren zu können. So wurden beispielsweise interessante Versuche unternommen, die in der Regelungstechnik entwickelten Methoden zur Analyse von Wirkungen bestimmter Formen der Nichtlinearität in geschlossenen Regelkreisen auf ökonomische Wachstumsmodelle anzuwenden und für deren numerische Durchrechnung zu benutzen [3].

Bekanntlich wurden von K. Marx die der kapitalistischen Produktionsweise systemimmanenten Gesetze der Selbstbewegung entdeckt, die — einmal entstanden — gleichsam zur Ursache ihrer eigenen Fortexistenz wird. „Ganz wie Himmelskörper", so erklärt K. Marx, „einmal in eine bestimmte Bewegung geschleudert, dieselbe stets wiederholen, so die gesellschaftliche Produktion, sobald sie eimal in jene Bewegung wechselnder Expansion und Kontraktion geworfen ist. Wirkungen werden ihrerseits zu Ursachen, und die Wechselfälle des ganzen Prozesses, der seine eigenen Bedingungen stets reproduziert, nehmen die Form der Periodizität an" [4].

Auf den Verlauf ökonomischer Prozesse wirken ständig äußere Vorgänge wie Naturkatastrophen, umwälzende Erfindungen und historische Ereignisse ein. Sie sind für das ökonomische System insofern zufällig, als sich dieses in seiner Tendenz trotz oder gar vermittels der verschiedenartigsten äußeren Einwirkungen durchsetzt. Ohne den Einfluß dieser konkreten historischen Gegebenheiten auf den Verlauf ökonomischer Prozesse außer acht zu lassen, darf man diese jedoch nicht mit den ihnen zugrunde liegenden Gesetzmäßigkeiten gleichsetzen. Die Einführung eines äußeren „ersten Anstoßes", der ökonomische Prozesse in Bewegung, genauer gesagt, in Schwingungen versetzt, ist deshalb mit der Methode des dialektischen Materialismus unvereinbar. So kann man bei Analysen der jährlichen volkswirtschaftlichen erweiterten Reproduktion — wie K. Marx bemerkt — auch nicht „ab ovo (ganz von vorn) beginnen, es ist ein Jahr in Fluß vieler, es ist nicht das erste Geburtsjahr..." [5].

Die Annahme äußerer Impulse, die Schwingungsprozesse, wie es z. B. auch ökonomische Krisenzyklen sind, auslösen und aufrechterhalten, sowie erster „Initialzündungen", von denen der weitere Verlauf in gewisser Weise determiniert wird, liegt jedoch den Methoden der linearen Oszillationstheorie weitgehend zugrunde. Deshalb bietet die Abkehr von den in der ökonomischen Forschung bisher üblichen, wenig realen Hypothesen linearer Strukturbeziehungen als Grundlage von Modellen der erweiterten Reproduktion und die Hinwendung zu Hypothesen der Nichtlinearität u. a. folgende Vorzüge: Einmal bedarf es zur Erklärung des Fortbestands ökonomischer Schwingungsvorgänge nicht mehr der Notwendigkeit spezieller Anfangsbedingungen. Ohne Rücksicht darauf, wie ein ökonomischer Prozeß in Gang kommt, tendiert er zu einem ganz bestimmten Typ des Zyklus. Gewisse Wendepunkte und deren Niveau innerhalb der ökonomischen erweiterten Reproduktion, wie es beispielsweise der Anstieg oder der Rückgang im Wachstumstempo der Produktion, der Arbeitsproduktivität, der Beschäftigung usw. sind, müssen nicht mehr als durch viele Jahre zurückliegende Ereignisse vollständig bestimmt interpretiert werden. Die Untersuchung tendenzieller Gesetzmäßigkeiten ökonomischer Prozesse kann weitgehend unabhängig von den konkreten Anfangsbedingungen erfolgen. Die Oszillationen erhalten sich selbst ohne die Notwendigkeit, für ihre Erklärung außerökonomische Faktoren heranzuziehen. Es können ferner instabile Gleichgewichtsbedingungen in ökonomische Modelle eingebaut werden, so daß selbst bei relativ geringfügigen Störungen unter Beibehaltung eines vorgegebenen langfristigen Trends systembedingte ausgleichende Reaktionen ausgelöst werden.

Den komplizierten dynamischen Zusammenhängen zwischen Investitionen, Kapazitätsauslastung und Wachstum der Produktion sowie dem jeweiligen Güterfluß in der Volkswirtschaft kann realer als bisher im ökonomischen Modell Rechnung getragen werden.

Vielleicht wird schon aus diesen wenigen Beispielen ersichtlich, wie sehr der in der Grundlagenforschung tätige Wirtschaftswissenschaftler in seinem Bemühen, funktionsfähige Planungsmodelle zu konstruieren und sie Schritt für Schritt der ökonomischen Wirklichkeit anzupassen, auf die gesicherten Erkenntnisse der zur Kybernetik zählenden Disziplinen, aber auch auf die praktischen experimentellen

Erfahrungen und die Mithilfe ihrer Vertreter angewiesen sein wird. Bereits vorliegende Erfahrungen erhärten die Auffassung, daß ökonomische Modelle der erweiterten Reproduktion, sofern sie für Planungsentscheidungen herangezogen werden sollen, in ihrem Kompliziertheitsgrad jenen der Naturwissenschaften und Technik bestimmt nicht nachstehen werden. Und selbst wenn zu deren Konstruktion spezielle Theorien und Methoden ausgearbeitet werden müssen, führt der Weg zu ihnen doch über die Aneignung und Verwertung der von den genannten Wissenschaften erzielten Forschungsresultate und nicht über deren Ignorierung.

Gestatten Sie mir in diesem Zusammenhang noch einen Hinweis auf den Nutzen von Analogieanlagen für die ökonomische Grundlagenforschung, der unseres Erachtens bisher in der ökonomischen Literatur gegenüber der Bedeutung von Ziffernrechenanlagen zu wenig gewürdigt worden ist.

Obgleich die Wirtschaftswissenschaft erst am Beginn kybernetischer Forschungen steht, hat sich in wenigen Jahren der Einsatz des zur Kybernetik gehörenden Begriffsapparates sowie der von der Kybernetik entwickelten Methoden für die Analyse und Modellierung ökonomischer Teilprozesse der erweiterten Reproduktion bereits als äußerst konstruktiv erwiesen.

Den günstigen Einfluß, den die Verwendung eines umfassenderen, zugleich aber präziser definierten Begriffssystems auf die politische Ökonomie ausübt, haben schon die Klassiker des Marxismus-Leninismus hervorgehoben. „Jede neue Auffassung einer Wissenschaft", bemerkt F. Engels im Vorwort zur englischen Ausgabe des „Kapital" von K. Marx [6], „schließt eine Revolution in den Fachausdrücken dieser Wissenschaft ein." Die bürgerliche politische Ökonomie der damaligen Zeit hat sich „im allgemeinen damit zufrieden gegeben, die Ausdrücke des kommerziellen und industriellen Lebens so wie sie waren, zu nehmen und mit ihnen zu operieren, wobei sie vollkommen übersehen hat, daß sie sich dadurch auf den engen Kreis der durch diese Worte ausgedrückten Ideen beschränkte". Dieser Hinweis gilt in einem gewissen Sinne auch für das Verhältnis der Politischen Ökonomie zur Kybernetik.

So ist der zum täglichen Sprachgebrauch der Wirtschaftswissenschaftler zählende Begriff der Proportionalität für die Belange der Volkswirtschaftsplanung nur unzureichend erklärt, und er erweist sich als ein enger Spezialfall des weitaus allgemeineren, d. h. variabler gestalteten Begriffs des Gleichgewichts, der von der Mathematik bereits sehr präzise in Form von Differentialgleichungen definiert worden ist und zum Rüstzeug für Experimente in vielen Zweigen der Kybernetik gehört [7].

Mit dem Nachweis der Existenz kybernetischer Systeme im Forschungsbereich der marxistischen politischen Ökonomie[1]) erschließt sich für diese Gesellschaftswissenschaft der Zugang zu vielen in der Naturwissenschaft und Technik bewährten Begriffen und Verfahren. Lassen sich nämlich zwischen abstrakten kybernetischen und ökonomischen Systemen Isomorphien nachweisen, so über-

[1]) Dieser wurde u. E. auf der Grundlage des Marxschen „Kapital" in der Arbeit von G. Klaus und R. Thiel „Über die Existenz kybernetischer Systeme in der Gesellschaft" geführt, vgl. Deutsche Zeitschrift für Philosophie **10** (1962) H. 1.

tragen sich die im ersten Bereich gefundenen Gesetze zwangsläufig auf das ökonomische Untersuchungsobjekt, und zwar samt den zugehörigen methodologischen Prinzipien; zahlreiche von anderen Wissenschaften entwickelte technische Modelle können deshalb zur Abbildung ökonomischer Sachverhalte herangezogen werden. Dabei sind die häufig benutzten schematischen Darstellungen, etwa als Netze, Blockschaltbilder und Regelkreise, keineswegs die einzigen Vorzüge dieser Methoden, wie bisweilen irrtümlich angenommen wird. Entscheidend sind die mathematischen Formulierungen durch Differentialgleichungssysteme, Operatoren, Zeitverzüge usw. sowie der Umstand, daß man die komplizierten ökonomischen Interdependenzen algebraisch behandeln kann, ohne bereits über konkrete statistische oder andere Daten verfügen zu müssen.

In seinem Buch „Die Mechanismen ökonomischer Systeme" mit dem bezeichnenden Untertitel „Ein Versuch, die Probleme der ökonomischen Stabilität vom Standpunkt des Regelungsingenieurs zu behandeln" erläutert dies der englische Regelungsingenieur A. Tustin mit der Bemerkung: „Die allgemeine Feststellung, daß ‚Interdependenz' der Schlüssel für das Verständnis des Verhaltens ökonomischer Systeme ist, ist selbstverständlich schon alt. Es ist genau das, was Friedrich Engels mit seinem Begriff ‚dialektische Beziehung' auszudrücken versuchte. Aber die Kette von Interaktionen in einem komplexen System entzieht sich der rein verbalen Analyse. Sie ruft nach dem Einsatz mathematischer Begriffe".[2])

Inwieweit sind nun speziell für ökonomische Forschungsaufgaben die Voraussetzungen zur Nachbildung in technischen Modellen erfüllt und worin bestehen die Vorzüge dieser Methoden?[3])

Aus den bereits genannten Gründen läßt sich generell für jedes Problem ein physikalischer, insbesondere elektrischer bzw. elektronischer Vorgang ermitteln, der durch dieselben mathematischen Gleichungen bestimmt wird, wie sie im abzubildenden Problem nachgewiesen werden können oder doch zumindest vermutet werden. Diese Feststellung gilt selbstverständlich auch für eine Vielzahl ökonomischer Planungsprobleme. So ist es — um hierfür ein einfaches Beispiel zu geben — für große Grundmittelgesamtheiten vertretbar, das jeweils vorhandene Grundmittelvermögen (G) als Summe der im Verlaufe ihrer durchschnittlichen Nutzungsdauer (n) zuvor investierten Grundmittel (I) abzüglich der laufend wegen Verschleißes ausscheidenden Grundmittel (V) darzustellen:

$$G = \int_{\tau-n}^{\tau} (I - V)\, dt \,,$$

[2]) Vgl. The Mechanismen of Economic Systems. Havard University Press, Cambridge, Massachusetts 1953, S. 6.

[3]) Wir gründen unsere Auffassung im Folgenden auf die Arbeit von Prof. Dr. H. Winkler, Elektronische Analogieanlagen, Akademie-Verlag, Berlin 1963, die sich — obgleich sie Fragen des speziellen Einsatzes in der Ökonomie nicht behandelt — auch an Ökonomen mit der Absicht wendet, „die neuen Möglichkeiten aufzuschließen, die sich durch die elektrische Modellierung (Simulation), speziell durch die Anwendung elektronischer Analogieanlagen in Forschung, Entwicklung und Planung auf den verschiedenen Fachgebieten ergeben".

wobei in den Bruttoinvestitionen (I) der zwischen dem Zeitpunkt der Investitionsplanung (P) und Fertigstellung liegende Zeitverzug Θ durch

$$I(t) = P\,(t - \Theta)$$

berücksichtigt wird.

Die zwischen der Entwicklung des Grundmittelbestands durch Investitionen und Verschleiß sowie dem Wachstum der Bruttoproduktion, den hiervon abgezweigten Akkumulationsmitteln und dem Verbrauch bestehenden Beziehungen und Prozesse lassen sich durch Differentialgleichungen beschreiben und in technischen Modellen durch Integratoren, Potentiometer und andere Instrumente simulieren. Mit Hilfe derartiger Analogieanlagen kann dann im Experiment die Reaktion des abgebildeten ökonomischen Systems hinsichtlich seiner Stabilität und seiner Gleichgewichtsbedingungen, der Regleroptimierung, des Übergangsverhaltens usw. auf bestimmte geplante Maßnahmen oder mögliche Störungen hin beurteilt werden. Der vertretbare Grad der Instabilität des Systems läßt sich mit den Proportionen zahlreicher ökonomischer Parameter wie der Preise, der Arbeitszeit, der Investitionsraten usw. abstimmen, bzw. es können günstige Parameterwerte durch Probieren herausgefunden werden. Dabei sind bereits verhältnismäßig einfache lineare Modelle geeignet, ein anschauliches Bild vom Einfluß der zahlreichen ökonomischen Faktoren auf den Gesamtzusammenhang zu vermitteln. Ein weiterer wesentlicher Vorzug technischer Analogiemodelle, insbesondere der elektronischen Analogieanlage, für ökonomische Probleme besteht darin, daß von diesen für die überwiegend zur Anwendung gelangenden gewöhnlichen, linearen und nichtlinearen Differentialgleichungen der Lösungsgang ohne zeitraubenden Programmierungsaufwand selbst erzielt wird. Es wurde ermittelt, daß die Analogieverfahren gegenüber Zifferrechenmaschinen unbedingt den Vorzug verdienen, sofern die Ansprüche an die Genauigkeit der erzielten Resultate unter 0,1 Prozent liegen [8]. Wie wir aber aus Erfahrung wissen, liegt diese Fehlergrenze weit unter jener, die in Analysen volkswirtschaftlicher Zusammenhänge allein schon aus der Ungenauigkeit des verfügbaren statistischen Materials entsteht.

Im gegenwärtigen Stadium der Grundlagenforschung im Bereich der Volkswirtschaftsplanung beruht jedoch der besondere Wert solcher technischer Analogiemodelle nicht so sehr in den Möglichkeiten, verwickelte mathematische Gleichungen schnell, billig und genau numerisch berechnen zu können, als vielmehr in ihrer Eigenschaft, die den wirtschaftlichen Prozessen zugrunde liegenden quantitativen Zusammenhänge aufzuspüren und nachzubilden, ohne daß deren mathematische Formulierung bereits vollständig ausgearbeitet sein muß.

Die Feststellung, daß selbst „unvollständige Analogien und nichtähnliche Modelle imstande sind, Fragen aufzuwerfen, die zwar nicht unmittelbar Hilfe geben können, aber das Verständnis der Vorgänge des Prototyps fördern" [9], gilt auch uneingeschränkt für die Konstruktion technischer Analogiemodelle zur Analyse ökonomischer Prozesse. Und daß sich ihr Anwendungsbereich keineswegs nur auf betriebliche und ingenieurökonomische Fragen erstreckt, kann zahlreichen im Verlaufe des letzten Jahrzehnts veröffentlichten Studien zur Simulation volkswirtschaftlicher Prozesse mittels technischer Analogiemodelle entnommen werden.

Die spezifischen Schwierigkeiten, die sich der wirtschaftswissenschaftlichen Forschung entgegenstellen, charakterisierte K. MARX mit dem vielzitierten Ausspruch: „Bei der Analyse der ökonomischen Form kann außerdem weder das Mikroskop dienen noch chemische Reagentien. Die Abstraktionskraft muß beides ersetzen."[4]) Mit dem Einzug der Kybernetik in die Ökonomie tritt dieser nunmehr ein weiteres Arbeitsinstrument hilfreich zur Seite: das praktische betriebliche und volkswirtschaftliche Experiment. Ohne in das Wirtschaftsgeschehen unmittelbar und unter Umständen störend eingreifen zu müssen, kann — zeitlich stark zusammengedrängt — der Verlauf ökonomischer Prozesse simuliert und auf günstige Varianten erprobt werden. Dabei läßt sich in der Regel das bisher vorherrschende reine Denkexperiment um so wirksamer durch solche Methoden ergänzen, je vollständiger der Möglichkeit nach das ökonomische Untersuchungsobjekt einer mathematischen Formulierung zugänglich ist. Erwähnt seien in diesem Zusammenhang noch die mit der Korrelationsrechnung gebotenen Möglichkeiten, innerhalb der Volkswirtschaft Experimente großen Umfangs durchzuführen sowie wirtschaftliche Entscheidungen zu objektivieren und vorauszubestimmen.

Die Vorzüge, die der Einsatz der maschinellen Datenverarbeitung sowie der elektronischen Rechenanlagen für die Planung und Abrechnung der betrieblichen, vor allem aber der volkswirtschaftlichen Reproduktionsprozesse bietet, sind unbestreitbar und so offenkundig geworden, daß bisweilen die Beziehungen der Kybernetik zur Ökonomie allein darin erblickt werden. Tatsächlich finden diese sog. *kybernetischen Maschinen* in der Erfassung, Aufbereitung, Speicherung und Verarbeitung der immer umfangreicher werdenden ökonomischen Informationen innerhalb der sozialistischen Planwirtschaft ein in vieler Hinsicht ideales Betätigungsfeld. Als Gründe genannt seien die Massenhaftigkeit und Beständigkeit der Informationsströme, die als Plandirektiven und ökonomische Kennziffern von der Zentrale zur Peripherie des Volkswirtschaftssystems fließen und, auf den Ausgangspunkt zurückgekoppelt, den Vollzug der Weisungen, aber auch eingetretene Störungen zu signalisieren haben.

Als Waren werden die Erzeugnisse überwiegend nach ihren Werten, genauer, in deren verselbständigter Form, dem Gelde, erfaßt und abgerechnet. Die Kodierung mannigfaltiger ökonomischer Tatbestände, wie beispielsweise der Warenumsätze, Lohnzahlungen, der Zu- und Abführungen finanzieller Mittel zum und vom Staatshaushalt in gleichförmigen „Zahl"-Wörtern, die sich lediglich durch die Anzahl ihrer Ziffern unterscheiden, kommt der Bearbeitung auf Lochkartenautomaten und Digitalrechenanlagen entgegen. Und so erklärt es sich, daß im Wirtschaftsleben ihr Einsatz innerhalb der Statistik und des Bankwesens am weitesten vorangeschritten ist. Einem Hinweis des sowjetischen Wirtschaftswissenschaftlers W. D. BELKIN zufolge[5]) sollen in einigen Banksystemen der USA und Westeuropas

[4]) Vgl. Vorwort zur ersten Auflage des „Kapital", Bd. I, S. 6.

[5]) Vgl. „Kybernetik und Ökonomie". Sowjetwissenschaft, Gesellschaftswissenschaftliche Beiträge, Heft 10 (1962) S. 1145. Wir verweisen ferner nachdrücklich auf die Arbeiten von A. I. KITOW „Die Kybernetik und die Leitung der Volkswirtschaft" sowie von B. W. GNEDENKO „Einige Fragen der Kybernetik und Statistik", ebenda, die eine umfassendere Übersicht zu Anwendungsmöglichkeiten der Kybernetik in der Ökonomie vermitteln.

die für die Aufnahme der Primärinformationen verwandten Lochkarten bereits als offizielle Gelddokumente fungieren. Vielfach werden auch Schecks mit Magnetdruckdaten benutzt, die offizielle Dokumente sind und zugleich die unmittelbare Informationseingabe in die Maschine ermöglichen. In der Sowjetunion erwägt man den Bau von Rechenzentren in der Staatsbank, die durch spezielle Übertragungskanäle mit allen Filialen verbunden sind und mittels leistungsfähiger elektronischer Rechenanlagen ein einheitliches automatisches System der Übertragung, Speicherung und Verarbeitung volkswirtschaftlich wichtiger Informationen ermöglichen werden.

Neben der Freisetzung Zehntausender Arbeitskräfte für sinnvollere Tätigkeiten sparen diese kybernetischen Maschinen vor allem Zeit ein. Dies ist für die Wirksamkeit operativer Entscheidungen und Eingriffe in die Dynamik des Wirtschaftsablaufs insofern bedeutsam, als die Aussagekraft ökonomischer Informationen um so mehr schwindet, je länger der Zeitpunkt oder Zeitraum zurückliegt, den sie fixieren.

Die schrittweise Automatisierung der mit der Planung und Kontrolle des sozialistischen Reproduktionsprozesses verbundenen Tätigkeiten steht auch für die Volkswirtschaft der Deutschen Demokratischen Republik auf der Tagesordnung. Es ist eine Aufgabe der wirtschaftswissenschaftlichen Ausbildungsstätten, hierfür gut vorbereitete Fachkräfte in ausreichender Zahl zur Verfügung zu stellen. An den wirtschaftswissenschaftlichen Fakultäten der Universität Rostock, der Humboldt-Universität zu Berlin sowie an der Technischen Universität Dresden laufen bereits derartige Lehrveranstaltungen. Und es ist beabsichtigt, künftig für alle Ökonomiestudenten im vierten Semester eine „Einführung in die moderne Rechentechnik" obligatorisch in den Ausbildungsplan aufzunehmen. Ferner wird die Einrichtung eines besonderen Faches „Rationalisierung der Leitungstätigkeit" erwogen, in dem auch Spezialkenntnisse auf dem Gebiet des Beleg- und Berichtswesens sowie der Bürotechnik vermittelt werden sollen.

Den staatlichen Leitungsorganen und Betrieben mangelt es jedoch noch an genaueren Vorstellungen über den Bedarf und die fachlichen Anforderungen an einen solchen neuen Berufstyp des Ökonomen.

Die mit der Automatisierung von Planungs-, Leitungs- und Abrechnungsarbeiten entstehenden Probleme sind jedoch *keineswegs ausschließlich technischer* Natur. Es seien hier nur einige wenige offene Fragen in diesem Zusammenhang genannt, deren Bearbeitung mit Hilfe der Kybernetik aussichtsreich geworden ist.

Die als Waren produzierten Erzeugnisse stellen eine Einheit von Gebrauchswert und Tauschwert dar. Als Gebrauchswerte mit unterschiedlichen Verwendungszwecken sind sie nicht kommensurabel, und insofern ist es auch nicht sinnvoll, auf sie mathematische Operationen wie Addition, Multiplikation usw. anzuwenden. Ähnlich verhält es sich mit den unterschiedlichen Berufstätigkeiten. Zur Aggregation heterogener Warengruppen oder Tätigkeiten muß man sich auf die ihnen — wenn auch in unterschiedlichen Quanten — gemeinsame ökonomische Größe Tauschwert oder Arbeitszeit stützen. Solange sich jedoch keine Methoden nachweisen lassen, die es ermöglichen, die Werte der Waren am Produktions- oder Verbrauchsort eindeutig zu ermitteln bzw. die in den einzelnen Tätigkeiten nach

Intensität und Qualität differierenden Leistungen eindeutig auf ein Durchschnittsmaß zurückzuführen, sind wichtige ökonomische Primärdaten notwendigerweise mit Ungenauigkeiten behaftet. Die aus ihnen abgeleiteten Kennziffern büßen gewöhnlich um so mehr an Information ein, je stärker sie für volkswirtschaftliche Analysen verdichtet werden müssen. Dies betrifft die Ermittlung der Brutto- und Nettoproduktion ebenso wie die Kennziffer der gesellschaftlichen Arbeitsproduktivität.

Von besonderem Interesse für die Wirtschaftsstatistik ist deshalb die Ausarbeitung verläßlicher Kriterien, nach denen der Informationsbetrag ökonomischer Kennziffern beurteilt werden kann sowie jene Informationsverluste erfaßt werden können, die sie durch Aggregationsprozesse erleiden. Dies gilt auch für statistische Maßzahlen wie Mittelwerte, Streuungen usw.

Es ist denkbar, daß sich hieraus objektive Kriterien für ein optimales Aggregationsniveau der Informationen innerhalb der verschiedenen Stufen der Volkswirtschaft und folglich auch optimale Organisationsstrukturen ableiten lassen. Hierdurch ließe sich das Prinzip des demokratischen Zentralismus innerhalb der sozialistischen Volkswirtschaft verbessern. Es seien ferner die ersten tastenden theoretischen Versuche genannt, unter Verzicht auf numerische Daten doch zu verläßlichen Aussagen über ökonomische Tatbestände oder die zukünftige wirtschaftliche Entwicklung zu gelangen. Hiervon zeugen beispielsweise die Studien des Wiener Wissenschaftlers A. Adam mit dem Titel „Das maximale Bestimmtheitsmaß im Falle von Beziehungen zwischen qualitativen Merkmalen".[6])

Volkswirtschaftliche und, mit steigender Konzentration der Produktion, auch betriebliche Prozesse tragen Massencharakter und sind in ihrem Ablauf Zufällen ausgesetzt. Die Bedienungs- und Zuverlässigkeitstheorie sucht nach Wegen, um einen rhythmischen Produktionsfluß mit geringster Bereitschaft an Reparaturpersonal, Vorräten oder Reservegrundmitteln zu sichern. Hinsichtlich Fragestellung und Methoden verwandt sind ihnen gewisse Probleme des Nachrichten- und Verkehrswesens, beispielsweise der Warteschlangentheorie.

In jüngster Zeit wird der Analyse von Buchhaltungs- und Abrechnungssystemen mit Hilfe formal-logischer Methoden verstärkt Aufmerksamkeit gewidmet.

Wie die soeben erwähnten Forschungsthemen sowie die folgende Problematik erkennen lassen, bleibt die Anwendung mathematischer und kybernetischer Methoden in der Ökonomie keineswegs auf die numerische Durchrechnung langwieriger Bilanzgleichungen beschränkt. Vielmehr ist vorläufig, so betonte das Mitglied der Akademie der Wissenschaften der UdSSR Prof. Dr. A. N. Kolmogorow auf einer wissenschaftlichen Tagung zur Anwendung mathematischer Methoden in der ökonomischen Forschung und Planung im April 1960 in Moskau, bei der Lösung vieler ökonomischer Probleme „nicht die Rechentechnik von wesentlicher Bedeutung, sondern die Logik der Frage. Hier müssen sich die Mathematiker und Ökonomen über die logische Aufgabenstellung einig werden und sie in allgemeinen Zügen lösen" [10].

[6]) Vgl. Anwendungen der Matrizenrechnung auf wirtschaftliche und statistische Probleme. Physica-Verlag, Würzburg 1959, S. 210ff.

Eine vorrangige Aufgabe der politischen Ökonomie des Sozialismus besteht nunmehr darin, für die Planung, Leitung und Kontrolle der Volkswirtschaft eine allseitig begründete Theorie und ein handliches methodologisches Instrumentarium zu entwickeln, die die leitenden Partei- und Staatsorgane in die Lage versetzen, sich „die Kunst der Leitung des komplizierten Wirtschaftsorganismus anzueignen und die gesamte gesellschaftliche Produktion so zu planen, daß das ununterbrochene Wachstum der Produktion und die ständige Erhöhung des Wohlstands des gesamten Volkes gewährleistet ist" [11].

Für die wirtschaftswissenschaftliche Forschung ist es deshalb besonders interessant, daß die von der Kybernetik, insbesondere der Systemtheorie entwickelten Methoden in zunehmendem Maße geeignet sein dürften, objektive Kriterien für rationale Organisationsstrukturen und Leitungssysteme der sozialistischen Planwirtschaft begründen zu helfen. So findet man in der Literatur erste Analysen idealer Planungsorganismen mit dem Ziel, die Funktionsprozesse von komplexen wirtschaftlichen Organismen zu formalisieren, um sie auf diesem Wege einer exakten logischen Bearbeitung zuzuführen. Stellvertretend genannt sei eine Studie des polnischen Logikers H. Greniewski mit dem Titel „Kybernetik und Planung" [12], [13]. Die einleitende Bemerkung des Verfassers, daß „gewisse Leser erstaunt sein werden über den theoretischen und normativen Charakter der Gedanken in diesem Artikel", erscheint geeignet, mit Nachdruck auf die mit dem Einzug kybernetischer Methoden in die wirtschaftswissenschaftliche Grundlagenforschung notwendigerweise verbundene Hinwendung zu mitunter sehr abstrakten Fragestellungen hinzuweisen, die auf den ersten Blick als Abkehr von der Erforschung der sozialistischen Wirtschaftspraxis erscheinen könnte, während die Hilfe der exakten Wissenschaft oft einseitig nur für die unmittelbare Lösung dringlicher Aufgaben erwartet wird. Gerade der Entwicklungsgang der kybernetischen Forschung in den industriell hochentwickelten Ländern der Welt, auch im Bereiche der Wirtschaftswissenschaften, lehrt jedoch, daß mit verhältnismäßig langen Anlaufzeiten und manchmal auch zunächst nur beschränkt verwertbaren Ergebnissen gerechnet werden muß. Ein Beispiel dafür sind die Arbeiten auf dem Gebiet der Spieltheorie und der Wahrscheinlichkeitstheorie für betriebswirtschaftliche Probleme. Besonders die Ausarbeitung exakter Planungs- und Leitungsmethoden für die Volkswirtschaft mit Hilfe der Kybernetik wird mit einer unter Umständen langfristigen echten Grundlagenforschung verbunden sein, die zwar mit allen uns verfügbaren Kräften gefördert und damit auch beschleunigt, aber keinesfalls umgangen werden kann.

Die Geschichte der Wissenschaft zeigt andererseits, daß auf einem gewissen Stand der theoretischen Forschung deren Resultate für die Entwicklung der Volkswirtschaft von gewaltigem Nutzen sein können. Hiervon zeugen die mit der Herausbildung der Kybernetik zu einer selbständigen Wissenschaft verbundene Automatisierung von Produktion, Verkehr und Verwaltung sowie der Siegeszug der elektronischen Rechenanlagen in der Wirtschaft.

Als zielstrebige komplexe Systeme lassen sich zahlreiche, für die wissenschaftliche Planung und Leitung wesentliche ökonomische Bereiche und Prozesse mit den von der Mathematik und Kybernetik bereits entwickelten Verfahren bilanzieren und optimieren. Während die Konstruktion dynamischer Modelle der sozialistischen erweiterten Reproduktion und die dynamische Planung noch weiterer langjähriger theoretischer Studien bedürfen, sind die praktischen Arbeiten auf dem Gebiet der betrieblichen und volkswirtschaftlichen linearen Bilanzierung und Optimierung in allen industriell hochentwickelten sozialistischen Ländern bereits im Gange.

Neben nicht meßbarem informatorischem Nutzen werden zum Teil recht erhebliche Einsparungen an Material, Arbeitskräften und Finanzmitteln erzielt oder doch zumindest als möglich nachgewiesen. Dies gilt insbesondere für die Methoden der Transportoptimierung.

Gegenwärtig sind der Stand der Kenntnis und der aktiven Beherrschung der genannten Methoden innerhalb der einzelnen Fachrichtungen der Wirtschaftswissenschaft in der Deutschen Demokratischen Republik und das Interesse dafür noch recht unterschiedlich. Am weitesten vorangeschritten sind die Forschungsarbeiten und der Ausbildungsstand innerhalb der Zweigökonomien, insbesondere in den Instituten für Statistik oder Wirtschaftsmathematik der wirtschaftswissenschaftlichen Fakultäten, der Fakultäten für Ingenieurökonomie sowie an den Hochschulen für Verkehrswesen Dresden, für Elektrotechnik Ilmenau, für Architektur und Bauwesen Weimar, an der Bergakademie Freiberg, der Deutschen Bauakademie sowie in einigen speziellen Forschungsinstituten, wie dem Zentralinstitut für Automatisierung, Dresden, dem Zentralinstitut für Fertigungstechnik, Karl-Marx-Stadt, dem Institut für Verwaltungsorganisation und Bürotechnik, Leipzig, und dem Sektor Mathematik und Rechentechnik bei der Staatlichen Plankommission. Wertvolle Arbeit wird nicht zuletzt in mehreren Großbetrieben geleistet, vor allem im VEB Leuna-Werke „Walter Ulbricht“. Im Vordergrund der Forschungsarbeit und der praktischen Versuche in den genannten Institutionen stehen die Ausarbeitungen von betrieblichen, zweiglichen und volkswirtschaftlichen Verflechtungsbilanzen, lineare Optimierungsprobleme der Betriebe, des Transports und Verkehrs, Aufgaben der Standortplanung, die Ausarbeitung und Anwendung mathematisch-statistischer Verfahren, der Einsatz der Lochkartentechnik und elektronischer Rechengeräte für die Rationalisierung der Verwaltung, der Betriebsplanung und volkswirtschaftlichen Abrechnung der erweiterten Reproduktion.

Berücksichtigt man die verhältnismäßig kurze Zeit, in der diese Themen in unserem Lande bearbeitet werden, dann ist der gegenwärtige Stand der Arbeiten auf dem Gebiet der Anwendung mathematischer und gewisser erster kybernetischer Verfahren beachtlich, obgleich er den hohen Anforderungen an eine wissenschaftliche Planung und Leitung der Volkswirtschaft noch nicht entspricht.[7])

In richtiger Erkenntnis der gegebenen Möglichkeiten hinsichtlich vorhandener Erfahrungen, ausgebildeter Kräfte, des verfügbaren statistischen Materials und vor allem in bezug auf die Dringlichkeit und den unmittelbaren Nutzen für die

[7]) Vgl. unter anderem den Bericht des Zentralkomitees der SED an den VI. Parteitag. Neues Deutschland (A), Nr. 280, 1962, S. 6.

weitere Entwicklung der Planung, Leitung und Kontrolle der sozialistischen Volkswirtschaft haben die genannten Institutionen das Schwergewicht der Forschung und Lehre zunächst auf die Ausarbeitung der linearen Bilanzierungs- und Optimierungsprobleme gelegt. In einigen ökonomischen Forschungs- und Ausbildungsstätten werden überdies Vorarbeiten für dynamische Programmierungsaufgaben und Modelle sowie für andere kybernetische Verfahren wie die Anwendung von wahrscheinlichkeitstheoretischen, topologischen und logischen Methoden (Bedienungsprobleme, Netz-, Graphentheorie usw.) geleistet. In anderen sozialistischen Staaten, insbesondere in der Sowjetunion, publizierte Untersuchungen zu ökonomischen dynamischen Modellen und hiermit verwandten Themen werden übersetzt oder stehen bereits vor ihrer Herausgabe in deutscher Sprache.

Noch völlig unzureichend hingegen ist die Situation in anderen Zweigökonomien wie der Handelsökonomie, der Finanzwirtschaft, vor allem aber — und das ist am wenigsten vertretbar — innerhalb der politischen Ökonomie.

Nachdem jedoch das Verhältnis der marxistischen politischen Ökonomie zu den exakten Wissenschaften, namentlich zur Mathematik und Kybernetik, in den Grundzügen geklärt wurde, wäre es unergiebig, weiterhin die unzureichende Forschungsarbeit mittels kybernetischer und mathematischer Methoden allein mit Desinteresse oder prinzipieller Ablehnung zu erklären.

Von sachlichen — und notwendigen — Erwägungen über die Zweckmäßigkeit dieser oder jener Verfahren und die mit ihnen erzielbaren Ergebnisse abgesehen, zeigt nämlich eine Durchsicht der einschlägigen Fachliteratur, daß Einwände prinzipieller Natur gegen den verstärkten Einsatz mathematischer und kybernetischer Verfahren in der wirtschaftswissenschaftlichen Forschung und Praxis im Ergebnis der wissenschaftlichen Auseinandersetzungen zur Ausnahme geworden sind. Das Schwergewicht der wissenschaftlichen Auseinandersetzung hat sich während der vergangenen Jahre verlagert. Die Frage lautet nicht mehr, ob mathematische und kybernetische Denkmethoden, Begriffe und Verfahren in der Ökonomie angewandt werden können und dürfen, sondern wie der zweifellos noch bestehende Rückstand auf diesen Gebieten in der Forschung, Lehre und Praxis rasch beseitigt und der allseitige Einsatz der genannten Disziplinen für die rasche Steigerung der Produktivkräfte sowie für die wissenschaftliche Planung, Leitung und Kontrolle der erweiterten sozialistischen Reproduktion so schnell wie möglich gewährleistet werden kann.

Der Wandel zu einer positiven Einstellung gegenüber der Mathematik und Kybernetik auch jener Wirtschaftswissenschaftler in der Deutschen Demokratischen Republik, die bislang eine abwartende Haltung einnahmen, wird durch die Wissenschaftspolitik der Sozialistischen Einheitspartei Deutschlands entschieden gefördert.

In die richtungsweisende Aufgabenstellung an die Wirtschaftswissenschaftler, die marxistische politische Ökonomie stärker als bisher zu einer schöpferischen und praxisbezogenen Theorie zu entwickeln, sind die Forderungen nach allseitigem und unverzüglichem Einsatz wirksamer mathematischer und kybernetischer Denkweisen, Begriffe und Verfahren in der wirtschaftswissenschaftlichen Forschung, Lehre und Praxis einbezogen; diese Forderungen sind ausdrücklich formuliert.

Der Weg zu Aneignung und Verwertung der genannten Disziplinen in der marxistischen politischen Ökonomie ist somit offen. Nunmehr sollte man die Ursachen für das Fehlen von Forschungsarbeiten oder für deren unzureichende Resultate eingehend und gewissenhaft ergründen.

Die Aufgeschlossenheit und Bereitschaft vieler Ökonomen, sich zumindest im Rahmen des Möglichen und der verfügbaren Zeit über die Anwendungsgebiete und die Resultate mathematischer und kybernetischer Methoden im eigenen Fachgebiet zu informieren, ist bemerkenswert. Woran es diesen Fachkräften noch mangelt, ist die Fähigkeit, die Sprache der Mathematik zu verstehen. Die Einführung der Kybernetik in die ökonomische Forschung, Lehre und Praxis steht und fällt deshalb mit der Vermittlung mathematischer Kenntnisse an die bereits tätigen Wirtschaftswissenschaftler und Studenten sowie mit deren Vertiefung.

Zweifellos sind die Gegenstandsbereiche der Kybernetik und der Mathematik nicht identisch. Darum lassen sich gewiß mathematische und statistische Verfahren mit Erfolg in der Wirtschaftswissenschaft anwenden, die nicht zum Kompetenzbereich der Kybernetik gehören. Beim gegenwärtigen, allgemein unzulänglichen Stand des Einsatzes von mathematischen und kybernetischen Methoden in der Wirtschaftswissenschaft ist die Frage nach den möglichen Grenzen und Unterschieden in der Anwendung beider Wissensgebiete ebenso zweitrangiger Natur wie etwa die These, daß erst die Kybernetik das Verbindungsglied zwischen Mathematik und Ökonomie liefere. Allgemein gesichert hingegen ist die Tatsache, daß die Kybernetik sich der Mathematik als Arbeitsmittel bedient und daß die gründliche Kenntnis des mathematischen Rüstzeugs für eine erfolgversprechende Anwendung der Kybernetik in der Wirtschaftswissenschaft zwar nicht hinreicht, aber doch eine wesentliche Voraussetzung ist.

Wie eine Überprüfung zeigte, tragen die in letzter Zeit von den verantwortlichen staatlichen Leitungsorganen getroffenen Maßnahmen der positiven Einstellung gegenüber Mathematik und Kybernetik bereits weitgehend Rechnung. Mathematisch-statistische und andere exakte Methoden haben in der wirtschaftswissenschaftlichen Forschung und Praxis — auch in der Deutschen Demokratischen Republik — schon immer eine Rolle gespielt. Den erhöhten Anforderungen an eine wissenschaftliche Planung, Leitung und Kontrolle der sozialistischen erweiterten Reproduktion wird das bisherige Niveau an mathematischen Kenntnissen und Fertigkeiten der überwiegenden Zahl ausgebildeter Ökonomen indessen bei weitem nicht mehr gerecht. Noch vor wenigen Jahren beschränkte sich die mathematische Ausbildung auf relativ wenige Ökonomen, vorwiegend Statistiker. Es ist vor allem das Verdienst der Kommission „Ökonomie und Mathematik" des Wissenschaftlichen Beirats beim Staatssekretariat für das Hoch- und Fachschulwesen unter Leitung von Prof. Dr. W. Bader, hier in wenigen Jahren einen grundsätzlichen Wandel herbeigeführt zu haben [14].

Desgleichen wurden in der Sektion für Wirtschaftswissenschaften der Deutschen Akademie der Wissenschaften zu Berlin entsprechende Förderungsmaßnahmen erörtert und beschlossen sowie in mehreren Vorträgen Übersichten vermittelt und zu speziellen Themen Referate gehalten. Das Institut für Wirtschaftswissenschaften der Deutschen Akademie der Wissenschaften zu Berlin ist ferner bemüht, zur Bearbeitung der im Forschungsplan enthaltenen Aufgaben mittels mathematischer und kybernetischer Methoden qualifizierte Kräfte zu gewinnen bzw. heranzubilden.

Die gegenwärtigen Voraussetzungen sowie die im einzelnen erwogenen und beschlossenen Maßnahmen zur Förderung mathematischer und kybernetischer Methoden in der ökonomischen Forschung wurden in die Denkschrift aufgenommen[8]), so daß sich Einzelheiten hierzu an dieser Stelle erübrigen. Hervorzuheben ist, daß bereits seit einem Studienjahr die Ausbildung in Mathematik vom ersten bis zum dritten Studienjahr für die Studenten der Wirtschaftswissenschaften verbindlich geworden ist.

Es bedarf jedoch weiterer erheblicher Anstrengungen und Festigkeit, die geplanten, zum großen Teil bereits beschlossenen und wirksamen Maßnahmen zur stärkeren Verbreitung und vor allem zur Anwendung mathematischer und kybernetischer Methoden in der Wirtschaftswissenschaft durchzusetzen.

Gegenwärtig bestehen die hauptsächlichen Schwierigkeiten bei der Verwirklichung der gesteckten Ziele im generell unzureichenden Niveau der Kenntnisse und Fertigkeiten auf mathematischen und kybernetischen Gebieten bei jenen Wirtschaftswissenschaftlern, die in Forschung, Lehre und an verantwortlicher Stelle im Wirtschaftsleben stehen. So wird der schwierige, aber ausschlaggebende Übergang von der Vermittlung formaler mathematischer und kybernetischer Grundkenntnisse zur angewandten Wirtschaftsmathematik und „ökonomischen Kybernetik" weitgehend von der Bereitschaft und Fähigkeit der Lehrkräfte in den Zweigökonomien abhängen, die Probleme ihres Fachs in die arteigene Sprache der Kybernetik und Mathematik zu kleiden, um so die Vorzüge dieser Methoden überzeugend demonstrieren zu können.

Auch läßt sich der zweifellos vorhandene Mangel an Ökonomen, die mathematisch so ausreichend gebildet sind, daß sie auf breiter Front die überaus schwierigen Probleme der Volkswirtschaftsplanung usw. mittels kybernetischer und anderer Methoden bearbeiten und mit unmittelbar praktischem Erfolg — und sei es auch nur teilweise — lösen können, gewiß nur schrittweise beheben.

Besonderes Augenmerk ist der mathematischen Ausbildung des wirtschaftswissenschaftlichen Nachwuchses (der Aspiranten, Assistenten, jüngeren promovierten wissenschaftlichen Mitarbeiter) an Forschungsinstituten und Ausbildungsstätten zu schenken. Vornehmlich aus ihren Reihen sind jene Wirtschaftswissenschaftler zu erwarten, die die Forschungsarbeit auf dem Gebiete der „ökonomischen Kybernetik" voranbringen können. Hier wird für bestimmte Fachgebiete ein verstärktes obligatorisches Neben-(Selbst- oder Fern-)studium dieser Disziplinen unumgänglich sein. Auch ist zu erwägen, ob künftig für Aspiranten eine Nebenprüfung in Mathematik oder in verwandten Gebieten als Bestandteil der Ausbildung zur Pflicht erhoben wird. Man darf jedoch nicht übersehen, daß derartige Anforderungen eine erhebliche Belastung des wirtschaftswissenschaftlichen Nachwuchses mit sich bringen werden. „Förderungslehrgänge, Studienkurse usw. erfüllen jedoch erst dann voll ihren Zweck, wenn die Interessenten

[8]) Siehe Vorwort.

auch regelmäßig an ihnen teilnehmen können. Die staatlichen Leitungsorgane sollten sich deshalb nicht nur darum bemühen, daß Qualifizierungsmöglichkeiten geschaffen werden, sondern ihr Augenmerk auch darauf richten, daß — insbesondere für den wissenschaftlichen Nachwuchs — arbeitsmäßig solche Voraussetzungen geschaffen werden, die die regelmäßige Teilnahme an den Lehrgängen ermöglichen. Andernfalls besteht die Gefahr, daß ein großer Kräfteaufwand nutzlos vertan wird" [15].

Ferner werden verschiedentlich Bedenken geäußert, daß trotz der beschlossenen Maßnahmen künftig nicht genügend Absolventen für den wachsenden Bedarf der Volkswirtschaft zur Verfügung stehen werden, die den gebotenen mathematischen, statistischen und kybernetischen Wissensstoff so gründlich beherrschen, daß sie nach Abschluß des Studiums auf diesen Gebieten selbständig und schöpferisch weiterarbeiten können. Die geltenden Ausbildungspläne werden deshalb auf Grund der gewonnenen Erfahrungen in Forschung und Praxis überprüft und — falls notwendig — korrigiert werden müssen.

Es kommt gegenwärtig und in nächster Zeit vordringlich darauf an, jene Ökonomen zur Übernahme entsprechender Forschungsaufträge anzuregen, die nach Interesse und bereits erworbenen mathematischen Kenntnissen am ehesten die Voraussetzungen für eine fruchtbare Arbeit auf den Gebieten der „ökonomischen Kybernetik" mitbringen. Hierzu zählt insbesondere die Vergabe kollektiver Dissertationsthemen an externe, außerplanmäßige Aspiranten der Ökonomie, Mathematik und der Naturwissenschaften sowie deren Betreuung.

In den Kreisen der am Problem „Ökonomie und Kybernetik" arbeitenden Wirtschaftswissenschaftler wird der Auffassung der Kybernetik-Kommission beim Generalsekretär der Deutschen Akademie der Wissenschaften zu Berlin beigepflichtet, daß in der Ökonomie eine zentrale Zusammenfassung der an den genannten Problemen arbeitenden Kräfte — etwa in einem gesonderten Institut — zur Zeit unzweckmäßig wäre und auch dem Charakter der Kybernetik widersprechen würde. Nur aus der Verbindung zu einem konkreten Fachgebiet können letztlich die Anregungen für die Analyse wesentlicher ökonomischer Prozesse mit kybernetischen und anderen Methoden entstehen. Es muß jedoch vermieden werden, die relativ wenigen Wirtschaftswissenschaftler, die an Problemen der Anwendung kybernetischer Methoden in der Ökonomie arbeiten, übermäßig für die Lösung kurzfristiger Aufgaben heranzuziehen.

Als verantwortliches Koordinierungszentrum für die Einführung kybernetischer Methoden in die Ökonomie kann — zumindest vorläufig — der Forschungsbereich V (Anwendung mathematischer Methoden in der Ökonomie) der Sektion für Wirtschaftswissenschaften der Deutschen Akademie der Wissenschaften zu Berlin fungieren. Er sollte zu diesem Zweck seine Tätigkeit auf die Anwendung mathematischer *und* kybernetischer Methoden in der Ökonomie ausdehnen. Ihm müßte insbesondere die Durchsetzung und Förderung der angeregten und beschlossenen Maßnahmen obliegen.

Das gegenwärtige Verhältnis der Ökonomie zur Kybernetik läßt sich innerhalb der Deutschen Demokratischen Republik als ein Stadium der Unterrichtung sowie der Aneignung des benötigten theoretischen und methodischen Rüstzeugs kennzeichnen. Diesen Übergangsprozeß zu beschleunigen und in die alltägliche Forschungsarbeit mittels der modernen Verfahren der Mathematik und Kybernetik umzuwandeln, bleibt jedoch vor allem den Wirtschaftswissenschaftlern selbst vorbehalten.

Literatur

[1] Ulbricht, W., Referat auf der 17. Tagung des Zentralkomitees der Sozialistischen Einheitspartei Deutschlands. ND (B) Nr. 283, 1962, S. 3 (Teil II).

[2] Marx, K., Engels, F., Brief über das „Kapital". Dietz-Verlag, Berlin 1954, S. 221.

[3] Tustin, A., A Method of Analysing the Affekt of Certain Kinds of Non-linearity in Closed Cycle Control Systems. J. Instn. electr. Engr., Part II A, **94** (1947) 152–160.
Goodwin, R. M., The Nonlinear Accelerator and Persistence of Business Cycles. Econometrica **19** (1951) 1–17.
Bothwell, F. E., The Method of Equivalent Linearization. Econometrica **20** (1952) 269–283.

[4] Marx, K., Das Kapital, Bd. I, S. 667.

[5] Marx, K., Das Kapital, Bd. II, S. 457.

[6] Marx, K., Das Kapital, Bd. I, S. 25–26.

[7] Thiel, R., Zur mathematisch-kybernetischen Erfassung ökonomischer Gesetzmäßigkeiten. Wirtschaftswissenschaften **10** (1962) H. 6.

[8] Winkler, H., Elektronische Analogieanlagen. Akademie-Verlag, Berlin 1963, S. 220.

[9] Ebenda, S. 10.

[10] Mathematische Methoden in der Ökonomik. Wirtschaftswissenschaftliche Informationen des Instituts für Wirtschaftswissenschaften der Deutschen Akademie der Wissenschaften zu Berlin, H. 23, 35.

[11] Grundlagen des Marxismus-Leninismus, Lehrbuch, S. 656.

[12] Greniewski, H., Revue Française de Recherche Opérationelle (1962) H. 23, 135ff. (Übersetzt von Dr. E. Wintgen, Berlin.)

[13] Greniewski, H., Cybernetics without Mathematics. Pergamon Press, Oxford 1960, S. 188ff.

[14] Bader, H., Zur Arbeit der Kommission „Ökonomie und Mathematik" des Wissenschaftlichen Beirats beim Staatssekretariat für das Hoch- und Fachschulwesen. Wirtschaftswissenschaft **10** (1962) H. 4, 597.

[15] Ebenda, S. 527.

Diskussion

Prof. Dr. JOHANNES RUDOLPH

Direktor des Instituts für Volkswirtschaftsplanung der Hochschule für Ökonomie, Berlin-Karlshorst

KYBERNETIK UND VOLKSWIRTSCHAFTSPLANUNG

Es gibt schon eine ganze Reihe von — hauptsächlich in Artikeln publizierten — Ansichten über das Verhältnis von Ökonomie und Kybernetik. Das ist zweifellos richtig und nützlich. Doch damit wir auf diesem Gebiet wirklich vorwärtskommen, müssen wir uns mit dem in der sozialistischen Volkswirtschaft vor sich gehenden Steuerungsprozeß — und damit natürlich auch mit dem Reproduktionsprozeß selbst — systematischer befassen. Zweckmäßigerweise fängt man bei der Klärung elementarer Grundfragen an, bevor man die komplizierten Vorgänge dieses Prozesses in kybernetischer Sicht richtig analysieren kann.

Die Volkswirtschaftsplanung hat es bekanntlich mit der *planmäßigen Leitung* des Reproduktionsprozesses der sozialistischen Volkswirtschaft zu tun, es handelt sich also dabei offensichtlich um die Funktion der Steuerung des Reproduktionsprozesses der sozialistischen Volkswirtschaft.

In den vergangenen anderthalb Jahrzehnten sind bei uns auf diesem Gebiet viele Erfahrungen gesammelt und auf ihrer Grundlage die Methoden der Ausarbeitung der Pläne und der Organisation ihrer Durchführung verbessert worden. Gleichzeitig aber wird in zunehmendem Maße an diesen Methoden Kritik geübt, vor allem seit dem V. Parteitag der Sozialistischen Einheitspartei Deutschlands. Das wird im Bericht des ZK an den VI. Parteitag nochmals hervorgehoben, insbesondere was das volkswirtschaftliche Bilanzsystem betrifft. Und dieses ist der Kern der Methoden zur Ausarbeitung unserer langfristigen und jährlichen Volkswirtschaftspläne.

Helfen uns die bisher geförderten Erkenntnisse der Kybernetik bei der Lösung dieser Problematik, d.h. bei der Entwicklung eines wissenschaftlich exakten Systems der Ausarbeitung unserer Pläne weiter? Man muß diese Frage unbedingt bejahen, auch wenn sich auf Grund des Standes der Erkenntnis der politischen Ökonomie des Sozialismus eine solche Gedankenverbindung nicht ohne weiteres anbietet und wir mit der mathematischen und kybernetischen Durchdringung unserer Disziplin erst ganz am Anfang stehen.

Ich will versuchen, in der kurzen Zeit, die für einen Diskussionsbeitrag zur Verfügung steht, nur einige Fragen aufzuwerfen, weil es noch keine befriedigende oder auch z.T. noch gar keine Lösung dafür gibt.

Die *erste Frage*, die hier zu stellen wäre, ist die, ob wir es beim sozialistischen System der Volkswirtschaft mit einem *System im kybernetischen Sinne* zu tun haben?

Sie ist von Prof. Dr. G. KLAUS in seinem Buch „Kybernetik in philosophischer Sicht" bereits beantwortet worden, und zwar positiv (S. 455ff.). Tatsächlich handelt es sich hierbei um ein komplexes *selbststabilisierendes dynamisches System*, das auf Grund seiner inneren Gesetzmäßigkeit sich ständig weiter- und höherentwickelt — vorausgesetzt, daß die *Handlungsweise der Gesellschaft* den Erfordernissen dieser Gesetzmäßigkeit voll entspricht. Ist das nicht in vollem Maße der Fall, so gibt es entsprechende *partielle* Instabilitäten, die das Entwicklungstempo der Volkswirtschaft bremsen. Genosse W. ULBRICHT hat in seinem Referat auf dem 17. Plenum des ZK der SED darauf hingewiesen (Abschnitt IV, insbesondere „Die ökonomischen Gesetze des Sozialismus erfolgreich anwenden"). Wir wissen ziemlich genau, wo gegenwärtig die Mängel in unserer Ökonomik liegen, und auf Grund der großen Erfahrung in der staatlichen Leitung der Volkswirtschaft sind wir auch in der Lage, die richtige Konzeption für deren Überwindung sowie für die Grundaufgaben der weiteren Entwicklung zu formulieren. Das darf uns aber nicht darüber hinwegtäuschen, daß wir mit der wissenschaftlichen Durchdringung und Verallgemeinerung des in diesem dynamischen gesellschaftlichen System vor sich gehenden *Steuerungs*prozesses noch nicht sehr weit vorangekommen sind. Das bedeutet aber auch, daß die Wirtschaftswissenschaft noch immer hinter den Anforderungen der Praxis hinterherhinkt, statt ihr den Weg zu weisen.

Aus dieser Position des Beginns der kybernetischen Durchdringung der Ökonomik resultiert die *zweite Frage*, nämlich jene nach der Beschaffenheit dieses Systems in kybernetischer Sicht. Hier beginnt schon die Problematik, denn allein auf diese elementare Frage gibt es noch keine eindeutige Antwort, mehr noch — es gibt eigentlich noch gar keinen auf dieses Gebiet gerichteten Meinungsaustausch. Ich möchte deshalb meine Ansicht dazu in aller Kürze zur Diskussion stellen.

1. Das sozialistische System der Volkswirtschaft (das also die staatliche Leitung einschließt) ist der *Regelkreis*, mit dem wir es hier zu tun haben.
   Seine Elemente sind:

   a) die *Regelstrecke*. Das ist der Reproduktionsprozeß der Volkswirtschaft in seiner Gesamtheit mit seiner Untergliederung nach Sphären (Produktions-, Zirkulations-, Distributions- und Konsumtionsprozeß), Zweigen, Gebieten, Verantwortungsbereichen (staatlichen Zweig- und Gebiets-Leitungsorganen), Eigentumssektoren und den entsprechenden Gruppen von Menschen;

   b) das *Meßwerk*. Das ist der ganze staatliche Apparat zur Gewinnung der gesamten *Information*, die notwendig ist, um sowohl langfristig den Reproduktionsprozeß vorausschauend festzulegen (im Plan) als auch täglich-operativ in den Verlauf dieses Prozesses einzugreifen. Dazu gehören: das System der betrieblichen und volkswirtschaftlichen Rechnungslegung und Statistik, der Planvorschläge, der Projektierung, aber auch der Okularkontrolle in den verschiedenen Formen.

      Die Summe dieser Information ist für die (zentralen, zweiglichen und örtlichen) Staatsorgane die Grundlage der wissenschaftlichen Voraussicht und damit auch ihres Handelns;

   c) das *Stellwerk*. Das ist das gesamte Arsenal von staatlichen Maßnahmen, mit deren Hilfe zum Zwecke der Vornahme von Veränderungen in den Ablauf des Reproduktionsprozesses eingegriffen wird. Hierzu gehören: die gesetzlichen Planaufgaben, die gesetzlichen Regelungen des Investitionsprozesses, der Materialversorgung, der Löhne, Steuern, Preise, Finanzen, die Organe zur Leitung des Reproduktionsprozesses, aber auch die Anweisungen der jeweiligen Leiter;

   d) der *Regler*. Das ist ein kompliziertes Problem. Bisher wird meist formuliert, daß das Gesetz der planmäßigen proportionalen Entwicklung der Volkswirtschaft der *Regulator der Produktion* im Sozialismus sei; im Kapitalismus ist es das Mehrwertgesetz. Ferner wird gesagt, der Staat sei der Regulator.

      Offensichtlich sind die Inhalte beider Begriffe nicht identisch, obwohl die Wortbedeutung dieselbe ist. Nach meiner Meinung ist der Regler in dem System, das hier zur Debatte steht, wie folgt zu definieren: Es ist die *Wirkung* der objektiven *Gesamtgesetzmäßigkeit* des materiellen Lebensprozesses der Gesellschaft und das *demententsprechende Handeln* des sozialistischen Staates. Dabei fällt im Rahmen dieser objektiven Gesamtgesetzmäßigkeit dem *Gesetz der Ökonomie der Zeit*, also der Steigerung der Arbeitsproduktivität, was auch im ökonomischen Grundgesetz zum Ausdruck kommt, die Funktion zu, die bislang mit dem Begriff des Regulators bedacht wurde. Proportionalität in der ökonomischen Entwicklung ist eine elementare Vorbedingung dafür.

2. Die entscheidenden Momente, über die die Steuerung (oder Regelung) des volkswirtschaftlichen Reproduktionsprozesses erfolgt, sind meiner Ansicht nach das, was man in diesem System als *Regelgröße* bezeichnen müßte. Das sind:

   a) die (materiellen und menschlichen) Produktivkräfte und die Organisation des arbeitsteiligen gesellschaftlichen Produktionsprozesses;

   b) die Produktionsverhältnisse;

   c) die internationalen ökonomischen Beziehungen;

   d) die Bedürfnisse der einzelnen Menschen und des Staates;

   e) die Verteilung des Nationaleinkommens.

   Damit, *wie* diese Größen für eine bestimmte Planperiode „eingestellt" werden, werden *Richtung* und *Tempo* der Entwicklung der Volkswirtschaft im voraus festgelegt. Wir haben es also hier mit den „Ansatzpunkten" des staatlichen Handelns auf ökonomischem Gebiet zu tun.

3. Der Reproduktionsprozeß der Volkswirtschaft ist bekanntlich kein sich selbst genügender Prozeß, sondern hat unter unseren gegenwärtigen Bedingungen zwei letztendlichen Zielen zu dienen:

   a) dem politischen Ziel der Gesellschaft, d.h. bei uns der Vollendung des Aufbaus der sozialistischen Gesellschaft, um danach zur Errichtung der Grundlagen der kommunistischen Gesellschaft überzugehen[1]);

   b) dem allgemein menschlichen Ziel der Auseinandersetzung des Menschen mit der Natur — der steigenden Befriedigung der materiellen und kulturellen Bedürfnisse, das unter den Bedingungen der Existenz einer sozialistischen Gesellschaft Bestandteil des unter a) genannten Ziels ist.

   Von diesen Zielen wird die „Einstellung" der „Regelgröße" führend bestimmt. Man könnte deshalb hier von der *Führungsgröße* des sozialistischen Systems der Volkswirtschaft sprechen.

4. Auf die (langfristig sowohl in den Plänen als auch während des Planablaufs vorzunehmende) Einstellung der Regelgröße wirkt eine ganze Reihe von „inneren" und „äußeren" Faktoren (Störungen) ein, und zwar aus den Gebieten der Wissenschaft und Technik (z.B. neue Erkenntnisse), der Arbeitskraft (z.B. Abweichungen nach Zahl und Qualifikation), der Natur (z.B. Klimaänderungen, Naturkatastrophen), der Produktionsverhältnisse (z.B. Abweichungen vom geplanten Verlauf der Veränderung), der Politik und Ideologie (z.B. Abweichungen von der dem Plan zugrundegelegten Entwicklung der internationalen Lage) und auch der Effektivität der wirtschaftlichen Leitungsmethoden.

Der Regler muß auf solche *Störungen* reagieren, indem er entweder die Einstellung der Regelgröße ändert oder Bedingungen herbeiführt, die die Beibehaltung der ursprünglichen Einstellung ermöglichen.

Die *dritte Frage,* die zu stellen wäre, ist jene, ob wir über ein solches *Modell der sozialistischen Volkswirtschaft* verfügen, daß uns die *Verhaltensweise* dieses Systems in allen wesentlichen Zügen erkennen läßt. Natürlich sind unsere Volkswirtschaftspläne solche Modelle. Aber sie entsprechen dieser Forderung nicht in genügendem Maße. Das kommt

[1]) Vgl. Referat des Gen. W. Ulbricht auf der 17. Tagung des ZK der SED (Teil II) „Die Vorbereitung des VI. Parteitages der Sozialistischen Einheitspartei Deutschlands". N D (B) vom 14. 10. 1962 (S. 3).

u. a. in der im Bericht des ZK an den VI. Parteitag enthaltenen Kritik an unserem volkswirtschaftlichen Bilanzsystem zum Ausdruck. Hierbei gibt es eine ganze Reihe von Mängeln [1] – doch würde es zu weit führen, hier darauf einzugehen. Ich möchte mich deswegen mit der Feststellung dieses Tatbestands begnügen und nur noch den Hinweis anbringen, daß an diesem Problem gearbeitet wird und erste Forschungsergebnisse vorliegen.

Die *vierte Frage* bezieht sich auf den *Wirkungszusammenhang* aller objektiven *gesellschaftlichen Gesetze*, die das Verhalten des Systems der sozialistischen Volkswirtschaft ursächlich bestimmen. Diese *bestimmende* Einflußnahme vollzieht sich über die *Führungs-* und über die *Regelgröße* des Systems. Das heißt, wir müssen, wollen wir den Wirkungszusammenhang dieser Gesetze voll erkennen, erstens im einzelnen klären, von welchen *speziellen Gesetzen* die *einzelnen Momente der Regelgröße* bestimmt werden. Zweitens müssen wir uns ein solches Modell schaffen, das uns die *Wirkungen* bestimmter *Varianten* (Hypothesen) der Einstellung der einzelnen Momente zur Regelgröße erkennen läßt.

Das ist in erster Linie über die dadurch jeweils induzierte Gestaltung des Gesamtsystems der *volkswirtschaftlichen Proportionen* möglich. Darauf aufbauend können dann auch die damit verbundenen Wirkungen z. B. politischer und ideologischer Art, die sich nicht in Quantitäten fassen lassen, erkannt und beurteilt werden. Ein solches Modell ist die *Volkswirtschaftsbilanz*, allerdings nicht in der traditionellen Form, sondern mathematisch formuliert unter Beachtung der Kausalität des Reproduktionsprozesses.

So ein Bilanzmodell der sozialistischen Volkswirtschaft liegt in seinen Grundzügen entwickelt vor [2], das auch die Optimierungsprobleme des volkswirtschaftlichen Steuerungsprozesses aufzeigt und zu lösen versucht. Bei der notwendigen Weiterentwicklung dieser Arbeit zur Schaffung eines Modells der sozialistischen Volkswirtschaft, das den obengenannten Anforderungen entspricht und praktisch anwendbar ist, ist jedoch noch eine Menge zu tun. Ein solches Bilanzmodell wird uns dann aber auch in die Lage versetzen, die schematische Arbeit, die im Prozeß der Steuerung der Volkswirtschaft, insbesondere bei der Ausarbeitung der Volkswirtschaftspläne, geleistet wird, auf Rechenanlagen zu übertragen und auf diese Weise in bedeutendem Umfange geistige Arbeitskapazitäten für die schöpferische Arbeit freizusetzen.

Wenn man diesen Stand der Dinge in der Ökonomie überblickt, so glaube ich, nicht zuviel gesagt zu haben, wenn ich eingangs feststellte, daß wir erst ganz am Anfang stehen.

Es besteht deshalb für uns Ökonomen in besonderem Maße Anlaß, mit Hilfe der neuen Erkenntnisse der Kybernetik sowohl die Theorie der Politischen Ökonomie des Sozialismus als auch unsere Praxis der Volkswirtschaftsplanung zu verbessern.

Literatur

[1] Rudolph, J., Die planmäßige Herstellung der Proportionalität in der Perspektivplanung und der volkswirtschaftliche Nutzeffekt der Arbeit. Akademie-Verlag, Berlin 1962.

[2] Rudolph, J., Die Optimierung des volkswirtschaftlichen Produktionsplanes mit Hilfe der Volkswirtschaftsbilanz. Verlag Die Wirtschaft, Berlin 1962.

Dr. Georg Wintgen

Institut für Statistik der Wirtschaftswissenschaftlichen Fakultät der Humboldt-Universität zu Berlin

ZUR EINFÜHRUNG MATHEMATISCHER UND KYBERNETISCHER METHODEN IN DIE ÖKONOMIE

Der Übergang zur kybernetischen Forschung in der Ökonomie erfolgt — hierauf verwies Dr. J. Behr zu Recht — am besten dadurch, daß sich die Wirtschaftswissenschaftler zunächst und vordringlich mit der Anwendung mathematischer Methoden in diesem Forschungsbereich vertraut machen. Dies müßte der erste und dürfte zugleich der geeignetste Schritt sein, zumal es selbst hier noch manche unzureichend formulierten Theorien gibt.

Es erscheint mir auch angebracht zu unterstreichen, daß man nun nicht unbedingt bei allen Untersuchungen, die im Bereich der Ökonomie mit mathematischen Methoden durchgeführt werden, von der Anwendung der Kybernetik in der Wirtschaftswissenschaft sprechen sollte. Das führt nicht zur Klärung der Begriffe. Es ist zwar durchaus günstig, mit der gegenwärtigen Konjunktur der Kybernetik zugleich seine Mathematik unterzubringen. Tatsächlich bedienen sich jedoch alle Wissenschaftler — mehr oder weniger — der Mathematik. Auf einer wissenschaftlichen Konferenz wie dieser sollte man allerdings versuchen, diese Bereiche auseinanderzuhalten, was nicht einfach ist.

Liegt die Struktur eines ökonomischen Modells vor, so ist die Ausrechnung dieses Modells gewiß keine kybernetische Aufgabe mehr. Es zeigt sich jedoch, daß die Berechnungen immer komplizierter werden, sobald man versucht, praktisch bedeutsame Aufgaben zu lösen. Die erste Schwierigkeit entsteht, wenn man ein vorliegendes ökonomisches Problem als Modell zu formulieren hat, sodann bereitet es Mühe, das Modell später der ökonomischen Realität anzupassen und die am Modell ermittelte Lösung danach wieder in die Praxis einzuführen. Unbestreitbar ist auf jeden Fall, daß in diesem Zusammenhang sehr viele und wahrscheinlich bisher vollkommen ungelöste kybernetische Probleme auftreten werden, für die bisher sogar die Beschreibung in Ansätzen fehlt. Und wenn man ein derartiges ökonomisches Problem wirklich kybernetisch bearbeiten will, benötigt man dazu sehr viel Mathematik.

Wir versuchen an der Wirtschaftswissenschaftlichen Fakultät der Humboldt-Universität zu Berlin, einer Reihe von Ökonomiestudenten eine verstärkte, gute mathematische Ausbildung zu vermitteln. Es erweist sich aber immer wieder als Mangel — und das schon seit zwei Jahren —, daß es keine Fachrichtung für Ökonomen mit spezieller mathematischer Ausbildung gibt. Das ist nicht nur ein Verwaltungsproblem. Dieser Umstand hindert einfach diese Studenten daran, zu guten Ergebnissen zu gelangen, da die jeweiligen Fachrichtungen begreiflicherweise eine uneingeschränkte Ausbildung in Finanzökonomie usw. fordern. Schließen wir diese Lücke nicht, so werden wir immer nur einige kleinere Teilprobleme bearbeiten und nicht die Kader ausbilden können, die wir später benötigen. Wir haben beispielsweise vier Studenten der Finanzökonomie, die sich sehr für mathematische Probleme interessieren und von denen wir auch wissen, daß sie mit einer gediegenen mathematischen Ausbildung sicher später an verantwortlichen Stellen arbeiten könnten. Augenblicklich ist das Ministerium der Finanzen nur sehr schwer zu bewegen, diese Studenten vom Einsatz in Finanzinstitutionen freizustellen. Eine solche Einstellung verzögert die Entwicklung. Es scheint uns unbedingt erforderlich zu sein, an einigen wirtschaftswissenschaftlichen Lehrstätten eine solche verstärkte Ausbildung konzentriert durchzuführen.

Ich möchte noch zu einem Punkt Stellung nehmen, den Dr. J. Behr in seinem Referat bereits behandelte. Eine Zusammenarbeit von Mathematikern und Ökonomen ist vorteilhaft. Wir versuchen das durch eine gemeinsame Diplomarbeit einer Ökonomiestudentin und einer Mathematikstudentin zu erproben, wobei die Betreuung sowohl vom Institut für Statistik an der Wirtschaftswissenschaftlichen Fakultät als auch vom mathematischen Institut übernommen wird. Das führt überdies allmählich dazu, daß die Mitarbeiter dieser beiden Institute sich näherkommen und zu einem fachlichen Gespräch gelangen. Gewiß gibt es weitere derartige Ansätze auch an anderen Stellen. Aber ich glaube, wenn wir diese Entwicklung dem bisherigen Schneckentempo überlassen, wird es vermutlich noch einige Jahrzehnte dauern, bis wir den erreichten Stand in den befreundeten sozialistischen Ländern erreicht haben.

Ein anderer Hinderungsgrund für den allseitigen Einsatz mathematischer Methoden in der Ökonomie besteht immer noch, ausgesprochen oder unausgesprochen, darin, daß die Meinung vertreten wird, Anwendung der Mathematik in der Wirtschaftswissenschaft bedeute lediglich das Rechnen mit Zahlen sowie die Auflösung von Gleichungen. Prof. Dr. W. Kämmerer wies bereits darauf hin, daß die Mathematik weitaus mehr zu leisten vermag.

Es zeigt sich immer wieder bei Versuchen, ökonomische Aufgaben mit den vorhandenen Rechenmaschinen zu lösen, daß die in unserer Republik verfügbaren Rechenmaschinen eine zu geringe Kapazität haben. Wir besitzen 27 solcher Automaten. Man müßte nach Möglichkeiten suchen, diese Rechenautomaten für gewisse Aufgaben gemeinsam einzusetzen. Das würde allerdings bedeuten, daß die Daten zunächst auf Lochstreifen übertragen werden. Dabei ist für mich noch völlig unklar, wie die Arbeit einer Lochkartenanlage mit der eines Rechenautomaten gekoppelt werden kann oder wie sich erreichen läßt, daß gewisse Aufgaben im ersten Stadium auf Lochkarten bearbeitet werden und dann mit den verdichteten Daten auf einen Rechenautomaten übergegangen wird.

Wir haben uns mit Kollegen aus Ungarn darüber unterhalten, ob es nicht möglich wäre, für sämtliche sozialistischen Länder ein gemeinschaftliches Rechenmaschinenprojekt für ähnliche Probleme zu überlegen, ehe man zur Konstruktion übergeht oder das Projekt von der Sowjetunion bezieht. Es ist ein Irrtum zu meinen, ohne solche Überlegungen auskommen zu können; es gibt immer Spezialaufgaben. Die Konzeption einer solchen Maschine für ökonomische Aufgaben gemeinsam zu entwerfen, scheint eine erste und vordringliche Aufgabe zu sein, an der wir international zusammenarbeiten müssen. Sie hat auch Aussicht auf Erfolg.

Prof. Dr. Herbert Luck

Direktor des Instituts für politische Ökonomie der Universität Rostock

EINIGE FRAGEN DER ANWENDUNG KYBERNETISCHER METHODEN IN DER WIRTSCHAFTSWISSENSCHAFT

Gestatten Sie mir einige Bemerkungen zum dritten Thema unserer Konferenz.

Die wirtschaftswissenschaftliche Forschung in der Deutschen Demokratischen Republik hat sich später als andere Fachdisziplinen den Problemen der Kybernetik und ihrem Verhältnis zur Forschung, Theorie und Praxis der Wirtschaftswissenschaft zugewandt. Wir haben auch gegenwärtig — darauf hat bereits Dr. J. Behr verwiesen — noch Rückstände zu verzeichnen, gemessen an diesbezüglichen Arbeiten der ökonomischen Institute anderer sozialistischer Länder. Das hat auch die heutige Aussprache bestätigt.

Es hat wenig Sinn, weiter nach den Gründen für das genannte Zurückbleiben gegenüber den Methoden der Mathematik und Kybernetik zu suchen, auch deshalb nicht — das sollte hier zu Sprache kommen —, weil seit geraumer Zeit mehrere ökonomische Institute in der Deutschen Demokratischen Republik begonnen haben, sich der Untersuchung des Einflusses der Kybernetik auf ihr Fachgebiet zuzuwenden. Die ersten, wenn auch noch nicht ausreichenden Ergebnisse solcher Studien erlauben festzustellen:

Erstens herrscht unter den Wirtschaftswissenschaftlern der Deutschen Demokratischen Republik inzwischen Klarheit darüber, daß Gegenstand, Fragestellung und Aussage der Kybernetik weder den Gegenstand der Wirtschaftswissenschaften aufheben noch die der Wirtschaftswissenschaft eigenen Forschungsmethoden ersetzen oder einschränken. Wir möchten vielmehr feststellen, daß die Bedeutung der Kybernetik für die Wirtschaftswissenschaft vor allem darin begründet ist, daß durch die Aussagen der Kybernetik und die Kenntnis ihres Instrumentariums die marxistische Wirtschaftswissenschaft eine echte Bereicherung erfährt und die ökonomischen Prozesse der sozialistischen Wirtschaft aus einer neuen Sicht behandelt und in der Perspektive vollkommener beherrscht werden können.

Wir verschaffen uns allmählich darüber Klarheit, wieweit die Kenntnis kybernetischer Systeme den Genauigkeitsgrad der wirtschaftswissenschaftlichen Forschung verbessern kann. Das kann ich auf Grund eigener Untersuchungen und der Kenntnis anderer Arbeiten sowie der seit nunmehr vier bis fünf Jahren intensiv geführten Diskussion und Aussprache doch feststellen.

Das zweite Ergebnis der vorliegenden Studien und wirtschaftswissenschaftlichen Untersuchungen besteht darin, daß die Kybernetik — das gilt zumindest für das Gebiet der „technischen Kybernetik" — es ermöglicht, im gewissen Sinne die ermittelten Gesetzmäßigkeiten aus dem Bereich anderer Wissenschaften für die wirtschaftswissenschaftliche Forschung zu nutzen.

Diese These darf jedoch nicht die Tatsache in Abrede stellen, daß jede Wissenschaft spezifische eigengesetzliche Entwicklungsverfahren erarbeiten und anwenden muß. Damit soll keineswegs bestritten werden, daß die Kybernetik sich selbst im Verlaufe ihrer Entwicklung ein für sie typisches Instrumentarium geschaffen hat. Wie Sie alle wissen, war es ein sehr großes Versäumnis der Wirtschaftswissenschaft, das Wachstum der Produktivkräfte und die diesem Wachstum zugrunde liegenden Gesetzmäßigkeiten nicht gründlich zu analysieren. Eben deshalb ermöglicht die Beschäftigung der Wirtschaftswissenschaftler mit der Kybernetik und mit weiteren naturwissenschaftlichen Disziplinen, diese unvertretbare Vernachlässigung der Analyse der Gesetzmäßigkeiten des Wachstums der Produktivkräfte zu überwinden. Es ist durchaus möglich, konkret die Grundlagen des wissenschaftlich-technischen Fortschritts zu erarbeiten und auch vorausschauend die wirtschaftlichen Folgen einer beginnenden wissenschaftlich-technischen Revolution einzuschätzen.

Gerade diese Fragen sind im Lichte der Dokumente des XXII. Parteitags der Kommunistischen Partei der Sowjetunion und auch der 17. Tagung des Zentralkomitees der Sozialistischen Einheitspartei Deutschlands für die theoretische Forschung und eine wissenschaftlich begründete Wirtschaftspolitik besonders wichtig geworden.

Diese Anregungen, die der Beschäftigung der Wirtschaftswissenschaft mit der Kybernetik entspringen, haben bereits — und das können wir als ein sehr positives Ergebnis verbuchen — mit dazu geführt, die unzulässige Vereinfachung der Problematik des Wachstums der Produktivkräfte zu überwinden.

Als dritten Gesichtspunkt möchte ich auf die inzwischen gewonnene Erkenntnis verweisen, daß die in den sozialistischen Ländern sehr rasch vor sich gehende Vergesellschaftung der Produktivkräfte eine auf höherer Stufenleiter organisierte Produktion und

Verteilung mit sich bringt und als Folge davon die ökonomischen Prozesse nicht einfacher, sondern viel komplizierter werden. Folglich müssen auch die Methoden der Planung und Leitung der sozialistischen Wirtschaft vervollkommnet werden. So bedarf es beispielsweise neuer Kriterien zur Bestimmung des Effekts und Zusammenwirkens aller Glieder der sozialistischen Wirtschaft.

In der heutigen Diskussion fiel verschiedentlich das Wort Interdependenz. In der Volkswirtschaft ist es nicht mehr möglich, isolierte Einzelentscheidungen über ökonomische Teilprozesse zu treffen oder aus einer sektoralen Sicht heraus die Planung dieser oder jener Kennziffer des Betriebs oder eines Zweigs vorzunehmen. Es liegt bekanntlich nicht am System des Sozialismus, wenn Disproportionen auftreten; das wurde hinreichend bewiesen. Es liegt vielmehr daran, daß zum Teil nach wie vor die sehr bequeme Denkweise herrscht, Planungsprogramme könnten aus einer vorwiegend sektoralen Sicht entschieden werden. Aber der genannte Prozeß fortschreitender Vergesellschaftung der Produktion und Verteilung ist objektiv und zwingt eben dazu, diese isolierte Betrachtungsweise aufzugeben und folglich auch nach neuen Methoden der Planung und nach neuen Kriterien für eine solche komplexe Untersuchung aller ökonomischen Größen in ihrer gegenseitigen Abhängigkeit zu suchen.

Diese zunehmende Vergesellschaftung schließt auch in sich ein, daß die ökonomischen Daten als Träger von Informationen in dieser oder jener Form einer adäquaten Verarbeitung bedürfen. Gerade deshalb liegt zur Zeit das Gewicht der Forschung darauf, geeignete Methoden zur Datenverarbeitung und Gewinnung verläßlicher Aussagen daraus zu entwickeln. Ich möchte allerdings einschränkend bemerken, daß es nicht richtig ist, wenn manche Wirtschaftswissenschaftler meinen, das ließe sich nur mittels elektronischer Rechenmaschinen bewältigen. Bereits durch eine bessere Organisation der traditionellen Methoden der Verarbeitung ökonomischer Daten, die kontinuierlich anfallen, bestehen Möglichkeiten, gewisse Optimierungsprobleme zu lösen. Die im Verkehrswesen durchgeführten Berechnungen von Transportproblemen beweisen das.

Was das Verhältnis von Kybernetik und Ökonomie anlangt, so glaube ich — wenigstens vorläufig — nicht, daß sich in der Wirtschaft kybernetische Systeme a priori finden lassen. Ökonomische Prozesse sind meiner Ansicht nach nicht kybernetische Systeme, wohl aber ermöglicht die Kenntnis der Kybernetik, ökonomische Prozesse am Modell so nachzubilden, daß an ihm kybernetische Beziehungen, Abhängigkeiten und auch Gesetzmäßigkeiten struktureller Art erkennbar werden und für die ökonomische Forschung verwertet werden können.

Mit solchen Untersuchungen haben wir auf der Ebene von Betrieben, von Zweigen und im Bereich der gesamten Volkswirtschaft begonnen. Natürlich bedarf es hierzu der Zusammenarbeit aller Wissenschaften, die auf Grund ihrer Erfahrungen und Methoden in der Lage sind, solche Probleme zu bearbeiten. Es bedarf hierzu auch der Überwindung einiger Hindernisse.

Gestatten Sie mir noch abschließend, vielleicht auch als Anregung für die Denkschrift, auf zwei solcher Hindernisse hinzuweisen.

Wir haben im Bezirk Rostock damit begonnen, verschiedene Zweigprozesse der Wirtschaft mathematisch zu durchdringen, so beispielsweise den Baustoff- oder Holztransport zu optimieren. Es sind die geeignetsten, sozusagen idealen Anwendungsbeispiele für eine lineare Optimierung geschaffen worden. Es gibt aber einen Widerstand in der Praxis selbst. Viele Vertreter der Praxis wenden nämlich ein, daß eine solche einmalig gelöste Aufgabe für sie nur ein relatives, also in seiner Aussage nur sehr begrenztes Optimum darstelle. Das ist ohne Zweifel der Fall, aber man darf eben nicht die Mühe scheuen, erneut eine solche Optimierung vorzunehmen, falls sich die Bedingungen hinsichtlich der

Mengen, der Zeit und der Transportstruktur verändern. Sie verlangen, daß diese einmal gefundene optimale Lösung für sie im Sinne einer absoluten, für alle künftigen Situationen gültigen Lösung gegeben sein soll; das ist selbstverständlich nicht zu erreichen. Fest steht aber die Tatsache: Je konkreter und konsequenter begonnen wird, solche Transportprozesse zu programmieren, um optimale Lösungen zu finden, um so leichter fällt es uns dann, von dort aus weiterzugehen und andere Bereiche und Ebenen der Volkswirtschaft einzubeziehen.

Es sollte deshalb in absehbarer Zeit — ab 1963 vielleicht — für bestimmte Planebenen verbindlich gefordert werden, gewisse Planvarianten auch gegenüber der Plankommission mit dem jeweiligen Problem adäquaten mathematischen Methoden — soweit solche Verfahren bereits vorliegen — zu ermitteln und gegenüber anderen möglichen Varianten als wirtschaftlich zu begründen.

Zum zweiten gebe ich zu bedenken, ob nicht vielleicht die Forderungen von Partei und Regierung in der Deutschen Demokratischen Republik, auch die wissenschaftlichen Institute sollten nach der wirtschaftlichen Rechnungsführung verfahren, zu einseitig und eng aufgefaßt werden.

Wie Sie wissen, haben wir unter großen Schwierigkeiten und mit Zeitverlust gegenüber anderen Ländern in den Bezirken nunmehr maschinelle Rechenzentren geschaffen. Wir haben in Rostock beispielsweise einen ZRA 1, der vorläufig nur für begrenzte ökonomische Zwecke verwendbar ist, weil wir diese Technik selbst erst meistern müssen. Nun wird gefordert, dieses Rechenzentrum auf die Prinzipien der wirtschaftlichen Rechnungsführung umzustellen. Vom Standpunkt des Wirtschaftlers betrachtet, führt diese Forderung dazu, daß man sich für solche Rechenzentren nur solche Aufgaben aussucht, die eine möglichst lange Rechenzeit erfordern. Hierzu gehören nur ausnahmsweise, jedenfalls nicht unbedingt, solche Aufgaben, die einem wirtschaftswissenschaftlichen Forschungsproblem entspringen, das wir mit unserem jetzigen Stand der Kenntnisse und Methoden schon in Angriff nehmen können. Deshalb sollte man von einer vorschnellen generellen und ausnahmslosen Umstellung solcher Institute auf die wirtschaftliche Rechnungsführung Abstand nehmen, denn die Rechenzentren sollten es auch den Wirtschaftswissenschaftlern ermöglichen, sich mit deren Technik vertraut zu machen und an Ort und Stelle selbst deren Möglichkeiten für die wirtschaftswissenschaftliche Forschung zu studieren. Das erachten wir für unbedingt erforderlich.

Prof. Dr. FRIEDHART KLIX

Direktor des Instituts für Psychologie der Humboldt-Universität zu Berlin

ÜBER ZWECK UND ZIELSETZUNG DER KYBERNETISCHEN BEHANDLUNG PSYCHOLOGISCHER PROBLEME UND EINIGE AUFGABEN DIESER PSYCHOLOGISCHEN FORSCHUNGEN IN DER DEUTSCHEN DEMOKRATISCHEN REPUBLIK

Dem Charakter dieser Konferenz folgend, will ich hier von vornherein auf die Darstellung spezieller Fachprobleme und ihrer Behandlung mit den Mitteln der Kybernetik verzichten. Das war ja die Aufgabe unserer Vorkonferenz in Jena. Statt dessen soll versucht werden, die allgemeineren Zusammenhänge und einige Ursachen des allenthalben zu beobachtenden Zusammenfließens kybernetischer Denkmittel mit psychologischen Methoden zu begründen. Von daher soll schließlich der Zugang zu den hier interessierenden Fragen des ökonomischen Nutzeffekts derartiger Problemstellungen eröffnet werden.

Auf der Tagung über mathematische und physikalisch-technische Probleme der Kybernetik[1]) versuchte ich an speziellen Einzelproblemen aufzuzeigen, wie die mathematisch-kybernetische Behandlung psychologischer Probleme eine unterdessen stürmisch zu nennende Entwicklung meines Fachgebiets einzuleiten vermochte. Heute soll einleitend und unter Verzicht auf Spezialprobleme dargelegt werden, wodurch diese Verflechtung beider Disziplinen im Kern bedingt ist und wo ihre produktive Wirkung im Fachgebiet der Psychologie eigentlich herkommt. Es wäre, genau genommen, eine ganze Reihe von Quellen zu nennen. Ich will mich hier auf zwei wesentliche beschränken.

1. Die erste folgt zwangsläufig aus der bisherigen problemgeschichtlichen Entwicklung des Fachs. Es war so, daß die großen Fortschritte der experimentellen Psychologie, wie sie um die Mitte und den Ausgang des vorigen Jahrhunderts einsetzten (sie ist mit Namen wie v. HELMHOLTZ, WEBER, FECHNER, EBBINGHAUS u. a. aufs engste verbunden), daß diese Fortschritte sehr stark durch eine methodisch wie auch mathematisch exakte Erfassung psychischer Zustände und Prozesse bedingt waren.

   Der um die Jahrhundertwende nachfolgende Einbruch der idealistischen Philosophie war auch deshalb so wirkungsvoll, weil die mechanisch-materialistisch eingestellten Experimentatoren der klassischen Periode der Psychophysik allen jenen Argumenten idealistischer Philosophiepsychologen gegenüber hilflos waren, die sich auf die sog. Spontaneität psychischen Geschehens

[1]) Vom 20. bis 23. März 1962 in Berlin-Adlershof. Tagungsbericht erschien als Band V der vom Vorstand der Forschungsgemeinschaft der Deutschen Akademie der Wissenschaften zu Berlin herausgegebenen Schriftenreihe „Über wissenschaftliche Grundlagen der modernen Technik". Akademie-Verlag, Berlin 1963, 558 S.

bezogen — gleichviel, ob es um die sog. Teleologie im Entwicklungsgeschehen, um autochthone Regulationen bei Wahrnehmungsphänomenen, um aktive Anpassungsleistungen im tierischen oder menschlichen Lernverhalten, um Fragen der zwischenmenschlichen Kommunikation, insbesondere der sprachlichen, oder um andere Phänomene ging. Wie man sieht, waren es zum großen Teil keine unvernünftigen Fragen. Aber derartige Fragestellungen waren eben zugleich auch Argumente gegen die damalige mechanisch-materialistische Position der Experimentalpsychologen. Allein schon das Stellen derartiger Fragen zeigt, daß eine mechanisch-materialistische Konzeption, der beispielsweise die Dialektik von Zufall und Notwendigkeit mit all ihren methodologischen und methodischen Konsequenzen verschlossen bleibt, keinen Zugang zu ihrer Beantwortung finden kann. Ich will dabei — wie gesagt — nicht ins Detail gehen. Statt dessen sei behauptet: Mit der Entwicklung einer allgemeinen Systemtheorie, anwendbar auf psychophysische Vorgänge, wie sie — um ein Beispiel zu nennen — im ersten Ansatz von W. R. Ashby (1960) entwickelt wurde, mit der weiteren Entwicklung der mathematischen Analyse organisierter Systeme und sich selbst organisierender Teilsysteme, mit weiteren Differenzierungen der Theorie endlicher Nervennetze (McCulloch, Pitts, Kleene), mit dem Übergriff der Informationstheorie auf den semantischen Bereich (Beckmann), kurzum: Mit den Fortschritten in wesentlichen Teilgebieten der Kybernetik erwächst heute der Psychologie die Basis für eine — und das ist das Entscheidende — experimentell verifizierbare, dialektisch-materialistische Grundlegung der bestehenden und zu bestimmenden Gesetzmäßigkeiten ihres Gegenstandsgebiets. Wenn man sich — um wenigstens ein Beispiel zu nennen — den dialektischen Charakter der sogenannten Stufenfunktion vor Augen hält und auf seine Anwendbarkeit zur Kennzeichnung *situationsabhängiger* psychophysischer Anpassungsleistungen durchdenkt, so erkennt man zwangsläufig die fundamentale Rolle dieses einen Modellaspekts für die Bedeutung jener Anpassungsleistungen, die mit der sprunghaften Veränderung laufender Parameterwerte als Bedingungen des Anpassungsverhaltens tierischer und menschlicher Organismen einhergeht. Erinnern wir uns an die eingangs genannten, damals auf die Zerstörung der materialistischen Grundansätze der Experimentalpsychologie hinauslaufenden Argumente, so zeigt sich am angedeuteten Beispiel, daß dieselben Fragen mit den Mitteln der Kybernetik exakt faßbar werden und gleichzeitig als Exerzierfeld idealistischer Spekulationen verlorengehen, weil sie einer dialektisch-materialistischen Grundlegung im Erklärungsansatz zugänglich werden. Das ist auch ein wesentlicher (wenngleich, wie noch deutlich wird, nicht der einzige) Grund dafür, daß sich inzwischen viele psychologische Institute in sozialistischen Ländern dieser Forschungsrichtung widmen. Daß das auch für führende Institute in kapitalistischen Ländern gilt, insbesondere in den USA, läßt sich ebenfalls von diesem Aspekt aus, wenn auch mit anderem Akzent, begründen. Es erweist sich nämlich auch rein von der Sache her als gefordert, daß z. B. erst eine komplexe Systemtheorie die bedingungsabhängige Analyse konkreter Verhaltensabläufe innerhalb des Phasenraums ihrer berechenbaren Möglichkeiten zuläßt. Ich habe an anderer Stelle im Detail begründet, daß erst die gleichzeitige Erfassung mehrdimensional aufgespannter Zustandsräume (etwa in Form von Koordinaten eines Vektorraums, wenn wir an die diskrete Verarbeitung und Zuordnung stetiger Merkmalsverteilungen denken oder an die mehrdimensionale Betrachtung stochastischer Prozesse, wenn von der Zufallsabhängigkeit der Verlaufseigenschaften psychischer Vorgänge die Rede ist) — d.h., daß erst die Erfassung mehrdimensional variabler Größen eine exakte Abbildung psychischer oder psychophysischer Prozesse ermöglicht. Diese zuletzt genannten Möglichkeiten sind es, die dazu führen, daß sich auch bedeutende psychologische Institute in kapitalistischen Ländern der hier zur Diskussion stehenden Thematik zuwenden. Und man muß sagen, daß auch sie große Leistungen erzielen, an denen wir nicht vorübergehen können. Ich erinnere nur an die großen Symposien in Santa Monica, an denen Mathematiker, Physiologen und Psychologen teilnahmen, sowie an das hervorragende Symposion über selbstorganisierende Systeme im vorigen Jahr in Illinois.

Ich habe in diesem einleitenden Absatz in aller Kürze zu begründen versucht, wie die problemgeschichtliche Entwicklung der Psychologie bei der Bewältigung ihrer Probleme zu jenen Mitteln hindrängt, die in der mathematischen Kybernetik vorbereitet sind und vorbereitet werden. Dabei lege ich auf die Behauptung Wert, daß damit gleichzeitig eine strenge dialektisch-materialistische Bezugsetzung dieser Art experimentalpsychologischer Forschung — über die noch ausführlicher gesprochen wird — möglich ist.

In diesen einleitenden Gedankengängen spielt aber auch noch ein anderer Akzent eine Rolle. Einige meiner Bemerkungen schlossen die Behauptung ein, daß die Anwendung kybernetischer Forschungsergebnisse die Lösung einiger wichtiger und bisher unlösbarer psychologischer Probleme überhaupt erst ermöglicht. Hier liegt der zweite Grund für die — international gesehen — zunehmende Verflechtung beider Disziplinen.

Ich möchte diese Behauptung nunmehr an Beispielen deutlich werden lassen.

2. Im Kern sollen die folgenden Beispiele Belege dafür sein, daß die Natur des Gegenstandsgebiets der Psychologie, d. h. speziell die Art der dort bestehenden Zusammenhänge und Verlaufseigenschaften von sich aus die kybernetische Behandlung ihrer Erscheinungsformen sowie die Durchdringung der bestehenden Bedingungszusammenhänge fordert. Ich will die Belege dafür vom fachspezifischen Standpunkt des Psychologen aus zu erbringen versuchen.

Die vergleichsweise einfach überschaubaren und relativ rasch exakt faßbaren Gesetzmäßigkeiten liegen in der Psychologie seit alters her an jenen Stellen, wo sich psychologische Probleme durch den koordinierten Zugriff psychologischer, physikalischer und physiologischer Methoden klären lassen. Ich erinnere an die Bestimmung von Zustands- oder Verlaufscharakteristika der myoelektrischen Aktivität, an die Festlegung des Aussagewerts psychogalvanischer Reaktionen, an Untersuchungen zur Bestimmung psychischer Faktoren im Ausprägungsgrade der Flimmerverschmelzungsfrequenz u. a. Diese Verfeinerung der experimentalpsychologischen Untersuchungsmethodik, entstanden aus Methoden verschiedener Wissenschaftsbereiche und angelegt zur Klärung hybrider Probleme, führte inzwischen durch Ausdehnung des klassischen psychologischen Gebiets der Wahrnehmungstheorie zu einer großen Zahl von Phänomenen, die sich in gegebene theoretische Vorstellungen nicht mehr einordnen lassen und damit auch in den Gesetzmäßigkeiten ihrer Erscheinungsformen mit herkömmlichen Mitteln nicht mehr zu bewältigen sind.

Wie solche Phänomene in diesen relativ elementaren Bereichen der Psychologie aussehen und wodurch sie theoretisch faßbar werden, möchte ich nunmehr an einigen Beispielen zeigen:

a) Verschiedene Sinnesorgane, denen entweder eine Menge diskreter Eingangsgrößen oder auch stetig variierbarer geboten wird, haben (vom wahrnehmungspsychologischen Standpunkt betrachtet) die Eigenschaft, diese Eingangs- oder Reizbedingungen in einen phänomenalen Endzustand, eben die Wahrnehmung, zu überführen. Offensichtlich ermöglicht die exakte Erfassung der Eingangs- wie der phänomenalen Endgrößen die Bestimmung einer (oder mehrerer) Transformationsgleichungen, durch die die Eingangsgrößen in die Erscheinungsweisen ihrer wahrnehmbaren Endzustände überführt werden. Dabei sind die experimentell ableitbaren Transformationsgleichungen offensichtlich geeignet, Funktionsprinzipien der affizierten Analysatormechanismen sichtbar werden zu lassen. Neuere Untersuchungen ergaben, daß dabei mindestens zwei Gruppen von Transformationsgesetzen unterschieden werden müssen. Für eine sei ein Beispiel genannt:

   Einige Probleme der Lageorientierung des Menschen im Schwerefeld der Erde werfen jene Phänomene auf, bei denen eine (mittelbare) Reizung des Ganglion vestibulare die *gesehene* Koordinatenlage beeinflußt. Erste Einsichten in die bestehenden Mechanismen lassen sich dadurch gewinnen, daß man die Ohr-Ebene von niederfrequentem Wechselstrom durchfließen läßt, die periodischen Koordinatendrehungen des Sehfelds verfolgt und messend bestimmt. Zur genauen Festlegung des *Übergangs* der periodischen Reizfolge am Vestibularapparat in den der *gesehenen* Koordinatenlage bedarf man der linearen und mit verfeinerter Methodik gewiß auch der nichtlinearen Frequenzanalyse.

b) Mit dem zweiten Beispiel möchte ich an das eben Gesagte anknüpfen.

   Wir haben soeben einen Fall kennengelernt, wo die Transformationsleistung eines Sinnesbereichs von Zustandsgrößen an den Rezeptoren einer anderen Sinnesmodalität abhängt. Genauer besehen liegt hier der Fall einer zeitweiligen und situationsabhängigen Koppelung von Teilsystemen vor. Ich will das abermals an einem Beispiel belegen. Bekanntlich sind die Lageverhältnisse der Gegenstände auf der Erdoberfläche dem optischen System über eine projektive Abbildung als Reiztopographie zugänglich. Bei gleichverteilten Körperlagen entsteht als projektive Reiztopographie der sogenannte GIBSONsche Dichtegradient, der reizstatistisch exakt charakterisierbar ist. Er enthält für das optische System ein verläßliches Signalelement für das Oben und Unten, spielt also im visuellen Bereich

u. a. die Rolle des Vermittlers der Koordinatenlage, die auch bei subjektiven Lageänderungen stabil bleibt. Wird nun die visuell zugängliche Reizverteilung so stark reduziert, daß die Koordinatenlage dem optischen System nicht mehr eindeutig zugänglich ist, so übernimmt situationsabhängig das vestibulare System die Führung bei der Lageorientierung, und zwar derart, daß die Reizverteilung an den Maculae staticae in den phänomenal-optischen Bereich transformiert wird. Physiologische Untersuchungen v. Holsts beweisen, daß wir es hier mit einer bedingungsabhängigen Koppelung von Teilsystemen zu tun haben, die in vergleichbarer Form in der ganzen Wirbeltierreihe auftritt und die in Transformationsleistungen zumindest näherungsweise faßbar wird. Was es mit der theoretischen Behandlung dieser Problemlage im Rahmen der Kybernetik auf sich hat, das soll in einer gesonderten Publikation behandelt werden.

Die genannten Beispiele sind wahrnehmungspsychologischen bzw. psychophysiologischen Untersuchungen entnommen, zeigen die Richtung der hier stattfindenden Entwicklung und Erweiterung an und lassen doch noch ein wesentliches Kriterium dieser Entwicklungstendenz unberührt. Bisher war lediglich von Wahrnehmungsvorgängen als sensorischen Leistungen die Rede. Tatsächlich aber handelt es sich in jedem der genannten Fälle um eine sensomotorische Leistung mit Rückmeldungscharakter, ihrer Natur nach also um die vieldiskutierten Kreisprozesse mit Informationsübertragung. Ich will hier darauf verzichten zu begründen, daß die soeben beschriebenen funktionellen Leistungen in jedem Falle der Informationsübertragung und der Zuordnung bedürfen. Statt dessen sei, von diesem bereits in Wahrnehmungsleistungen auffindbaren Prinzip ausgehend, der Weg der Beispiele in den komplexeren Bereich psychologischer Aufgabenstellung gegangen.

c) Ohne die später noch deutlich werdende praktische Bedeutung der Thematik vorwegnehmen zu wollen, möchte ich mit dem folgenden Beispiel ein Phänomen beschreiben, das uns die Annäherung an die Analyse von Kreisprozessen mit Rückmeldungscharakter im psychologischen Bereich vor Augen führt. Es ist unterdessen hinreichend belegt, daß die zeitabhängig-frequenzgerechte Bildung der Lautsprache vom Hören der gesprochenen Worte abhängt. Sie werden u. a. über das Ohr zurückgemeldet und beim Erlernen der Lautsprache durch diese Rückmeldung so lange korrigiert, bis die selbst gebildete Lautfolge von der anderweitig gehörten und gedächtnismäßig fixierten so wenig abweicht, daß eine Bedeutungszuordnung beim Kommunikationspartner eindeutig möglich ist. Lee stellte fest, daß die Bildung einer geordneten Lautfolge von zeitlichen Verhältnissen bei der akustischen Rückmeldung abhängt. Wird diese Zeit verzögert (in einer gewissen Abweichung gegenüber anderen Untersuchungsberichten fanden wir etwa 250^{σ} als optimal), dann treten Sprachstörungen aphatischen Charakters (Stottern, Poltern, Artikulationsverflachungen, Lautstärkeveränderungen — Lombard-Effekt —) *und* eine Dezimierung in abstrakten Denkleistungen auf. Was nun die Sprachstörungen anlangt, so zeigen unsere Untersuchungen[2]), daß keineswegs alle Textelemente gleichermaßen störanfällig sind. Nach vorläufigen Ergebnissen bleiben jene resistent, die durch einen hohen Mitteilungswert ausgezeichnet sind, der wiederum korrelativ mit Merkmalen verknüpft ist, die sich durch Eigenschaften der metrischen Information charakterisieren lassen. Darin zeigt sich zunächst, daß die Stabilität einer bedeutungsmäßigen Identifizierung von Textelementen bei der lautsprachlichen Kommunikation von metrisch charakterisierbaren Eigenschaften abhängt. Bei ganz anderen Versuchen gedächtnispsychologischer Art fanden wir folgendes: Führt man an einem sinnvollen sprachlichen Text den SHANNONschen Rateversuch durch und stellt danach ein Entropieprofil dieses Textes auf, so gehen zunächst sämtliche semantischen Eigenschaften dieses Textes verloren. Was übrig bleibt, sind die verschiedenen Determinationsgrade von Textelementen untereinander, die durch unterschiedliche bedingte Wahrscheinlichkeiten ausgezeichnet sind. Nun zeigt sich, daß u. a. gerade jene Textelemente am schwächsten vergessen werden, die schwach determiniert sind und die folglich durch hohe Beträge an (metrischer) Information ausgezeichnet sind. Vom semantischen Aspekt her sind das wiederum jene Textteile, die den Mitteilungswert des Textinhalts konstituieren. Damit zeichnen sich Gemeinsamkeiten unter sehr verschiedenen Versuchsbedingungen ab: Verzerrungen der Informationsübertragung bei der sprachlichen Mitteilung und Vergessensvorgänge gruppieren sich im wesentlichen um gleichartige Texteinheiten, deren semantische Eigenschaften mit Hilfe der metrischen Information über das Korrelationsmaß fixiert werden können. Wir werden in einiger Zeit darangehen zu prüfen, ob die Sprachverständigung durch rauschende Medien eine ähnliche Stabilitätsverteilung bei der Bedeutungsidentifizierung erkennen läßt. Dabei geht es zunächst darum, jene Unterschiedsschwelle im Signal-Rauschverhältnis festzulegen, bei der ein gut Teil des Textes verlorengeht. Wir erwarten, daß dann eine simultane Beobachtung des Sprechers die Identifizierungsschwelle senkt. Durch eine Zeitverzögerung des gesehenen Sprechvorgangs gegenüber dem Gehörten erwarten wir Einblicke in die Zeitverhältnisse bei der optimalen Koordination beider Rezeptorsysteme und der zugehörigen Analysatormechanismen. Ein letztes Beispiel sei noch angeführt:

d) ANATOL RAPOPORT hat unlängst eine Untersuchung vorgelegt, die der Bestimmung von Parametern in sich selbst organisierenden 3-Personen-Gruppen gewidmet ist. Die Untersuchungsbefunde sollen hier nicht referiert werden. Nur ihr Kern sei erwähnt, damit der für uns wesentliche Akzent hervorgehoben werden kann. Gegeben ist ein Problem, dessen Lösung durch einen Informationsgewinn von, sagen wir, 9,5 bit möglich ist. Drei Personen sind beteiligt. Die Frage lautet: Wie muß die Kooperation, sprich, der gegenseitige Informationsaustausch, aussehen, damit jedes Gruppenmitglied nur ein Drittel des Aufgabevolumens zu behalten braucht

[2]) Sie werden demnächst in der Zeitschrift für Psychologie veröffentlicht.

und das Problem somit optimal, und zwar bei Unentbehrlichkeit jedes Kommunikationspartners, lösbar wird. Wir befinden uns mit der Problemwahl dieses Themas im Anwendungsbereich der Informationstheorie auf Fragen der sozialen Organisation und Kommunikation, die einer strengen Darstellung bislang völlig unzugänglich schienen. Interessanterweise überträgt RAPOPORT dieses Problem auf mögliche Formen des Informationsaustauschs bei Drei-Personen-Nicht-Nullsummenspielen. Dabei hängen die Gewinnchancen vom Grade der Kooperation bei der Wahl einer Strategie ab. Auch hier zeigte sich, daß der Organisationsgrad einer kleinen Gruppe bezüglich eines gegebenen Problems metrisch charakterisierbar wird.

Diese Beispiele sollten Belege sein. Belege dafür, wie sich Teilgebiete der Kybernetik in aktuellen psychologischen Problemen niederschlagen und deren adäquate Behandlung wie exakte Darstellung überhaupt erst ermöglichen. Betrachten wir die hier genannten vier Beispiele, so zeigt sich, daß ihre Auswahl so getroffen wurde, daß jedes Thema zu seiner Behandlung wenigstens eines Teilgebiets der Kybernetik bedarf. Bei genauerer Betrachtung ist unschwer zu erkennen, daß sowohl die lineare als auch die nichtlineare Frequenzanalyse, die Theorie der Nervennetze und die Regelkreisanalyse, die Informationsübertragung, -verarbeitung und -zuordnung sowie Elemente der Spieltheorie jeweils im Gegenstandsgebiet der Psychologie zur Geltung kommen. Dabei ist die Analyse des Organisationsgrads und der Selbstorganisation von Teilsystemen als eines Aspekts, der mehrere Teildisziplinen umfaßt, nicht gesondert berücksichtigt worden. Es versteht sich von selbst, daß die vollständige Behandlung dieser Themen nicht mehr allein Psychologen obliegen kann, sondern daß es dazu der Untersuchungsmethoden eines versierten wie fachkundigen Technikers bedarf und daß der Mathematiker eine unentbehrliche Komponente des Arbeitskollektivs ist.

Der erste Teil meiner Ausführungen hatte einen doppelten Zweck. Zunächst und vor allem wurde gezeigt, wie aus problemgeschichtlicher Sicht und vom Standpunkt des dialektischen Materialismus der mittlerweile entstandene und nicht mehr lösbare Zusammenhang zwischen Psychologie und Kybernetik begründbar ist. Sodann sollte an Beispielen belegt werden, wie sich alte psychologische Probleme mit dieser Disziplin verflochten haben, und schließlich, wie dadurch neue, hybride Probleme sichtbar werden, die erst durch diese Verschmelzung einer Lösung nähergebracht werden können.

Einige psychologische Forschungsprobleme im Hinblick auf ihre aktuelle oder künftige praktische Wertigkeit

Ich will diesen Teil meiner Darstellung, der ja zugleich einige Perspektiven der psychologischen Forschungsarbeit in der Deutschen Demokratischen Republik aufzeigen soll, der besseren Übersicht wegen in einige Teilgebiete zerlegen.

Zunächst und

1. soll von Problemstellungen ausgegangen werden, die mit Fragen der technischen Kybernetik verbunden sind und zu deren Behandlung die in der Kyber-

netik gegebenen Mittel und Methoden unerläßlich werden. Ich will — falls nicht besonders erwähnt — ausschließlich Themen aus dem Forschungsprogramm des Instituts für Psychologie der Humboldt-Universität zu Berlin wählen. Als erstes gehören dazu

a) *Untersuchungen über den optimalen Aufbau von Bedienungssystemen an Produktionsinstrumenten.*

Zur Klärung einiger Fragen dieses Problems sind zunächst rein psychologische Untersuchungen über die bedingungsabhängige sensorische Informationsverarbeitung einschließlich der zugehörigen optimalen sensomotorischen Koordination beim Bedienungsvorgang erforderlich. Bei derartigen Untersuchungen kommt es vor allem darauf an, daß ein situationsspezifisch zu definierender Grenzwert im Signalangebot pro Zeiteinheit nicht überschritten werden darf, der Wert selbst aber zugunsten einer Minimalisierung der Arbeitskräftekosten möglichst hoch zu halten ist. Darin liegt eine wesentliche Voraussetzung für die Herabsetzung der Bedienungszeit, vor allem aber für die Minimalisierung von Bedienungsfehlern. Bei geeigneter Methodenwahl sind die Resultate derartiger Untersuchungen relativ unabhängig vom Anwendungsbereich der jeweiligen Bedienungsanlage. Übrigens lassen sich derartige Resultate auch methodisch verhältnismäßig einfach gewinnen. Worin die wesentlichen und allein experimentell zu beantwortenden Aufgabenstellungen liegen, sei nunmehr angedeutet. Zunächst ist festgestellt worden, daß die Reaktionszeit oder — wenn man will — die sensomotorische Datenverarbeitung vom Informationsangebot in bit/sek. linear abhängt (vgl. SCHMIDTKE, 1960). Auf den ersten Blick scheint damit der gefragte Sachverhalt geklärt. Jedoch: Diese Linearität der Reaktionszeiten gilt für unabhängige Signalgebung mit gleichen relativen Häufigkeiten in der Verteilung des Signalangebots. Das aber sind Grenzbedingungen. Und zwar sowohl in theoretischer (ich erinnere an die Theorie der Kodierung[3]) als auch vor allem in praktischer Hinsicht. Denn in der industriellen Praxis, an einem beliebigen Steuerpult, kann fast immer als gegeben vorausgesetzt werden, daß Teilmengen möglicher Signale weder gleichwahrscheinlich noch vollkommen unabhängig voneinander auftreten. Und hierin besteht ein wesentliches Problem bei der Optimierung des Signalangebots für die sensorische Informationsverarbeitung. Seine Behandlung ist mit der Aufgabe identisch, das für die jeweils gegebene Gruppenbildung im Signalangebot und das für die zu erwartenden relativen Häufigkeiten eintreffender Signalketten beste Verhältnis für die optimale Nutzung der menschlichen Verarbeitungsschemata zu finden. Den unmittelbaren praktischen Bezug habe ich bereits angedeutet. Mir scheint jedoch, daß die Anwendungsseite dieser Frage noch eine tieferliegende Aufgabenstellung be-

[3]) Man denke an den Fundamentalsatz der Theorie der Kodierung. Er besagt bekanntlich, daß die mittlere Länge der Kettchen des Kodierungsalphabets höchstens gleich sein kann (praktisch aber stets größer ist) der Entropie der Signalquelle, bezogen auf den Logarithmus der Elemente des Kodierungsalphabets.

inhaltet. Ich meine die allenthalben aktuellen Probleme einer vollautomatisierten Verarbeitung der Signalgebung. Aus Untersuchungen an menschlichen Behaltens- und Gedächtnisleistungen ist in jüngster Zeit einiges (wenn auch noch viel zuwenig) darüber bekannt geworden, auf welche Weise die Verarbeitungs- und Zuordnungsregeln bei *semantisch* geordneten Textangeboten vor sich gehen. Ich habe die Beziehung zum mathematisch formulierten Filterprinzip des ideal-observer im Sinne Feinsteins an anderer Stelle begründet. Mir scheint, daß sowohl die statische als auch die Verlaufsanalyse menschlicher Behaltensvorgänge für den Aufbau von Zuordnungs-, Speicher- und Abrufmechanismen belangvoll wird, sobald man unterstellt, daß ein über viele Millionen Jahre wirksamer Selektionsdruck Funktionsprinzipien ausgefiltert hat, die im Hinblick auf *vergleichbare* technische Anforderungen als optimale Lösung angesehen werden können.

b) Gleichsam im Vorübergehen möchte ich jetzt auf ein Problem verweisen, das in unmittelbar aktuelle Aufgabenstellungen der technischen Kybernetik eingreift. Es ist ein Teilgebiet des umfassenden Komplexes der sprachlichen Kommunikation. In unserer vorbereitenden Konferenz ist diese Frage weit detaillierter behandelt worden, als ich das jetzt tun kann. Ich will mich hier auf eine kleine Teilfrage beschränken. Wie wir wissen, spielt die Analyse des Vorgangs der Bedeutungszuordnung sprachlicher Lautgruppen in vielen Bereichen der technischen Anwendungsgebiete der Kybernetik eine Rolle. Nehmen wir einen konkreten Fall: Offensichtlich ist die Konstruktion technischer Systeme, deren Funktionsweise durch lautsprachliche Kommandos oder Anweisungen gesteuert wird, auch deshalb so schwierig, weil die aus menschlichen Lautbildungen aussonderbaren Signalfunktionen starke nichtlineare Verzerrungen bei semantischer Äquivalenz der Mitteilungen aufweisen können. Auf der Mathematikertagung[4]) habe ich dargestellt, von welcher methodischen Basis — verbunden mit den Darstellungsmitteln der Informationstheorie — Einblicke in die Minimalbedingungen eines zeitabhängigen Frequenzspektrums für die Bedeutungszuordnung beim Menschen oder für einige analoge Mechanismen erhofft werden können. Natürlich ist das nur ein kleiner Teilaspekt im Rahmen der notwendigen Ansätze und Methoden zur Lösung des Problems einer automatisierten Zuordnung von Lautfolge und Mitteilungswert. Und selbst dieser kleine Ausschnitt, der zugleich dem Gegenstandsbereich der Psychologie zugehört, kann ohne enge Zusammenarbeit mit Mathematikern und Technikern keiner Lösung nähergebracht werden.

Ich möchte damit die Beispiele des unmittelbaren Bezugs zwischen psychologischem Problem und technisch-kybernetischen Aufgabenstellungen abbrechen.

2. Einer nächsten Gruppe von Themen, die uns gegenwärtig beschäftigt, fehlt zwar dieser unmittelbare Bezug zur industriellen Praxis; ich halte sie aber für nicht weniger aktuell, weil ihr Bezug zu Grundlagenproblemen der Kybernetik

[4]) Vgl. Fußnote 1).

keineswegs ohne Perspektive sein dürfte. Zudem ist ihre Behandlung geeignet, die theoretischen Fundamente der Psychologie zu verändern. Ich meine die mit den Begriffen Denken und Lernen hinweisend bezeichneten Sachverhalte. Zunächst seien im Hinblick auf die Thematik dieser Konferenz der Charakter und der Problemgehalt derartiger Untersuchungen kurz erläutert.

a) *Über die Einbeziehung kybernetischer Methoden in denkpsychologische Untersuchungen.*

Gegenwärtig findet man allenthalben Hinweise darauf, daß die Untersuchungen menschlicher Denkvorgänge zunehmendes Interesse von seiten der Kybernetiker finden. J. A. Berg bezeichnete sogar die Untersuchung von Denkprozessen als eine der zwei Hauptaufgaben der kybernetischen Forschung in der UdSSR. Ich möchte hier belegen, auf welche Weise denkpsychologische Untersuchungsmethoden in die Behandlung dieses theoretisch wie praktisch eminent wichtigen Aufgabengebiets einzugreifen vermögen. Allerdings bedarf es dazu einer Neuorientierung der denkpsychologischen Untersuchungsmethoden. Sie wird sich sowohl in einer neuen Art der Fragestellung als auch in einer veränderten Formulierung von Arbeitshypothesen niederschlagen; denn davon hängen ja die experimentellen Untersuchungsergebnisse in hohem Grade ab. Zur Verdeutlichung der Sachlage muß eine Vorbemerkung eingeflochten werden: Wie sieht das methodische Vorgehen in der herkömmlichen Denkpsychologie aus?

Etwa so: vorgegeben ist irgendeine Anforderung, eine Art Denksportaufgabe, ein formal oder eingekleidet formuliertes mathematisches Problem, eine mechanische oder sonstwie lösbare Konstruktionsaufgabe. Die Versuchspersonen sind zur Lösung aufgefordert, und es wird dann anhand eines Rasters, etwa einer Anzahl von Kriterien, die in Vorversuchen standardisiert wurden, die Art der Lösungsfindung im wesentlichen qualitativ festgehalten. So können der individuelle Denkstil hinsichtlich der Problemanpassungen, die Art der Nutzung von Gedächtnisbesitz, die Verwendungsformen vorgegebener Hilfsmittel u. a. individuell oder populationsmäßig festgehalten werden. Auf diese gewiß sehr grob angedeutete Weise ist eine unübersehbare Fülle von Faktenmaterial gesammelt worden. Es liegt mir fern, bestreiten zu wollen, daß damit wichtige Einsichten in Einzeldaten gewonnen wurden. Und doch wage ich zu behaupten, daß diese Art denkpsychologischer Untersuchungen letztlich nicht weiterführt, als sie geführt hat. Ich will belegen, inwiefern die Nutzung einer Teildisziplin der Kybernetik auch der Denkpsychologie neue Perspektiven eröffnet, die in Grundlagen- wie in Anwendungsbereiche eingreifen.

Zunächst ein paar Worte zum Ansatz im Grundlagenbereich. Offenbar ist es doch möglich, bei einer großen Zahl von Denkanforderungen anstelle der inhaltlichen Benennung einer Problemlage deren logische Struktur zu bezeichnen und jene Operationen und bedingungsabhängigen Operationenfolgen festzulegen, durch die die Aufgabenstellung in den Endzustand der Lösung transformiert wird. Bei geeigneter Methodenwahl ist es ebenso möglich, die jeweils individuellen Lösungsverfahren auf gleiche Weise zu beschreiben. Was man danach bei einer geeigneten Gruppe von Versuchspersonen erhält, das sind zunächst beschreibende Algorithmen. Damit ist vorerst nur die Sprechweise verändert. Aber — und nun ist von der theoretischen wie praktischen Produktivität des veränderten Ansatzes die Rede —, sobald man dazu übergeht, den Verlauf einer Folge von Denkoperationen in Form eines beschreibenden Algorithmus festzulegen, erhält man

1. potentiell objektivierbare Kriterien für die Güte des Denkverlaufs; denn diese Frage reduziert sich dann auf die Bewertung des Algorithmus,
2. eine potentiell objektivierbare Charakteristik über den Verwandtschaftsgrad unabhängiger Denkverläufe und
3. eine objektivierbare Kennzeichnung inhaltlich verschiedener, aber in ihrer formalen Struktur äquivalenter Anforderungen. Dazu gehören möglicherweise alle jene Denkanforderungen und Denkverläufe, die aus der identischen Umformung eines beschreibenden Algorithmus resultieren.

Aus diesen bislang für die Denkpsychologie nicht erreichbaren Zielsetzungen folgen auch wesentliche praktische Konsequenzen. Soweit ich sehe, liegen sie hauptsächlich in zwei Ebenen:

1. Wenn Teile oder Komponenten menschlicher Lösungsfindungen in Form eines Algorithmus beschreibbar werden, dann sind die strukturellen Eigenschaften dieses Vorgangs auch automatisierbar. Ich erinnere in diesem Zusammenhang an die allenthalben bekannte Untersuchung von NEWELL, SHAW und SIMON, die einige Merkmale der Lösungsfindungen von College-Studenten untersuchten, um gewisse Lösungsprinzipien nachher programmieren zu können, wobei sich die algorithmische Äquivalenz zwischen trigonometrischen Aufgaben und einem logischen Problem zeigte. Dabei ergab schließlich die technische Realisierung der den Denkleistungen nachgeahmten Lösungsmechanismen eine überraschende Leistungshöhe, die einigen Eigenschaften der Abstraktion sehr nahe verwandt ist. Jedenfalls wurden Leistungseffekte realisierbar, die bis dahin allein dem menschlichen Denken vorbehalten zu sein schienen. Ich darf dazu noch ein Beispiel aus unseren gegenwärtigen Untersuchungen anführen. Wir haben zunächst eine bekannte Aufgabenstellung aus denkpsychologischen Untersuchungen ausgewählt. Sie ist dafür bekannt, daß sie produktives Denken erfordert. Es wurde ferner — und dafür gibt es meines Wissens in der Denkpsychologie noch keine Vorbilder — ein logisches Schema aufgestellt, das die optimale Strategie des Denkablaufs zur Lösung dieses Problems beschreibt.[5]) Dabei läßt sich — das war uns sehr wichtig — der Schwierigkeitsgrad der Denkanforderung beliebig steigern, wobei die algorithmische Struktur des Schemas selbst invariant bleibt. Uns interessieren jetzt die Verlaufscharakteristika jener individuellen Denkprozesse, die zur Entdeckung dieses Algorithmus hinführen und die eine gleichwertige logische

[5]) Die erste Publikation darüber ist in der Zeitschrift für Psychologie, **168** (1963) H. 1/2 erschienen.

Struktur besitzen, ebenso wie jene nunmehr genau faßbaren Bedingungen, die die Fehlleistungen in den Lösungsfindungen verursachen. Wir werden uns gemeinsam mit Mathematikern darum bemühen, mögliche Formen der identischen Umformung dieses Algorithmus zu finden. Sie können dann in inhaltlich jeweils verschiedenen konkreten Denkanforderungen realisiert und bezüglich der strukturell äquivalenten Denkprozesse untersucht werden. Eine Orientierung denkpsychologischer Untersuchungen in dieser Richtung scheint selbst dann, wenn die technische Imitation das Mögliche überschreitet, für Grundlagenprobleme der Kybernetik nicht ohne Belang zu sein, zumal ja eines der Hauptthemen der Kybernetik die algorithmische Beschreibung des Funktionsablaufs von Steuerungssystemen ist.

2. Die Ebene der praktischen Ausstrahlung derartiger Untersuchungen trifft den pädagogischen und speziell den Sektor der Unterrichtsmethodik. Wir wissen alle, daß die physische Belastbarkeit der Kinder altersabhängig begrenzt ist. Aber ist im Rahmen dieser Grenzen die Unterrichtsdidaktik so ökonomisch, daß eine Erhöhung des Lerneffekts nur noch durch Beseitigung von Störbedingungen erreicht werden kann? Ich behaupte: bei weitem nicht! Jedoch: Die Erhöhung des unterrichtlichen Nutzeffekts kann nicht durch eine Erhöhung der Stundenzahl erzielt werden, sondern allein durch eine Rationalisierung der Didaktik. Aber wie?

   Wir wissen um die Untersuchung von Landa. Das ist *ein* Weg. Vom Ansatz der erwähnten denkpsychologischen Untersuchungen her sehe ich noch einen zweiten Zugang zum gleichen Ziel und Nutzen. Wenn es möglich ist, Gruppen von Denkverläufen algorithmisch zu beschreiben (und es besteht kein Grund, daran zu zweifeln), dann kann man ebenso zu einer altersspezifischen Kennzeichnung jener Operationen und zu — zeitlich und in den logischen Bedingungen begrenzten — Operationsfolgen gelangen, die der statistischen Erwartung im Rahmen einer Altersklasse entsprechen. Dann aber ist es auch möglich, verschiedene Gruppen unterrichtlicher Denkanforderungen hinsichtlich ihrer abstrakten Forderungshöhe so zu dosieren, daß das tatsächliche Leistungsvermögen so weit ausgeschöpft wird, daß bei einer Minimalisierung der inhaltlichen Fülle des Stoffangebots (oder des Lexikonwissens) die Denkleistungen selbst geschult werden und in den Vordergrund treten. Gleichzeitig wird die Nähe des Ähnlichkeitsgrads von Denkanforderungen, etwa in den naturwissenschaftlichen Disziplinen, kalkulierbar; und zwar dann, wenn nachgewiesen werden kann, wo eine gleichwertige Höhe der Denkanforderungen mit der identischen Umformbarkeit des beschreibenden Algorithmus einhergeht. Welcher Grad einer nunmehr begründbaren, inhaltlich-stofflichen Entlastung des Lehrplans unserer Schule damit verbunden ist, läßt sich vorerst schwer abschätzen. Aber daß er sich abzeichnet, kann schwerlich bezweifelt werden.

b) Den intensivsten Berührungspunkt zwischen kybernetischer und psychologischer Forschungsarbeit will ich zum Schluß berühren. Seine Bedeutung spricht durch den Inhalt mehrerer großer Symposien der letzten Jahre für sich. Ich meine die mit der Psychologie des Lernens und mit einer allgemeinen Lerntheorie verbundenen Fragen. Auf unserer Vorkonferenz und auf dem Adlershofer Symposion habe ich darüber ausführlich gesprochen. Im Rahmen der Zielsetzung unserer jetzigen Konferenz soll mehr vom Methodologischen als vom Methodischen die Rede sein.

Angesichts dieser Thematik stehen wir der Tatsache gegenüber, daß hier der Weg von der Kybernetik, und zwar insbesondere von der technischen Kybernetik, zu Fragen einer allgemeinen wie vergleichenden Lernpsychologie gesucht wurde. Das lag einfach daran, daß Systeme konstruiert werden mußten, die — wenn man so will — Erfahrungen zu verwerten haben, um zur erforderlichen Leistungshöhe zu gelangen. Der Bogen spannt sich von der ersten Imitation bedingter Reflexe über das selbstprogrammierende System von Kilburn, Grimsdale und Summer bis zur Umstimmung in der Klassenzuordnung von nichtdigitalen Eingangsbedingungen in der verallgemeinerten Steinbuchschen Lernmatrix. Ich habe beschrieben, daß die Parallelität der oft sogar zufällig erzeugten Effekte mit tierischen oder menschlichen Symptomen von Lernvorgängen sehr weit gehen kann. Als eines der Beispiele dieser Art können — wie an anderer Stelle belegt wurde — die sogenannten Plateau-Bildungen beim Versuch-Irrtum-Lernen gelten. Doch all das sei jetzt nicht näher erläutert. Stattdessen möchte ich begründen, woraus sich die Verbindung aktueller Fragen der Lernpsychologie mit Grundlagen- sowie Anwendungsaufgaben der Kybernetik ergibt. Es sei von einigen methodologischen Grundlagen ausgegangen und von daher die Brücke zu Anwendungsbereichen geschlagen.

Es ist einleuchtend, daß es nicht die wesentliche Aufgabe lernpsychologischer Untersuchungen sein kann, abzuwarten, bis lerntheoretisch interessante kybernetische Modelle entwickelt werden, um dann zu prüfen, welche Leistungsaspekte organisch bedingten Lernverhaltens dadurch bzw. damit imitiert werden. Dabei sei nicht in Abrede gestellt, daß diese Sichtweise bisweilen den Vorteil bietet, relativ einfache Bedingungszusammenhänge anorganischer Systeme in organischen dadurch wiederzufinden, daß die unübersehbare Fülle auftretender Variabilitäten oftmals erst den Blick dafür öffnet, daß es sich auch im Organischen um Variationen eines Themas handelt.

Um den Anschluß an den internationalen Stand lernpsychologischer Untersuchungen zu gewinnen, sollte nach meiner Auffassung in folgenden Stufen, die wir nacheinander aufbauen wollen, vorgegangen werden:

1. Die methodische Anlage muß in jedem Fall von der genauen Verlaufsanalyse des Lernvorgangs ausgehen. Dabei sind die Zeitverhältnisse in den Lernphasen und die verlaufscharakteristischen Übergänge mit den darin enthaltenen Selbstkorrekturen des Leistungsverhaltens bedingungsabhängig festzuhalten. Entsprechende Registriergeräte haben wir entwickelt (vgl. „Probleme und Ergebnisse der Psychologie“, Bd. VI) bzw. werden wir entwickeln (vgl. Zeitschrift für Psychologie **169**, H. 1/2).

2. Beim ersten Schritt der theoretischen Bewältigung ist vor allem auf eine gegenstandsgemäße Charakterisierung und *Systematik* der Lernprozesse Gewicht zu legen. Es kann inzwischen als sehr wahrscheinlich gelten, daß wenigstens vier bedingungs- und verlaufsmäßig heterogene Gruppen von Lernprozessen unterschieden werden müssen, nämlich die Prägung, der bedingte Reflex, das Versuch-Irrtum-Lernen und das einsichtige Erfassen. In Publikationen über lernende Automaten haben sich mittlerweile weitgehende Verständigungsschwierigkeiten ergeben, weil von jeweils verschiedenen Vorgängen als von einem gegebenen Lernvorgang die Rede ist (ich erinnere an die Karlsruher Tagung über lernende Automaten). Auch in dieser Hinsicht ist es notwendig, daß lernpsychologische Untersuchungen möglichst rasch zu einer verläßlichen Kennzeichnung von Bedingungs- und Verlaufskriterien unterschiedlicher Lernprozesse beitragen. Wir haben in dieser Richtung eine Arbeitshypothese entwickelt, deren Prüfung zu entscheidbaren Aussagen führen müßte.

3. Von diesen Grundlagen, die allemal in Experimenten liegen, muß der nächste Schritt zu einer vollständigen und *geschlossenen* Darstellung der gefundenen Abhängigkeiten und Verlaufscharakteristika führen. Da es sich aber in jedem Falle und in jeder Phase um mehrdimensional variierende Merkmalsverteilungen handelt, für deren zeitabhängige Veränderungen Übergangswahrscheinlichkeiten definierbar sind, liegt zunächst in der statistischen Darstellung des Vorgangs bzw. in der Kennzeichnung von zeit- und bedingungsabhängigen Zuständen die einzige Möglichkeit, zu einer annähernd isomorphen Abbildung des Geschehens im Gegenstandsbereich zu gelangen. Eine derartige mathematische Darstellung hat zwei weiterführende Aufgaben: Die erste besteht in der bündigen Formulierung von auftretenden Gesetzmäßigkeiten in den Beziehungen und Verlaufseigenschaften des untersuchten Prozesses selbst. Ich habe an anderer Stelle darauf hingewiesen, daß die Theorie stochastischer Prozesse eine dem Gegenstand unmittelbar gemäße Darstellungsform einschließen dürfte.

   Die zweite Aufgabe dieser Wahl der Begriffs- und Modellbildung in der Lernpsychologie besteht darin, die für den Verlauf charakteristischen Parameter zu identifizieren, genauer: Abermals jene Operatoren und Operationenfolgen zu bestimmen, die geeignet sind, den formal charakterisierten Ausgangszustand vor der Lernsituation in den Endzustand der veränderten Leistungsfähigkeit zu transformieren. Um ein Beispiel als Grundmodell des Gemeinten heranzuziehen, sei an LJAPUNOWS algorithmische Darstellung der Bildung und Hemmung eines bedingten Reflexes erinnert. Und in dieser Variante der verallgemeinerten Darstellung lernpsychologischer Versuchsresultate liegt der unmittelbare Bezug zum Gegenstand und zum Aufgabengebiet der Kybernetik. Man kann ihn, etwas aufgeschlüsselt betrachtet, in drei Ebenen sehen, und zwar

   a) darin, daß der Weg über den Algorithmus organischer Lernprozesse (der wahrscheinlich Zufallsglieder einschließen dürfte) zu Regeln für den Aufbau technischer Systeme führen kann, die Lernanaloges leisten und eindeutig identifizierbare Komponenten organischer Lernbedingungen enthalten;

b) darin, daß eine strukturell wie prozeßspezifisch charakteristische Systematik von Lernprozessen die Konfusion über den Lernbegriff im Rahmen der kybernetischen Literatur überwinden hilft und — das ist jetzt das Wesentliche — den anforderungsabhängigen Leistungsaufwand genau definiert. Ich will dafür ein Beispiel anführen. Gegenwärtig wird überall am Problem der automatischen Zeichenerkennung gearbeitet. Die Toleranzgrenzen für die Zeichenidentifizierung sollen möglichst weit gehalten werden, aber doch nicht so weit, daß sich die Zuordnungen überschneiden. Diese Aufgabe — das ist eindeutig — kann nur von einem System geleistet werden, das Lernanaloges zu bewältigen vermag. Wie es scheint (sehr viel wird verständlicherweise darüber nicht publiziert), ist die Aufgabenstellung noch nicht bewältigt. Und ich behaupte: Die beste Lösung wird dort gefunden, wo *der* Lernmechanismus erkannt wird, dem diese Zuordnung optimal entspricht. Daß der zugehörige gedächtnisanaloge Mechanismus nach dem in der Informationstheorie so formulierten Prinzip des idealobserver gelöst werden könnte, scheint mir aus anderen Untersuchungsergebnissen gut belegbar zu sein. Hier soll das Beispiel nur andeuten, wie sich lern- und gedächtnispsychologische Fragen überschneiden und zugunsten ihrer Weiterentwicklung am Gesamtgebiet der Kybernetik partizipieren müssen. Ich will es mir an dieser Stelle vor allem aus Zeitgründen schenken, auf die Verflechtung dieser Problemsicht mit aktuellen Aufgabenstellungen der pädagogischen wie der Arbeitspsychologie näher einzugehen.

Am Schluß der Aufgabenstellung dieser Konferenz und damit auch der einzelnen Vorträge steht die Auflage, Vorschläge für die Realisierung notwendiger Forschungsvorhaben zu unterbreiten. Ich kann mich hier sehr kurz fassen, denn unsere Gedanken sind in der Denkschrift der Kybernetik-Kommission enthalten. Im übrigen werden die von mir in diesem lediglich informierend gehaltenen Vortrag berührten Aufgabenstellungen (wie auch andere, aus Zeitgründen unerwähnt gebliebene) bereits untersucht oder zur Untersuchung vorbereitet. Nur eine Schwierigkeit muß noch überwunden werden. Wir haben — im Gegensatz zu vereinbarten Konsultationen mit Institutionen in einigen sozialistischen Ländern, vor allem der Sowjetunion — wenig Beziehung zu Institutionen, die sich in der Deutschen Demokratischen Republik mit der technischen oder praktischen Anwendungsseite derartiger Problemstellungen befassen. Dabei sehe ich von unmittelbar betriebspraktischen Aufgaben arbeitspsychologischer Art ab. Dieser Zustand muß rasch überwunden werden. Nach meiner Auffassung ist die Bezugsetzung der geplanten oder in Angriff genommenen Themen zur Durchführung dieses oder jenes Projektierungsvorhabens entscheidend für die Erhöhung des ökonomischen Nutzeffekts derartiger Untersuchungen. Denn eine beliebige Thematik mit praktischer Valenz bleibt steril, wenn sie nicht in der Bearbeitung von dorther korrigierende, oder besser noch, richtunggebende Impulse erhält.

Literatur

[1] ASHBY, W. R., Design for a brain. London 1960.
[2] MCCULLOCH, W. S., The Hixon Symposion. Wiley, New York 1951.
[3] MCCULLOCH, W. S., Brain, a computer with negative feedback. IRE Trans. elektron. Computers N. York EC-5 1956.
[4] BECKMANN, P., Versuch einer semantischen Informationstheorie mit Anwendung auf gesprochene Sprachen. Wiss. Z. Hochschule Elektrotechn. Ilmenau (1958) H. 3.
[5] LEE, B. S., Effects of delayed speech feedback. J. Acoustical Soc. Americ. 22 (1950).
[6] RAPOPORT, A., Some Self-Organization Parameters in three-Person Groups. In: Principles of Self-Organization. Editors: v. FOERSTER, W. ZOPF. London 1962.
[7] SCHMIDTKE, H., Zur informationstheoretischen Analyse von Wahlreaktionsexperimenten. Psychol. Forsch. **26** (1961) H. 3, 157–178.
[8] NEWELL, SHAW, SIMON, H. A., Report on a General Problem Solving (GPS) Program. Proc. of the ICIP, UNESCO, Juni 1959.
[9] Lernende Automaten. R. Oldenbourg, München, Beiheft d. Zeitschr. Elektron. Rechenanlagen.
[10] LJAPUNOW, A. A., Probleme der Kybernetik 1, Akademie-Verlag, Berlin 1962.

Prof. Dr. HEINZ KELBERT

Deutsches Institut für Berufsausbildung, Berlin

KYBERNETIK UND BERUFSPÄDAGOGIK

Einleitung

Ein Berufspädagoge, der über die Wechselbeziehung seiner Wissenschaft zur Kybernetik berichten soll, steht vor einer doppelten Aufgabe.

Erstens ist er verpflichtet, sorgfältig zu prüfen, welche Schlußfolgerungen sich aus der Entwicklung der Kybernetik für die Aus- und Weiterbildung der Arbeitskräfte für die moderne automatisierte Produktion ergeben, und gemeinsam mit den Pädagogen festzustellen, inwiefern die Ergebnisse der kybernetischen Forschung in filtrierter Form gegenwärtig schon zum Allgemeingut der bildenden Schule gehören.

Zweitens wird er nicht umhinkönnen, die Frage zu beantworten, welche Konsequenzen sich für seine eigene wissenschaftliche Disziplin ergeben.

Bei der Beantwortung der ersten Frage ist er auf die Ergebnisse der anderen Wissenschaften, auf die Hilfe von Kollegen angewiesen, die zweifellos sachkundiger als er die Tragweite der neuen Erkenntnisse für ihr Gebiet, wie das in den vorhergehenden Referaten geschah, einzuschätzen vermögen. Seine Aufgabe wird in der pädagogischen Interpolation und Filtration des Bildungsguts der allgemeinen polytechnischen Oberschule und der Berufsschule bestehen. Daß dies gegenwärtig als vordringlichste Aufgabe obligatorisch vor der Wissenschaft steht, ergibt sich aus der Grundtendenz der Entwicklung der Produktivkräfte, die im sozialistischen Weltsystem besonders schnell verläuft.

In diesem Zusammenhang mehren sich kritische Stimmen zum Inhalt unserer Bildung und zur Art ihrer Vermittlung. Es darf hier auf BERNAL, POWELL, SOBOLEW, LJAPUNOW, v. ARDENNE, THIESSEN, auf das in Moskau durchgeführte Symposium der Weltföderation der Wissenschaften usw. verwiesen werden.

Wir haben die Tatsache zu verzeichnen, daß das Wissen, komprimiert durch die geschichtliche Entwicklung der Menschheit, immer größer wird, daß aber der Aufnahmekapazität unseres Gehirns biologisch und physiologisch gewisse Schranken gesetzt sind. Hier stehen wir vor einem Widerspruch, der gelöst werden muß. Er muß vor allem durch die Rationalisierung und Ökonomisierung des Lern- und Lehrprozesses gelöst werden. Diese Aufgabe wird deshalb so vordringlich, weil mit der organischen Verbindung der Allgemeinbildung, der polytechnischen Bildung und der Berufsausbildung das Problem der Unterrichtszeit sehr akut wird. Es heißt also, Wege und Methoden zu finden, die den gesamten Unterrichtsprozeß optimieren, die den Schüler und den Studenten sowie den in der Qualifizierung stehenden Werktätigen zur schöpferischen Verarbeitung des Grundwissens mit Hilfe des logischen Denkens führen. Hier kann die Kybernetik mit ihren Ergebnissen und ihren Erfolgen eine gewisse Hilfe leisten.

Entsprechend der Zielsetzung dieser Konferenz soll zunächst ein kurzer Überblick über den internationalen Stand und die internationalen Entwicklungstendenzen der Einführung kybernetischer Erkenntnisse im Bereich des Volksbildungswesens gegeben werden, und zwar am Beispiel der Sowjetunion, die zweifellos auf diesem Gebiete am weitesten fortgeschritten ist.

In der Berufsausbildung ist seit 1960 versuchsweise, seit 1961 obligatorisch, das Unterrichtsfach „Grundlagen der Mechanisierung und Automatisierung" eingeführt. Dieses Lehrfach, differenziert nach der Ausbildungszeit und nach der Art der auszubildenden Berufe, wird in 36 bis 108 Stunden erteilt. Im wesentlichen beinhaltet es die Grundfragen der technischen Kybernetik – und zwar die verschiedenartigen Steuerungssysteme und ihre Funktion im gesamten Produktionsprozeß.

Der Lehrplan geht vom Begriff der Information aus, legt die Einzelstufen des Informationsempfangs, der Informationsverarbeitung und Informationsweitergabe dar. Sie werden mit den Mitteln der technischen Kybernetik veranschaulicht und interpretiert.

Das Lehrfach „Automatik" wird gegenwärtig versuchsweise an der 101. Schule in Moskau, einer Versuchsschule des Moskauer Staatlichen Pädagogischen Instituts „Lenin", von Ing. W. S. Lednew mit 84 Stunden unterrichtet.

Dabei wird der Kybernetik ein besonderer Abschnitt gewidmet, um dann im speziellen die Probleme Information und Automaten, Elemente der automatischen Anlagen, zyklische und Reflektorautomaten, Rückkoppelung und automatische Regelung, Rechen- und Steueranlagen usw. darzulegen. Viel Raum wird der Funktion der elektronischen Rechenmaschinen in der Produktion gewidmet.

Wenn wir die Probleme der elektronischen Rechenmaschinen und der Programmierung in unsere Betrachtung einbeziehen, so erweitert sich der Anwendungsbereich der kybernetischen Probleme im Schulunterricht nicht unerheblich.

1958 wurde zuerst an der 2. Moskauer Schule in Zusammenarbeit mit der Akademie der Wissenschaften der UdSSR die Ausbildung von Technischen Rechnern und Programmierern aufgenommen. Die dabei erzielten Erfolge gestatten es bald, diese Versuche auf mehrere Schulen in der Sowjetunion auszudehnen. Gegenwärtig werden in Moskau, Leningrad, Kiew, Nowosibirsk, Omsk, Gorki usw. Programmierer ausgebildet; ihre Zahl soll bis 1965 10000 betragen. Ähnliche Bestrebungen sehen wir auch in den USA, die im System der sogenannten Lehrgänge, inspiriert von der Association for Computing Machinery, auf breiter Basis eine solche Ausbildung forcieren.

Die sowjetischen Versuche sind dabei besonders beachtenswert, da den Schülern gleichzeitig Radiotechnik und Elektronik vermittelt wird und sie mit dem Bau von elektrischen Rechenmaschinen beauftragt werden.

Den kybernetischen Problemen wird aber auch in der außerschulischen Arbeit eine sehr große Aufmerksamkeit geschenkt. Tausende Arbeitsgemeinschaften in den einzelnen Zentralstationen der Jungen Techniker beschäftigen sich mit dem

Bau von kybernetischen Apparaten und Maschinen, von Lehrmodellen — bis zu elektronischen Rechenmaschinen. Ihre Arbeit fand auf den Ausstellungen in London und Paris besondere Anerkennung und wurde mit Goldmedaillen ausgezeichnet.

Daraus ist zu ersehen, daß die Kybernetik entsprechend ihrer gegenwärtigen Bedeutung im internationalen Maßstab bereits Eingang in die Allgemeinbildung und die berufliche Bildung gefunden hat.

Wie ist nun der Stand in der DDR? Wir verhehlen nicht, daß die materiell-technische Basis in der DDR dem Entwicklungsstand der Technik und Wissenschaft in der Sowjetunion nicht gleichgesetzt werden kann. Dennoch finden wir auch bei uns, vor allem in der außerschulischen Tätigkeit, gewisse Ansätze, die Kybernetik den Schülern näher zu bringen. Zahlreiche Arbeitsgemeinschaften in Berlin, Leipzig usw., die leider noch auf sich selbst angewiesen sind und dringend Hilfe seitens der wissenschaftlichen Institutionen erwarten, sind auf diesem Gebiete tätig.

Eine führende Rolle spielt die Zentralstation der Jungen Techniker „Walter Ulbricht“ in Berlin, die zur zentralen Anleitung aller dieser Arbeitsgemeinschaften übergehen und sich mit dem Digital- und Analogrechnermodellbau, mit der Programmierung, mit der Informationstheorie, Spieltheorie und mit den Optimierungsproblemen beschäftigen will. Die ersten Ergebnisse dieser Arbeit wurden im vorigen Jahr auf der „Messe der Meister von Morgen“ in Leipzig sichtbar und mit einer Goldmedaille gewürdigt. Auf der diesjährigen „Messe der Meister von Morgen“ in Berlin wurden andere Geräte gezeigt, und zweifellos wird die kommende Messe in Leipzig ebenfalls mit neuen Exponaten aufwarten.

Einer Anregung der Lehrplankommission für Technische Rechner am Deutschen Institut für Berufsausbildung (DIfB), Berlin, folgend, werden gegenwärtig an drei Schulen in der DDR, an der Heinrich-Hertz-Oberschule, Berlin-Adlershof, der Georgi-Dimitroff-Oberschule, Leipzig, und an der Oberschule Dresden-Süd in Zusammenarbeit mit der Deutschen Akademie der Wissenschaften zu Berlin, dem Institut für Rechentechnik der Karl-Marx-Universität Leipzig und dem Institut für Maschinelle Rechentechnik der Technischen Universität Dresden Technische Rechner-Programmierer ausgebildet.

An zwei Schulen — es handelt sich um die 9. Oberschule in Berlin-Wilhelmsruh und um die Georgi-Dimitroff-Oberschule in Leipzig — werden ebenfalls versuchsweise kybernetische Fragen verstärkt im Unterricht behandelt.

Dieser Tatbestand veranlaßte die Leitung des Wissenschaftlichen Rates beim Ministerium für Volksbildung zur Gründung einer Arbeitsgruppe „Kybernetik und Pädagogik“, die alle diese Versuche koordinieren, fördern und weiterentwickeln soll. In der konstituierenden Sitzung wurde ein Programm aufgestellt, das im speziellen folgendes beinhaltet:

1. Empfehlung an die Abteilung Dokumentation des Deutschen Pädagogischen Zentralinstituts und an die Redaktion der Zeitschrift „Pädagogik“, die Pädagogen bei ihrem Studium der kybernetischen Probleme mit Literaturhinweisen, Übersetzungen und speziellen Abhandlungen zu unterstützen.

2. Mitarbeit im Präsidium der Gesellschaft zur Verbreitung wissenschaftlicher Kenntnisse (Arbeitsgruppe Kybernetik) bei der Entwicklung der Vortragstätigkeit über Kybernetik unter den Pädagogen.
3. Beratung des Berufsbilds und des Lehrplans für die Ausbildung der Technischen Rechner-Programmierer an den erweiterten Oberschulen und Empfehlung an die Leitung des Ministeriums für Volksbildung.
4. Durchführung und Beratung der Schulversuche „Kybernetik als Unterrichtsfach" und Erarbeitung von entsprechenden Schlußfolgerungen und Empfehlungen für die Leitung des Ministeriums für Volksbildung.
5. Empfehlung an das Deutsche Pädagogische Zentralinstitut zur Aufnahme kybernetischer Probleme in das Forschungsprogramm.
6. Förderung der außerschulischen Arbeitsgemeinschaften der Zentralstation der Jungen Naturforscher und Techniker „Junge Kybernetiker", „Automatisches Rechnen", „Programmieren" usw.
7. Beratung und Auswertung der Vorlesungen über die Grundlagen der Kybernetik in der Lehrerbildung mit anschließender Empfehlung an die Leitung des Ministeriums für Volksbildung [95].

Es ist das Verdienst der Kybernetik-Kommission beim Generalsekretär der Deutschen Akademie der Wissenschaften zu Berlin, daß sie die erforderliche Initiative hierfür entwickelte und mit den Beiträgen ihrer Mitarbeiter den Boden vorbereitete.

Allgemeine Forschungsaufgaben der Berufspädagogik

Die berufspädagogische Forschung benutzt die Analyse und Beobachtung als ein Mittel zur Fixierung der ihr spezifischen Gesetzmäßigkeiten; sie bedient sich dabei vorwiegend der Deskription von pädagogischen Prozessen. Sie versucht die Praxis zu verallgemeinern. Ihre Aussagekraft bleibt jedoch schwach und nicht voll wirksam. Ein typisches Beispiel dafür ist die Windstille auf dem Gebiete der Methodik. Die Diskussionen um die besten Ausbildungsmethoden und -systeme (Operativ-Komplex-System), um die Formung von Fertigkeiten und Fähigkeiten sind seit den Jahren 1952—1954 nicht mehr aufgelebt, obwohl überall, vor allem in der sowjetischen Pädagogik, gegenwärtig umfangreiche Forschungsvorhaben laufen und sich ein breiter Meinungsstreit auf diesem Gebiet entfaltet. Die Probleme, die mit dem Komplex „Mensch–Automat" zusammenhängen, werden bei uns im Augenblick pädagogisch überhaupt nicht berührt.

Schon eine oberflächliche Durchsicht der sowjetischen und anderer Fachliteratur zeigt, daß dieses so komplizierte Problem mit den bisherigen Forschungsmitteln nicht gelöst werden kann, daß die bisherigen Methoden uns nicht aus der Sackgasse herausführen, in die uns der Konversatismus gebracht hat.

Es ist auch für die pädagogischen Disziplinen typisch, daß sie mit Quantitäten und Qualitäten zu tun haben. Sie befassen sich mit Massenerscheinungen (wie dem Bildungsprozeß von Jugendlichen) und mit wiederholenden gesteuerten Prozessen. Obwohl sie somit der mathematischen Betrachtungs- und Auswertungsweise zugänglich und ihrer bedürftig sind, liefern sie gegenwärtig aus ihrem mannigfaltigen und breiten Forschungsfeld noch unzulässige und kraftlose Aussagen.

Für alle Fragen, die den Komplex „Mensch–Maschine" betreffen, muß hier gesagt werden, daß eine erfolgreiche Lösung dieses Problems nur mit ihm adäquaten und die Wirklichkeit genau widerspiegelnden Methoden möglich ist.

Es soll versucht werden, diese These zu beweisen und die Möglichkeiten einer positiven Anwendung neuer kybernetischer Methoden zu zeigen.

Kybernetische Betrachtung des Systems „Mensch–Automat"

Die Kybernetik untersucht die dynamischen Systeme in ihrer Wechselbeziehung beim Senden, Empfang und bei der Verarbeitung und Weitergabe von Informationen sowie alle Steuerungsprozesse, die sich in diesem Zusammenhang ergeben.

Zu dynamischen Systemen gehören sowohl technische als auch biologische, psychologische, ökonomische und pädagogische Gebilde. Den Hauptbegriff bildet die *Information.*

Analysieren wir kurz die Wechselbeziehung zwischen Mensch und Automat in kybernetischer Sicht.

In der Wechselbeziehung „Operateur – automatische Anlage" kann man drei Phasen unterscheiden:

1. Phase: Empfang einer bestimmten Information von der automatischen Anlage durch den Operateur. Die Anlage gibt dem Operateur Signale über das Arbeitsregime. Der Ablauf des Prozesses wird durch Meß- und Kontrollgeräte, Fließleuchtbilder, Fernsehbilder usw. angegeben. Der Operateur muß diese Signale aufnehmen, sich diese merken und sie auf irgendeine Art und Weise bestimmen und messen. Die Operationen der Beobachtung und Kontrolle bilden die sensorische Funktion des Operateurs bei seiner Steuerung der technologischen Prozesse.

2. Phase: Verarbeitung der empfangenen Information und Erarbeitung der steuernden Einwirkung des Operateurs nach bestimmten Prinzipien. Dazu gehören das Errechnen der Werte der Signale und der gegebenen Informationen; das Durchdenken, d. h. das Einschätzen ihrer Bedeutung; das Verstehen, über welche Parameter der Anlage sie berichten, was sie mitteilen; das Bestimmen der Reihenfolge und der Art der Operationen; das Feststellen, welche Abweichungen von der geforderten Leistung auftreten und welche wahrscheinliche Ursache diese Abweichung hat. Der Operateur muß dann entscheiden, welche Maßnahmen zur Änderung der Arbeit der Anlage notwendig sind, auf welche Organe er einwirken muß, um die erwünschte Änderung zu erreichen. Hier haben wir es mit der intellektuellen Funktion des Operateurs zu tun.

3. Phase: Auf Grund des in der zweiten Phase durch den Operateur festgelegten Operationsprogramms (Strategie der Steuerung) muß er bestimmte Bewegungen (sie hängen von der konstruktiven Gestaltung der Anlage ab) ausführen, um auf die Anlage einzuwirken (d. h. auf einzelne Aggregate, Geräte, Abschnitte

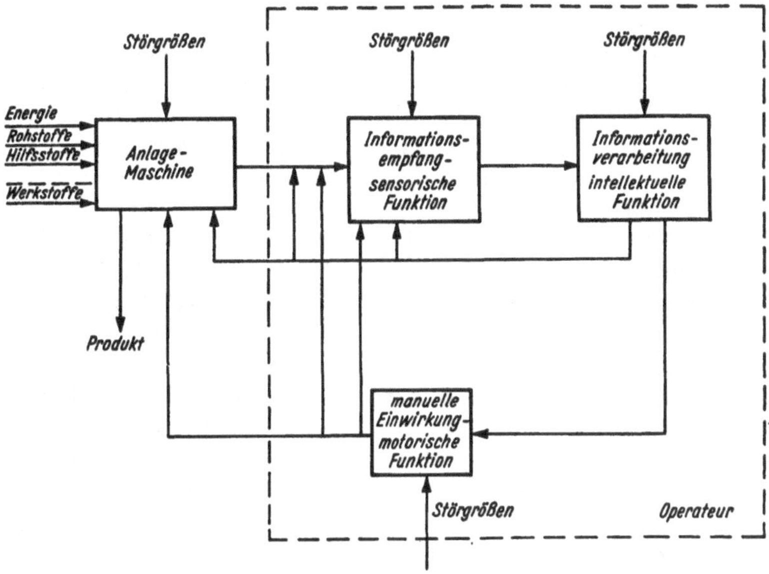

Abb. 1. Informationsfluß des dynamischen Systems „Mensch–Maschine“

usw.). Dazu gehören folgende Operationen: Ein- und Ausschalten der Anlage, Regulieren, Reparieren, manuelle und automatische Steuerung durch Hebel, Räder, Knöpfe, Einrichten der Anlage usw.

Das allgemeine Schema finden wir in Abb. 1 dargestellt.

Der automatischen Anlage werden Material, Energie und Hilfsstoffe zugeführt, deren Verarbeitung am Ende des technologischen Prozesses das gewünschte Produkt liefern soll. Gleichzeitig wirken auf die Anlage verschiedene Störgrößen, die das Gleichgewicht des Prozesses erschüttern. Das können Unterschiede in der Temperatur, im Druck, in der Qualität der Rohstoffe, in der Stromspannung usw. sein. Diese Störungen bestimmen gemeinsam mit dem konstruktiv und technologisch festgelegten Arbeitsablauf der Anlage deren Zustände.

Aufgabe des Operateurs ist es, nach den von der Anlage kommenden Signalen den jeweiligen Zustand der Anlage zu ermitteln, einzuschätzen, mit dem gewünschten Arbeitszustand zu vergleichen und nötigenfalls auf die Anlage einzuwirken.

Auf den Operateur wirken ebenfalls zahlreiche Störgrößen, die ihre Ursache entweder in seinen physiologisch-psychologischen Eigenschaften (Ermüdung, Nachlassen der Aufmerksamkeit, Ablenkung usw.) oder in den äußeren Einflüssen der Arbeitsumgebung bzw. der Maschine (Geräusch) haben. Diese Störungen beeinflussen sowohl die sensorische und intellektuelle als auch die motorische Tätigkeit des Operateurs.

Der Operateur verhält sich der Anlage gegenüber nicht passiv. Er empfängt die einzelnen Signale nicht passiv, sondern er tritt ihnen beobachtend gegenüber, er wertet sie bewußt und legt die Reihenfolge der Signalkontrolle fest. Dabei erscheinen die Signale für ihn nicht als zufällige gleichwahrscheinliche Größen. Bedingt durch die fachliche Vorbildung sind ihm der Zusammenhang der Wirkungsweise der Anlage und der Verlauf der technologischen Prozesse sowie die möglichen Störursachen bereits bekannt. Die Signale sind für ihn voneinander abhängige Ereignisse. Er wirkt immer als eine mit Willen und gesellschaftlichem Bewußtsein handelnde Persönlichkeit!

Die intellektuelle Verarbeitung von Informationen beeinflußt auch unmittelbar die Auswahl und Einschätzung der Signale und die Art der Beobachtung. Die motorische Einwirkung des Operateurs auf die Anlage verläuft als eine vom Ergebnis gesteuerte Einwirkung; sie übt dabei auch einen Einfluß auf die Sensorik des Operateurs aus.

Der gesamte Informationsfluß „Mensch–Automat" ist ein komplizierter, durch viele Rückkopplungen gekennzeichneter Prozeß. Dabei hat es der Mensch nicht nur mit einem Analysator zu tun, seine Sinnesorgane wirken vielmehr miteinander, manchmal kompensierend, ein anderes Mal sich ergänzend. Die aktive Bedeutung der menschlichen Arbeit wird durch die Stellung des Subjekts zum Objekt, durch praktische Einwirkung, auf Grund der Beobachtung des Objekts und der daraus gewonnenen Erkenntnis, bestimmt. Dieser Informationsfluß entspricht dem LENINschen Erkenntnisprozeß und zeigt ihn als einen kybernetischen, rückgekoppelten Ablauf.

Der Operateur klärt auch das Wesen des Objekts, er erarbeitet mit den bereits gewonnenen Erkenntnissen die für die Handlung notwendige Planung (Strategie der Steuerung) und wirkt über das Glied „Steuerung" auf das Objekt ein.

Dieser Ablauf ist auch für den Lernprozeß charakteristisch. Das „didaktische Dreieck" ist nichts anderes als ein Informationsfluß (Wissen, Kenntnisse, Lernstoff) vom Lehrer zum Schüler (Lehrervortrag, Lehrererzählung usw.), vom Stoff zum Lehrer (Auswahl des Bildungsguts), vom Stoff zum Schüler (Aneignung aus dem Lehrbuch, aus den Tabellen, aus der Beobachtung, dem Experiment usw.), vom Schüler zum Lehrer (Anfrage, Antwort, Mitklärung).

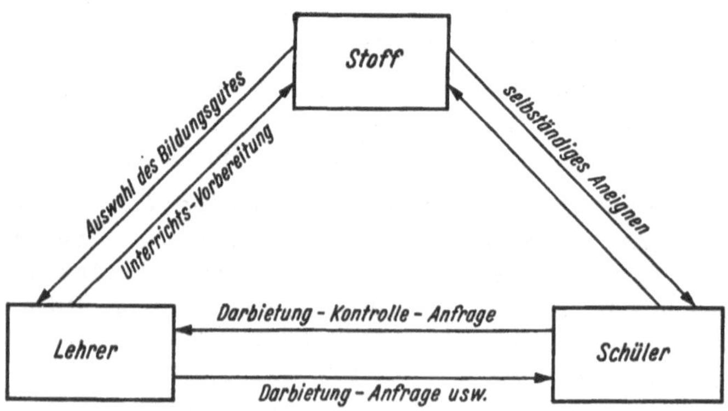

Abb. 2. Informationsfluß im „didaktischen Dreieck"

Daraus lassen sich einige Schlußfolgerungen und Thesen ableiten.

1. Wir haben es in der Wechselbeziehung zwischen der automatischen Anlage und dem Operateur mit einem dynamischen, komplizierten, sich selbst organisierenden und optimisierenden Gesamtsystem zu tun. Dieses System minimalisiert die Eingangsgrößen (Verbrauch an Material, Energie und Hilfsstoffen), beseitigt oder wirkt gegen die vorhandenen und einwirkenden Störungen und sorgt für den ökonomischen (nach Zeit, Arbeit, Eingang und Ausgang) Ablauf.
2. Die beiden Teile dieses dynamischen Gesamtsystems sind selbst dynamische Systeme. Dabei hängt es von der technischen Ausführung ab, welche Art das erste dynamische System (die automatische Anlage) in sich darstellt. Das zweite dynamische System (der Operateur) ist ein selbstorganisierendes, lernendes und optimisierendes, mit gesellschaftlichem Bewußtsein erfülltes System.
3. Das verbindende Element der beiden Systeme ist der Signalfluß, der Fluß der Information und deren Verarbeitung und Weitergabe.
4. Diese kybernetische Betrachtungsweise der Wechselwirkung zwischen Anlage und Operateur zwingt uns, folgende Teilgebiete der Kybernetik in Betrachtung zu ziehen:
   a) Informationstheorie (Empfang, Aufnahme, Sendung von Informationen),
   b) Algorithmentheorie (Verarbeitung von Informationen, Entwurf des Einwirkungsprogramms),
   c) Spieltheorie (Entwurf der Strategie, der Art und Weise der Einwirkung),
   d) Theorie der Steuerungsprozesse (Arbeitsweise der einzelnen Glieder des dynamischen Systems, ihre Charakteristiken).
5. Ein wichtiges gesellschaftliches, technisches und psychologisches Problem besteht in der Stabilität des dynamischen Gesamtsystems. Der Ablauf der technologischen Prozesse muß also störfrei und kontinuierlich, mit maximaler Effektivität erfolgen. Die Informationsmenge, die Geschwindigkeit des Informationsflusses soll optimal sein, die Durchlaßkapazität so hoch wie möglich. Die Schnelligkeit, Richtigkeit und Fehlerlosigkeit der Informationsverarbeitung soll optimal sein. Die Einwirkung auf die Anlage soll schnell, exakt und erfolgssicher erfolgen.
   Die Belastung (sensorische, motorische, intellektuelle) des Operateurs soll minimal sein.
   Hier handelt es sich also um Minimalisierung und Optimierung von bestimmten Ablaufvorgängen (dynamische Programmierung).
6. Die entscheidende Aufgabe der Befähigung für die Produktionstätigkeit besteht also darin, die besten Voraussetzungen durch Unterricht und Übung (Theorie und Praxis) für die Stabilität und Optimierung der Arbeit und der Dynamik des Gesamtsystems „Mensch–Automat“ zu schaffen.
7. Die entscheidende Aufgabe der Arbeits- und Berufspsychologie besteht infolgedessen in der Erforschung von Gesetzmäßigkeiten des sensorischen, motorischen und intellektuellen Informationsflusses. Es gilt, die unteren und oberen phy-

siologisch-psychologischen Grenzen für die optimale Informationsmenge, Informationsgeschwindigkeit, Durchlaßkapazität, Reaktionszeit, Schnelligkeit und Effektivität der Anpassung des Operateurs an die Abläufe im Rahmen dieses dynamischen Systems zu untersuchen.

8. Die Aufgabe der berufspädagogischen Forschung ist es, das Wesen und die Gesetzmäßigkeit der Erhöhung der Anpassungsfähigkeit, der Disponibilität, der optimalen Wirksamkeit des dynamischen Teilsystems (Operateur) im dynamischen Gesamtsystem zu ergründen und die besten, genauesten und meßbaren Methoden dafür zu entwickeln.

Mit den bisherigen methodischen Mitteln ist die berufspädagogische Forschung nicht imstande, diese komplizierte und diffizile Aufgabe zu lösen.

Da der Ablauf und die Wirksamkeit des komplexen dynamischen Systems kybernetische Vorgänge sind, müssen auch hier die kybernetischen Methoden angewandt werden, die, dem realen Ablauf und dem Objekt selbst angepaßt, mathematische, meßbare Formen annehmen.

Untersuchen wir die bisherigen Ergebnisse der Kybernetik nach ihren Zweigen (Informationstheorie, Algorithmentheorie, Theorie der Steuerungsprozesse) und die in ihnen angewandten Methoden und zeigen wir ihren Einfluß auf die oben aufgeworfenen berufspädagogischen Fragen.

Anwendung der Informationstheorie in der berufspädagogischen Forschung

Schon die klassische Sinnespsychologie (Merkel 1885) versuchte, die Beziehung zwischen der Reaktionszeit und der alternativen Auswahl eines Reizes aus einer endlichen Menge von Reizen aufzudecken. Es gelang damals, aus der Fülle der experimentellen Daten eine einfache quantitative Gesetzmäßigkeit abzuleiten [124].

In jüngster Zeit wurde mit Hilfe der Informationstheorie diese Frage anders gestellt. Die Informationstheorie gab uns das mathematische Mittel in die Hand, das die Erarbeitung einer exakt zu messenden Abhängigkeit ermöglicht.

Der Lösung dieser Frage wandten sich in der Sowjetunion zu: A. N. Leontjew und E. P. Krintschik (Abteilung für Psychologie der Moskauer Universität/1961) [108], W. D. Nebylizin (Institut für Psychologie der Akademie der Pädagogischen Wissenschaften der RSFSR), L. B. Itelson (Pädagogisches Aserbeidshanisches Institut in Baku) [92], [93], D. A. Oschanin (Laboratorium für Arbeitspsychologie der Akademie der Pädagogischen Wissenschaften gemeinsam mit dem Institut für Automatik und Fernsteuerung der Akademie der Wissenschaften der UdSSR) [132], [133].

In England wurden diese Untersuchungen vor allem von D. E. Broadbent [23], [24], [25], Kenneth J. W. Craik [34], [35], E. R. F. W. Crossman [37], [38], [39], [40], [41], R. Davis [49], [50], [51], [52], W. E. Hick [82], [83], [84], [85], [86], [87], [88], J. A. Leonard [104], [105], [106], [107], G. H. Mowbray [127], [128], [129], A. T. Welford [172], [173], [174], [175] durchgeführt.

In den USA arbeiten an diesen Fragen: P. M. Fitts [64], [65], [66], [67], [68], E. A. Alluisi [2], [3], H. P. Birmingham [16], [17], W. J. Brogden [26] usw.

W. E. Hick (1948—1952) stellte fest, daß die Reaktionszeit für die Auswahl eines Reizes aus einer endlichen Menge von Reizen vom Umfang der Information abhängt, die in einem Signal (Reiz) enthalten ist. Er stellte die Hypothese auf, daß es eine bestimmte konstante Geschwindigkeit des Informationsempfangs durch den Menschen gibt. Nach seinen Untersuchungen beträgt sie ungefähr 5 bit/sec. Er konnte die verlaufende Gesetzmäßigkeit in mathematischer Form präzise zunächst als Hypothese, die später von anderen Forschern bestätigt wurde, ausdrücken: $RT = a \log (n_e + 1)$, wobei RT die Reaktionszeit, a einen Koeffizienten, n_e die effektive Stufe der Auswahl äquivalent der Zahl der alternativen Signale bilden.

Später haben A. N. Leontjew und E. P. Krintschik bewiesen, daß ein zusammengesetztes Signal, das durch einige Parameter charakterisiert wird, von denen jedes eine variable Größe darstellt, eine größere Informationskapazität aufweist als ein einfaches Signal und daß die übertragene Information mit der Vergrößerung der Zahl der stimulierten Parameter wächst.

Sie zeigten, daß eine Vergrößerung der Zahl der stimulierten Informationen zur proportionalen Vergrößerung der Latentperiode und der Reaktionszeit der mündlichen Antworten des Operateurs führt.

A. N. Leontjew und E. P. Krintschik erforschten den Informationsfluß in einer realen Arbeitssituation des Operateurs und wiesen nach, daß die Einführung des Faktors „Bedeutung des Signals“, der für den Operateur sehr wichtig und für seine Steuerungstätigkeit mitentscheidend ist, zur Senkung der Reaktionszeit und zur besseren Anpassung der experimentell gewonnenen Reaktionskurve an die theoretisch festgelegte (idealer Operateur) führt.

L. B. Itelson führte den Nachweis, daß zwischen der Zahl der Meßgeräte, der Informationsgeschwindigkeit, der Durchlaßkapazität des Operateurs und dem Stand seiner Ausbildung eine Beziehung besteht, die mit Hilfe der Informationstheorie bestimmbar ist.

Ähnliche Forschungsergebnisse liegen von Jaro Kříwoglawy [98] aus dem Wissenschaftlichen Forschungsinstitut für Arbeitsschutz in Prag vor.

Dort wurde festgestellt, daß die Ursachen von Betriebsunfällen an Maschinen und Automaten unter anderem auf die Eigenschaften der vom Operateur erhaltenen Information zurückzuführen sind.

Aus dem gesamten Komplex, der mit der Zentralisierung der Steuerung von Produktionsprozessen verbunden ist, wurde vor allem das Problem der Beziehung der Informationsmenge zur Kapazität (Durchlaßkapazität) des visuellen Verbindungskanals erforscht. Die Untersuchungen wurden im Unterschied zu den amerikanischen Verfahren unmittelbar in der Produktion und nicht labormäßig durchgeführt und bezogen sich auf die Arbeit eines Kesselwärters. Es ergab sich, daß die Ursache von Betriebsunfällen in der Diskrepanz zwischen der großen Menge der dargebotenen Informationen und der geringen Durchlaßkapazität besteht. Die Untersuchungen der Arbeitsplätze zeigten, daß die Menge der Informationen für den Operateur im Schaltraum sehr groß ist, daß die Informationsmenge, die durch die Indikatoren geleitet wird, 1460,3 bit beträgt.

Die Durchlaßkapazität bei einem Operateur beträgt durchschnittlich, wenn nur die Schichtarbeit und die individuellen Unterschiede berücksichtigt werden, 8,79 bit/sec. So werden allein für die Eingabe und Aufnahme der externen Information 164 Sekunden benötigt. Eine Verringerung der Zahl der Informationen ist somit dringend notwendig. Man kann das durch die konstruktive Gestaltung der Indikatoren sowie durch die Erforschung der psychologischen Eigenmethoden der Informationsverkürzung erwirken. Hier öffnet sich ein breites Feld für die arbeits-, berufspsychologische und berufspädagogische Forschung.

Alle diese Untersuchungen haben große Bedeutung für die Bedienung der automatischen Anlagen und für deren konstruktive Gestaltung.

Die Wahrnehmung von Signalen in einem bestimmten Zeitintervall ist begrenzt. Deshalb muß man nach den besten Wegen suchen, um einerseits die sensorische Fähigkeit des Operateurs zu erhöhen, andererseits die automatische Anlage, ihre Signalisatoren, Schaltpulte und Schalttafeln so zu gestalten, daß im Endeffekt eine optimale Bedienung garantiert ist.

Für den Berufspädagogen sind das wichtige Ergebnisse, da sie ihm Auskunft über den Empfangsprozeß der Informationen und damit auch den Schlüssel zum Verständnis des Ausbildungsablaufs liefern.

Die Untersuchungen zeigten gleichzeitig, daß die berufliche Aus- und Weiterbildung einen nicht unbedeutenden Einfluß auf die sensorische und intellektuelle Funktion des Operateurs ausübt. Dort, wo der Operateur in den technologischen Ablauf der Anlage, in die physikalischen und chemischen Eigenschaften der Prozesse, in die Arbeitsweise der Schalttafel und der Aggregate eingeführt wurde und wo mit ihm der Empfang und die Reaktion auf zahlreiche Signale lange und ausreichend geübt wurden, konnte die Zahl der zu bedienenden und auszuwertenden Anzeigen vergrößert werden. Die Reaktionszeit verringerte sich und die Durchlaßkapazität wurde optimal. Selbstverständlich gibt es auch hier gewisse Grenzen, die durch die sensorischen Eigenschaften des Operateurs bedingt sind. L. B. Itelson konnte nachweisen, daß es große Möglichkeiten gibt, die sensorischen Fähigkeiten des Menschen zu vervollkommnen. Er wies auf die nicht geringe potenzielle Durchlaßkapazität des „Menschlichen Nachrichtenkanals“ hin.

Hier öffnet sich uns noch ein breites und dankbares Forschungsfeld, nämlich, durch exakte mathematisch-kybernetische Methoden die Wechselbeziehung zwischen der beruflichen Ausbildung und der Qualität der Arbeit zu bestimmen, quantitativ zu messen. Dadurch erhalten die Aussagen der Berufspädagogik eine wissenschaftliche, stets überprüfbare und meßbare Form.

Die oben erwähnten informationstheoretischen Probleme greifen auch tief in die Lerntheorie und Didaktik (als Lehre vom Unterrichtsprozeß) ein.

In diesem Zusammenhang sei besonders auf die Untersuchungen von H. Frank [70], [71], [72], [73], F. v. Cube [43], [44], [45], [46], G. Eichhorn [55] verwiesen. Vor allem gelang es H. Frank durch Ausdehnung der Untersuchungen von F. Attneave [6], [7], [8], [9], [10], [11], [12], J. S. Bruner [125], C. Cherry [30], W. F. Bennet [14], W. E. Hick, G. A. Miller [125], [126], C. E. Noble [130], L. Postman [125], J. A. Selfridge [126] auf die schulischen Probleme einige wichtige Schlußfolgerungen für die Pädagogik zu ziehen. In seinen „kybernetischen Grundlagen der Pädagogik“ nennt er explizite einige dieser Konsequenzen der Informationspsychologie, die nach unserer Meinung beachtet, aber auch überprüft und vor allem weiterentwickelt werden müssen.

Die bisherige Didaktik beschrieb im wesentlichen den Unterrichtsprozeß nur von der strukturellen Organisationsseite her, ohne auf den tiefen funktionellen informationstheoretischen Aspekt einzugehen.

Wir können daraus ersehen, auf welche Fragen, die noch nicht völlig geklärt sind, die Untersuchungen von H. Frank Antwort geben wollen. Abgesehen davon, daß seine Informationspsychologie entsprechend der in den USA gepflegten oberflächlichen behavioristischen Betrachtungsweise eine zweifelhafte Fundierung hat, ist sein informationstheoretischer Apparat zu formal und zu einseitig, um solche dialektischen und komplizierten Vorgänge ganz zu erfassen, wie sie im Unterrichtsprozeß verlaufen. Hier liegen auch die Grenzen der Anwendung der gegenwärtigen Informationstheorie im pädagogischen Bereich. Die Informationstheorie operiert zwar mit Begriffen der objektiven und subjektiven, semantischen, sog. pragmatischen Information, des Superzeichens und der Superbedeutung usw., sie ist jedoch nicht imstande, die didaktische Abhängigkeit der Superbedeutungen mathematisch exakt zu erfassen. Selbst L. Brillouin [22] sah die gegenwärtig unüberwindbaren Schranken, die sich der weiteren Anwendung der Informationstheorie auf Gebiete der Gesellschaftswissenschaften in den Weg stellen. Auch die Grundsatzarbeiten von R. Carnap und Y. Bar-Hillel [28] über die semantische Information zeigen zur Zeit noch keinen gangbaren Weg für die Pädagogik. Der Versuch von A. Charkiewitsch [81], den Wert und subjektiven Nutzen der Informationswahrscheinlichkeitstheorie zu bestimmen, blieb nur ein schwaches Herantasten an diese Problematik. Deshalb sah sich F. v. Cube in seiner Auseinandersetzung mit H. Frank gezwungen, die informationstheoretische Apparatur auf die „mechanische Didaktik“, wie er sie nennt, anzuwenden. Er gab damit zu verstehen, daß die hier gelegten Grundlagen nicht die gesamte Lerntheorie, sondern nur die Theorie des „mechanischen Lernens“ betreffen.

Es bleibt also kommenden, nach unserer Ansicht sehr notwendigen Untersuchungen vorbehalten, weitere Einsichten in den Informationsfluß (Vermittlung und Aneignung von Kenntnissen) zu gewinnen. Es scheint jedoch, daß die Didaktik, zumindest in ihrem wesentlichen Bestandteil, durch die Informationstheorie eine fruchtbare Bereicherung erfahren kann, die vielleicht zu einem völligen Umbau ihrer bisherigen Begriffsapparatur führen wird.

Alle diese Ergebnisse stützen sich auf theoretische und experimentelle Überlegungen und Versuche. Dem Operateur wurden mit modernen Mitteln der Elektronik bestimmte Signalarten mit feststehenden Frequenzen, Phasenverschiebungen und Amplituden dargeboten. Der Verlauf (die physikalischen Gesetzmäßigkeiten) der Signale wurde in mathematischer Form als die ideale theoretische Antwort des Operateurs festgelegt. Die Reaktionen des Operateurs wurden als Kurven aufgezeichnet, und die Abweichungsfehler wurden verglichen und gemessen. Aus der Größe der variablen Fehlerabweichung wurde einerseits die Qualität des Informationsempfangs und der Verarbeitung eingeschätzt, andererseits wurden durch Vergleiche mit der Komponente Zeit die Schnelligkeit und die Durchlaßkapazität gemessen.

Anschließend kann dem Operateur Einsicht in die Gesetzmäßigkeiten des Informationsflusses in Gestalt einer mündlichen oder schriftlichen Instruktion gewährt und mit ihm das Verfolgen der Signale geübt und wiederholt werden. Die experimentell gewonnene Kurve, die Frequenzcharakteristiken, die Größe der Phasenverschiebung, die Angleichung der Amplituden (an die theoretische Kurve) geben Auskunft über die Qualität der Unterweisungsmethode; sie beschreiben auch die Qualität der Aufnahme der dargebotenen Instruktionen oder Übungen durch den Operateur.

Die Wirksamkeit der methodischen Unterweisung ist somit meßbar, vergleichbar — dafür werden neue exaktere Kriterien aufgestellt. Selbstverständlich entsprechen diese Ergebnisse nur einem eng begrenzten Bereich der beruflichen Tätigkeit des Operateurs; sie geben nur Auskunft über eine Seite der Wechselbeziehung zwischen der Anlage und ihm. Sie berühren nicht die vielfältigen Probleme und mannigfaltigen Bereiche der Arbeitsorganisation, die in der Produktion mitentscheidend sind. Dieser Umstand verringert zweifellos den theoretischen Wert solcher Untersuchungen. Bedenkt man jedoch, daß hierdurch ein neuer methodischer Weg beschritten wird, daß zunächst die ersten Ansätze beschrieben werden, so kann man schlußfolgern, daß an solchen Versuchen keinesfalls vorbeigegangen werden darf. Man muß sie ausbauen, vertiefen, vervollständigen. Sie liefern einen positiven Ansatz für die berufspädagogischen Untersuchungen der Problematik „Mensch — automatische Anlage“.

Algorithmentheorie

Algorithmus in der Automatisierung

In der automatisierten Produktion haben wir es mit bestimmten technischen Systemen zu tun. Unter einem technischen System versteht man die Gesamtheit aller Maschinen, Apparate, Steuergeräte usw., die technische Prozesse realisieren.

Jeder richtige Verlauf eines technischen Prozesses ist durch die Erfüllung bestimmter Bedingungen charakterisiert, die die Erreichung des gesteckten Ziels sichern. Zur Charakterisierung dieser Bedingungen wird der Begriff des Funktionsalgorithmus eingeführt [5].

Unter *Funktionsalgorithmus* wird die Gesamtheit aller Vorschriften zur richtigen Durchführung des technischen Prozesses verstanden. Wenn ein gegebenes technisches System selbst imstande ist, beim Vorhandensein von Außenwirkungen den vorgeschriebenen Funktionsalgorithmus zu realisieren, so bedarf es keiner Steuerung. Andernfalls sind besondere technische Einwirkungen von außen notwendig, die gemeinsam mit den eigenen Operationen des technischen Systems den Funktionsalgorithmus realisieren.

Die Gesamtheit aller Vorschriften, die den Charakter dieser Einwirkungen von außen bestimmen, nennen wir Steuerungsalgorithmus. Die Realisierung der automatischen Steuerung besteht z.B. aus folgenden Etappen:

1. Mathematische Modellierung oder Beschreibung, bestehend aus der Festlegung der quantitativen und logischen Beziehungen zwischen den Parametern, die das Verhalten des Objekts charakterisieren.
2. Genaue Formulierung der Ziele der Steuerung, die in der Realisierung eines Extremwerts des Effektivitätskoeffizienten besteht, der den Steuerungserfolg aufweist.
3. Quantitative Charakteristik der äußerlichen Einwirkungen.
4. *Bestimmung* des *Steuerungsalgorithmus* auf der Grundlage der Ergebnisse der vorangegangenen Etappen.
5. Technische *Realisierung* des Steuerungsalgorithmus.
6. *Analyse* der dynamischen Genauigkeit der Realisierung des Steuerungsalgorithmus [155].

Daraus ist zu ersehen, daß der Algorithmus das Hauptkettenglied in der Automatisierung der Produktionsprozesse ist.

Schlußfolgerungen für die Ausbildung

Alle diese Fragen ergeben für uns einen großen Komplex von Problemen der technischen Bildung auf neue Art und Weise.

Anders strukturgeartete technische Anlagen mit anderen technologischen Gesetzmäßigkeiten treten an die Stelle der bisherigen nichtautomatischen Produktionsmittel. Automatisierten Anlagen liegen auch andere mathematisch-logische, kybernetische Gesetzmäßigkeiten zugrunde als den herkömmlichen Anlagen.

Es ist daher nicht schwer vorauszusehen, daß viele Fragen der technischen Bildung anders zu gestalten sind, daß man im Ausbildungs- und Qualifizierungsprozeß nicht nur den neuen Inhalt berücksichtigen, sondern auch neue, dem neuen Inhalt adäquate Ausbildungs- und Qualifizierungsmethoden anwenden muß.

Die bisherigen Methoden scheinen nicht geeignet zu sein, den komplizierten Strukturen und Operationsabläufen der automatisierten Anlagen gerecht zu werden. Wenn ein technisches System durch den Funktionsalgorithmus und die Steuerung dieses technischen Systems durch den Steuerungsalgorithmus beschrieben werden, so muß sich diese Tatsache auch in den Kenntnissen und Fertigkeiten, in dem Herangehen der Arbeitskräfte an die automatischen Anlagen widerspiegeln.

Wenn der technologische Ablauf der automatisierten Produktion ein algorithmischer Vorgang ist, dann muß dieser Vorgang von den Bedienungskräften als algorithmisch erkannt und erfaßt werden. Neue methodische Elemente müssen in die Qualifizierung und Ausbildung der Facharbeiter für die automatisierte Industrie von morgen in Form einer algorithmischen Betrachtung der technologischen Prozesse einbezogen werden.

Algorithmus der Störungsbeseitigung

Vor kurzem hat A. I. Dobroljubow [54] eine neue Methode zur Aufdeckung der Ursachen von Störungen an automatischen Anlagen entwickelt. Sie vereinigt in sich die tabellarische Erfassung der möglichen Störungen, die durch die Steuerungsapparate und den Funktionsvorgang der Anlage bedingt sein können, den Algorithmus.

Folgende Überlegungen liegen dieser Methode zugrunde, die zweifellos eine große Perspektive hat.

Die Steuerungsanlage eines Automaten ist in ihrer Struktur, in ihrem Bau und Ablauf viel komplizierter als die bisherigen mechanischen Elemente. Für die Bewegung werden vorwiegend Bauelemente verwendet, die in der Regel nach bestimmten Wirkungsprinzipien zyklisch arbeiten. Die Erfahrungen lehren, daß für das Auffinden von Störungen in solchen Einrichtungen viel Zeit benötigt wird. Die Ausarbeitung einer Methode, die es ermöglicht, die Störungsursache rasch zu finden, und deren Aneignung im Prozeß der Qualifizierung würde die Reparaturzeit stark verringern, die Arbeitsproduktivität steigern und großen ökonomischen Nutzen bringen. Die Arbeit der Steuerungsapparate (Vorschubbewegung, Regelung der Schnittgeschwindigkeit usw.) verläuft nach strengen zyklischen Folgen. Im gesamten System wirken die einzelnen Bauelemente (Zwischenrelais, Zeitrelais, Kontaktschalter, Drossel, Dreh- und Hauptaxialschieber, Reduzier-, Überlauf-, Dosierventile usw.) in einer bestimmten, durch den technologischen Zyklus der Werkzeugmaschine vorgeschriebenen logischen Reihenfolge. Jedes Bauelement befindet sich dabei in einem determinierten Zustand (Kontakte: eingeschaltet, ausgeschaltet; Relais: eingeschaltet, ausgeschaltet; Schieber: Linkslage, Rechtslage oder Oberlage, Unterlage; Drossel: geschlossen, geöffnet; Ventile: geschlossen, geöffnet). Wir haben es zumeist mit zwei Zuständen, die wir mit „+“ und „—“ oder mit „1“ und „0“ bezeichnen können, zu tun. Die Auswirkung der Arbeit eines untersuchten, z. B. eines elektrohydraulischen Systems ist ein bestimmter Zustand der Arbeitsteile der automatischen Anlage (z. B. die Lage des Supports). Man kann bei den Arbeitsteilen der Anlage auch eine gewisse Reihe von Zuständen betrachten; sie tragen zyklischen Charakter, wiederholen sich. So ist die Bewegung des Schlittenvorschubs durch folgende Zustände gekennzeichnet: Ausgangsstellung, Eilvorschub, Arbeitsvorschub, Eilrücklauf des Supports. Diese Zustände des Schlittenvorschubs sind eindeutig durch die Zustände von bestimmten Bauelementen des elektrohydraulischen Systems festgelegt. Es gibt also hier eine funktionell eindeutige Abhängigkeit. Die Änderung der Zustände (der Arbeit) der Bauelemente führt zu einer Zustandsänderung des Schlittenvorschubs. Es sind immer nur bestimmte Bauelemente, die arbeiten und die eine bestimmte Lage erwirken. Die Änderung der Arbeitsweise der Bauelemente führt zu einer Änderung der Lage des Schlittens. In diesem Vorgang sehen wir eine funktionelle Abhängigkeit, die zyklisch verläuft und sich algorithmisch beschreiben läßt [69], [94], [162].

Für den Facharbeiter ist es wichtig zu wissen, welche Bauelemente an der Entstehung eines bestimmten Zustands (Lage des Schlittens) beteiligt sind und wie sie zusammenarbeiten. Gibt es eine Störung an der Anlage, die sich z. B. im Anhalten des Schlittens äußert, so genügt es festzustellen, bei welchem Zustand des Schlittens (in welcher Lage) das erfolgte, um dann an Hand eines speziell erarbeiteten, funktionellen Zyklogramms sofort erkennen zu können, welche Bauelemente an diesem Zustand beteiligt sind und in welchem Zustand (Lage) sie sich befinden müßten. Eine Überprüfung der Zustände der Bauelemente und ein Vergleich mit den normalerweise notwendigen Zuständen ergibt die Unterschiede, die auf das Versagen des entsprechenden Bauelements hindeuten.

Aufgaben für die Ausbildung

Daraus ergeben sich einige wichtige Schlußfolgerungen für die Gestaltung der Berufsausbildung (Reparatur) der Facharbeiter an automatischen Anlagen.

Die automatischen Anlagen arbeiten nach einem Funktions- und Steuerungsalgorithmus. Die von ihnen durchgeführten Operationen sind zyklisch und verlaufen nach logischen Gesetzen.

Es genügt nicht mehr, den Facharbeiter mit den einzelnen Bauelementen der automatischen Anlage, wie das bisher geübt wurde, bekannt zu machen. Nach einführender Unterweisung in den einzelnen Maschinenelementen, den elektrischen, pneumatischen und hydraulischen Bauelementen, muß vielmehr eine Darstellung der einzelnen Steuereinrichtungen in ihrem Wechselspiel und ihren Zustandsänderungen erfolgen, die sich selbstverständlich auf die bisher erworbenen Kenntnisse der Einzelteile stützt. Bei der Behandlung dieser Steuerungseinrichtungen müssen solche funktionellen Zyklogramme erarbeitet werden, die die Zustandsänderungen, die Reihenfolge der Operationen fixieren. Man kann dafür sowohl die Block-Schemen und die Graphenmethode als auch Matrizen (wie beim funktionellen Zyklogramm) benutzen.

Das Auffinden der Störungsursachen geschieht dann an Hand der erarbeiteten Matrizen.

Während eines solchen Ausbildungsprozesses würde sich beim Facharbeiter immer mehr das funktionelle, kybernetische Denken herausbilden. Er sähe nunmehr die einzelnen Elemente in ihrer Wechselwirkung und ihrer Zustandsänderung, begriffe den Transformationsprozeß der Zustände und überblickte die logischen Bedingungen, die zu solchen Zustandsänderungen führen.

Damit würden bei ihm richtige Vorstellungen von Bewegungen, das Erkennen des Wesentlichen beim Unterscheiden der Formen, mittelbare und unmittelbare Raumvorstellungen und eine gute Zeitauffassung herausgebildet. Außerdem würde auch seine Fähigkeit geformt, aus einer Menge möglicher Operationen bzw. Zustände die notwendigen auszuwählen, ihre Reihenfolge festzulegen und die logische Struktur der Operation zu erkennen [96], [97].

Es ist notwendig, in der Berufsausbildung dem Lernenden u. a. den kausalen und wahrscheinlichen Zusammenhang zwischen den logischen Bedingungen und den Operationen (Beseitigung der Störung) bewußt zu machen. In neuen Lehrbüchern für Meß- und Steuerungs- und Regelungstechnik, z. B. für Elektroberufe, werden bereits die Begriffe „logische Bedingung“, „Operation“, „Arbeitstakt“

eingeführt und an einzelnen Ablaufsteuerungen erläutert. Der Lehrling bekommt dadurch einen Einblick in den Operationsablauf.

In die Ausbildung von Operateuren und Reparaturschlossern, Reparaturelektrikern, Fernseh-, Funk- und Elektromechanikern, Einrichtern der automatischen Maschinenfließreihen muß eine systematische und planmäßige Einführung in die algorithmische Lösung von Aufgaben mit Hilfe des Graphen-Schemas einbezogen werden.

Daß das nicht nur möglich, sondern auch sehr ergiebig und erfolgreich ist, hat in letzter Zeit L. N. LANDA von der Akademie der Pädagogischen Wissenschaften der UdSSR in Moskau sehr anschaulich und überzeugend für den allgemeinbildenden Unterricht nachgewiesen [100], [101], [102].

L. N. LANDA ging von der Tatsache aus, daß eine große Zahl der Aufgaben, die die Schüler lösen müssen, algorithmischen Charakter trägt. Dem Schüler erscheint jede algorithmische Aufgabe, deren Algorithmus er nicht kennt, den er nicht beherrscht, als eine schöpferische Aufgabe. Hierbei muß man drei Aspekte unterscheiden:

1. den mathematischen Aspekt: Kann man für die gegebene Klasse von Aufgaben einen Algorithmus bilden?
2. den psychologischen Aspekt: Wie erfolgt die Konstruktion und Beherrschung des Algorithmus?
3. den pädagogischen Aspekt: Wie soll man solche Algorithmen beibringen?

Das Problem des Algorithmus hat nicht nur einen rein logischen, mathematischen Aspekt, sondern auch einen psychologischen und didaktischen. Es ergibt sich nämlich die Frage, ob mathematische Aufgaben auch algorithmisch gelöst werden können.

Wenn es gelingt, aus der Fülle aller Aufgaben, mit denen die Schüler zu tun haben, jene auszusondern, die mit Hilfe von Algorithmen zu lösen sind, dann könnten wir durch deren Konstruktion und Aneignung den Bildungsprozeß erheblich beschleunigen, erleichtern und die Kenntnisse der Schüler und ihre Denkmethoden verbessern. Das wiederum böte uns die Möglichkeit, mehr Zeit und Aufmerksamkeit anderen Eigenschaften des Denkens zu widmen. L. N. LANDA betont zu Recht, daß allein schon das Erlernen von Algorithmen dazu zwinge, eine ganze Reihe wichtiger Eigenschaften des selbständigen und schöpferischen Denkens zu entwickeln.

Die Mängel der bisherigen Methodiken sind darauf zurückzuführen, daß es

1. gegenwärtig nur für wenige Aufgaben Algorithmen gibt,
2. daß diese Algorithmen nicht immer einfach, ökonomisch und faßlich sind,
3. daß diese Algorithmen nicht immer auf eine begrenzte Zahl von einfachen und elementaren Operationen zurückzuführen sind und
4. daß sie nicht immer in einer strengen Reihe von Operationen (d. h. in algorithmischer Form) formuliert sind.

Dadurch bleibt oft der algorithmische Charakter dieser oder jener Lösung der Aufgabe den Schülern verschlossen. Sie beschreiten dann bei der Lösung den Weg des Probierens, sie handeln intuitiv. Die experimentellen Versuche LANDAS, die Algorithmenmethode im Unterricht der höheren Klassen mehrerer Moskauer Oberschulen in Graphenform einzuführen, zeigten, wie zu erwarten war, recht beachtliche Lernerfolge.

Es wird davon ausgegangen, daß die Merkmale von Erscheinungen eine bestimmte logische Struktur haben und daß es eine bestimmte und begrenzte Zahl von Grundtypen dieser Strukturen gibt. Die Struktur der analytischen Operationen (oder die Struktur des Algorithmus) hängt von der Struktur der Merkmale der untersuchten Erscheinung ab und ist eindeutig durch diese Struktur beschrieben. Die Formung der allgemeinen intellektuellen Eigenschaften, der allgemeinen Methoden des Denkens besteht unter anderem darin, daß die Schüler lernen, in den Merkmalen der zahlreichen Erscheinungen deren logische Struktur zu erkennen und mit diesen Merkmalen entsprechend dieser Struktur zu operieren.

In der Berufsausbildung könnte sich folgende Methode für die Bestimmung des rationellen Systems der Reparaturtätigkeiten bewähren (sie hat jedoch allgemeine Gültigkeit, auch für die Erarbeitung anderer Fertigkeiten):

1. Aussonderung der Merkmale der gegebenen Störung;
2. Bestimmung ihrer logischen Struktur und der Prinzipien ihrer Verbindungen (Strukturschema dieser Merkmale);
3. Ableitung einer bestimmten Struktur der analytischen Operationen, Konstruktion des Algorithmus.

Daraus ergeben sich folgende Ausbildungsstufen:

1. Stufe: An einfachen und verständlichen Beispielen sind zunächst (aus der Arbeit der einzelnen Mechanismen der automatischen Anlage) bei den Lehrlingen allgemein die Begriffe „logische Bedingung“, „Merkmal“ auf der Grundlage der folgenden Fragen zu erarbeiten:
   1. Was ist eine logische Bedingung?
   2. Warum muß man sie kennen?
   3. Wie muß man mit den logischen Bedingungen verfahren?
2. Stufe: Nachdem die logischen Bedingungen der betreffenden Störung nacheinander aufgezeichnet sind, wird untersucht, wie man sie logisch verbinden kann:
   1. Die Verbindungen werden aufgeschrieben.
   2. Die logischen Bedingungen werden nach ihrer größten Wahrscheinlichkeit geordnet.
   3. Das Strukturschema der logischen Bedingungen wird aufgezeichnet.
   4. Die Analyse der Typen der logischen Bedingungen wird durchgeführt.
   5. Selbständige Übungen werden gestaltet.
3. Stufe: Es wird untersucht, was man tun muß, um jene Störungen zu erkennen, deren logische Bedingungen mit der Funktion „und“, „oder“, „wenn, dann“, „nein“ usw. verbunden sind:
   1. Notwendige Operationen werden genannt.
   2. Der Algorithmus wird in Graphenform formuliert.
4. Stufe: Selbständige Übungen und Kontrolle der Arbeit.

Nach dieser Methode lassen sich im allgemeinen bestimmte Klassen von Aufgaben lösen.

Durch die Einführung der Algorithmenmethoden in die Ausbildung von Operateuren kommt es zur bewußten Durchdringung des Bildungsstoffs und zur besseren Überschaubarkeit der Arbeit.

Zusammenfassend darf man sagen, daß die Entwicklung der Algorithmentheorie sich auch auf den Bereich der Berufspädagogik — vor allem auf die Methodik der Ausbildung — befruchtend auswirken und zur Verbesserung des praktischen und berufstheoretischen Unterrichts führen wird.

Lehrende Automaten

Besondere Bedeutung für die Pädagogik gewinnen die in letzter Zeit konstruierten lehrenden Automaten (Unterrichtsmaschinen). Der lehrende Automat ist ein Steuergerät, mit dessen Hilfe das Lernen des Schülers nach einer Informations-Rückkoppelung zwischen dem Lernenden und dem Gerät in einer vorherbestimmten Weise durch ein logisch durchdachtes Programm beeinflußt wird. Der lehrende Automat besteht im allgemeinen aus einem Eingangs- und einem Steuerelement, aus dem Speicher und dem Ausgangselement. Er stellt eine Art Informationsmaschine mit einem konstanten auswechselbaren Speicher dar (Abb. 3 u. 4).

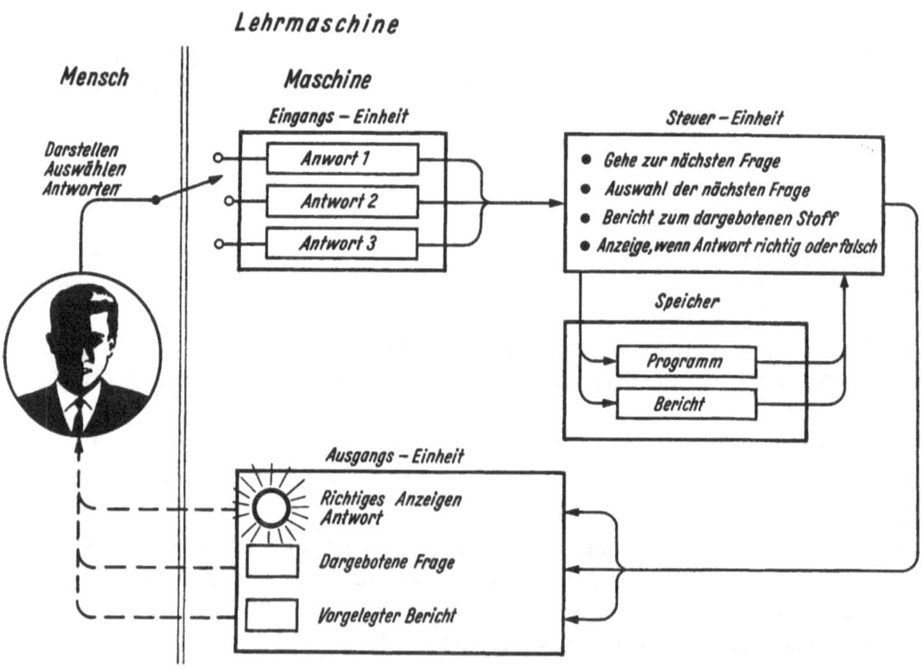

Abb. 3. Block-Schema des Informationsflusses im lehrenden Automaten (Levine, Stanley — 1960)

Abb. 4. Modell eines lehrenden Automaten. *PLATO*
(Bitzer, D., Braunfeld, P., Lichtenberger, W. – 1961)

Die Idee zum Bau solcher Geräte äußerte S. L. Pressey [136] im Jahre 1926. Doch erst nach dem zweiten Weltkrieg, begünstigt vor allem durch die Entwicklung der Kybernetik, Automatik und Elektronik, begann man mit mannigfaltigen Versuchen und Experimenten.

Die theoretische Grundlage für den Bau lehrender Automaten bildet die sog. Theorie der automatischen Instruktion oder die Theorie des programmierten Unterrichts. Gegenwärtig liegt bereits eine beachtliche Reihe von Konstruktionsmodellen und Publikationen vor, in denen Erfahrungen aus der Schulpraxis ausgewertet sind.

Zahlreiche Symposia zu dieser Problematik wurden durchgeführt. Von der Generalkonferenz der UNESCO wurde eine internationale Expertengruppe berufen, die die Anwendung der modernen Technik im Unterricht (u. a. auch der lehrenden Automaten) zu untersuchen und Vorschläge für ihre Entwicklung und Anwendung sowie für weitere Forschungen zu unterbreiten hatte. Die Expertenkommission tagte vom 12. März bis 20. März 1962 in Paris [131]. In ihrem Bericht empfahl sie umfangreiche Maßnahmen zur beschleunigten Förderung dieser technischen Mittel.

Vor kurzem wurde in Moskau die 3. Allrussische Konferenz zum Thema „Technik und Schule“ unter Leitung des Mitglieds der Akademie der Pädagogischen Wissenschaften und Stellvertreters des Ministers für Volksbildung der RSFSR, Prof. A. I. Markuschewitsch, durchgeführt [163].

Das Anwendungsgebiet der lehrenden Automaten ist sehr weitreichend. Sie können verwendet werden:

1. in Schulen und Universitäten als wesentlicher Bestandteil des Lehrprogramms;
2. in der Berufsausbildung der Industrie und Wirtschaft;
3. im eigenen Heim zur Weiterbildung und für das Fernstudium;

4. in Konsultationspunkten des Fernstudiums;
5. im Unterricht der Vorschulkinder;
6. im Unterricht von Kindern, die körperlich behindert und nicht in der Lage sind, eine Schule zu besuchen (in Verbindung mit Lehrerbesuchen);
7. zur Überwindung des Analphabetentums in den jungen Nationalstaaten;
8. für spezielle Zwecke (z. B. Fremdsprachenunterricht für Diplomaten usw.).

Selbstverständlich wird ein lehrender Automat den Lehrer, der im Unterrichtsprozeß eine besondere Stellung einnimmt, nicht ersetzen können. Im Gegenteil, die Anwendung lehrender Automaten im Unterricht erhöht die Verantwortung des Lehrers, kompliziert das didaktische Vorgehen usw.

Die lehrenden Automaten helfen auch, den Widerspruch zwischen der modernen Technik in der Umwelt des Kindes (Fernsehen, Radio, Tonband, Spielautomat usw.) und der starren und konservativen Form des Unterrichts zu beseitigen, und öffnen solchen Gebieten wie der Automatisierung und der Kybernetik die Türen der Schulzimmer.

Bemerkenswert ist, daß bei der Konstruktion lehrender Automaten die didaktischen Prinzipien der Lehrstoffgestaltung bis zum Perfektionismus entwickelt werden können, z. T. infolge der technisch-konstruktiven Forderungen.

Für das kybernetische Lernen (so wollen wir es bezeichnen) werden bestimmte, besonders geeignete Unterrichtsfächer und Stoffgebiete ausgewählt. Geeignet sind der Lese- und Schreibunterricht in den Anfangsstadien, Rechnen, Erdkunde, Biologie, Physik, Mathematik, Fremdsprachen usw.

Nach der Auswahl des entsprechenden Stoffgebiets wird dieses nach logisch-didaktischen und psychologischen Gesichtspunkten in einzelne Elemente zergliedert und analysiert. Dabei werden jene Begriffe ausgesondert, die auf anderen Erkenntnissen und Kenntnissen, Fertigkeiten und Fähigkeiten aufbauen, und ihre gegenseitigen Wechselbeziehungen festgelegt. Sodann wird die Reihenfolge der Darbietung bestimmt. So entsteht ein umfangreiches Programm, das, wie bei den Programmierungsmethoden der maschinellen Rechentechnik, keine Lücken und keine Mehrdeutigkeiten zuläßt. Dieses Programm wird in Form von Tonbändern, Lochkarten oder Filmstreifen im Automaten gespeichert. In das Ausgangselement werden die Probleme, Fragen und Aufgaben gestellt, die der Schüler zu lösen und zu beantworten hat, um sich die gewünschten Fähigkeiten und Kenntnisse anzueignen. Es hängt von der technischen Ausstattung der Anlage ab, inwieweit sie wirklich pädagogisch nützliche Arbeit leistet. Die ursprünglich vom Testverfahren übernommenen Standardfragen bilden die erste Stufe. In Verbindung mit Tonfilm und Fernsehkamera können verschiedene Bildungsstoffe dargeboten werden, die die Anschauungskraft des Schülers fördern.

Im Unterschied zum Testverfahren muß der Schüler selber die Antwort vorbereiten. Er bekommt sie nicht in Alternativform zur Auswahl vorgelegt, sondern muß sie nach einiger Überlegung entweder in die Maschine eingeben oder niederschreiben. Die Maschine zeigt unmittelbar danach an, ob die Antwort richtig war oder nicht. Im letzten Fall führt sie den Lernenden mit sorgfältig durchdachten und ausgewählten Hilfsfragen und Hilfsaufgaben zu der gewünschten Antwort. Anschließend wird die nächste Aufgabe gestellt.

Diesem Lernprozeß liegen folgende didaktische Prinzipien zugrunde:

1. Der lehrende Automat führt zur ständigen Wechselwirkung zwischen Schüler und Programm; er verlangt vom Schüler eine aktive Beteiligung am Lernprozeß (Prinzip der Aktivität).
2. Der lehrende Automat schließt aus, daß irgendein Teil des Lehrprogramms nicht verstanden wird. Er läßt nicht zu, daß der Schüler Antworten auf komplizierte Fragen gibt, bevor die einfachsten nicht beantwortet wurden (Prinzip der Folgerichtigkeit).
3. Der lehrende Automat stellt nur solches Material zur gedächtnismäßigen Aneignung bereit, das vom Schüler verstanden worden ist (Prinzip der Faßlichkeit).
4. Dank der richtigen Konstruktion und Programmierung des Lehrstoffs ermöglicht es der lehrende Automat dem Schüler, zu richtigen Antworten zu gelangen.
5. Der lehrende Automat bekräftigt jede richtige Antwort des Schülers (Prinzip des Lobes) durch die sofortige Rückkoppelung, um nicht nur effektiv seine Handlungen zu formen, sondern auch durch diese Bekräftigung sein Interesse wachzuhalten.
6. Bei der individuellen Arbeit des Schülers mit dem lehrenden Automaten wird das Lerntempo individuell gesteuert und der eigenen Lerngeschwindigkeit angepaßt. Die leistungsfähigsten Schüler werden durch das langsame Vorgehen im Klassenunterricht nicht aufgehalten und die schwächeren nicht durch ihr Zurückbleiben öffentlich getadelt.

Die bisherigen großangelegten Versuche in einzelnen Schulen in den USA, die von der Universität Virginia (F. W. Banghart [13]), der General Atronics Corporation (Philadelphia), dem Zentrum für programmierenden Unterricht in New-York, vom Forschungsinstitut in Pittsburg (G. L. Gropper [78] und A. A. Lumsdaine [78], [114]), D. Bushnell [27] usw. durchgeführt wurden, zeigten, daß erhebliche Leistungssteigerungen erzielt werden können. Stoffe, die sonst im normalen Klassensystem in einem Jahr durchgenommen wurden, sind mit Hilfe des programmierenden Unterrichts in einem halben Jahr erarbeitet worden. Die Studenten eigneten sich den Stoff eines Lehrgangs über theoretische Algebra in zwei Wochen an, für den sie sonst in der Regel mehr als zwei Monate benötigten [18], [20], [36], [47], [53], [60], [63], [74], [75], [76], [102], [103], [109], [110], [111], [121], [137], [138], [139], [140], [142], [151], [152], [153],]161], [169], [176], [177].

Über den Nutzeffekt dieser lehrenden Automaten gibt es gegenwärtig keinen Zweifel mehr. Viele sowjetische Pädagogen (V. A. Artemow, U. Rosenblath, L. B. Itelson, G. G. Saburowa, L. N. Landa, Ju. I. Birilko [15] usw.) unterstreichen den pädagogischen Nutzen dieser lehrenden Automaten und heben besonders deren Bedeutung für die pädagogische Forschung hervor. Ju. I.

Birilko, der auf der 3. Allrussischen Konferenz in Moskau einen Überblick über den gegenwärtigen Stand der lehrenden Automaten gab, schätzte deren Nützlichkeit wie folgt ein:

1. Sie erhöhen vor allem die Effektivität des Unterrichts. Das wird erreicht
   a) durch ein sorgfältig durchdachtes, logisch und psychologisch begründetes Programm des Lehrmaterials, das in strenger Folgerichtigkeit geboten wird;
   b) durch Verstärkung der laufenden Kontrolle der Unterrichtsergebnisse;
   c) durch bedeutende Erhöhung der Aktivität jedes Lernenden, da die Maschine keine Möglichkeit bietet, sich der Lösung einer Aufgabe zu entziehen.
2. Die lehrenden Automaten geben nicht nur Schülern, sondern auch Erwachsenen die Möglichkeit, selbständig zu arbeiten. Dank der Kontrolle durch den Automaten weiß der Lernende sofort, ob er einen richtigen Weg gewählt hat oder nicht.
3. Große Bedeutung haben die lehrenden Automaten für die psychologisch-pädagogische Forschung, da diese Maschinen es ermöglichen, den Experimentator auszuschließen. Sie geben den Lehrstoff mit großer Genauigkeit wieder und gestatten es, den geprüften Lehrstoff in verschiedenen Situationen und mit verschiedenen Varianten beliebig zu wiederholen.

Ähnlich urteilt auch der schwedische Pädagoge E. Malmquist [122].

Die ersten sowjetischen lehrenden Automaten konstruierten L. N. Landa und J. N. Kuscheljew [163].

Auf der 3. Allrussischen Konferenz „Technik und Schule“ legte L. N. Landa die Grundprinzipien der Programmierung im Unterricht dar und berichtete über die Algorithmen für sein kybernetisches Lehrmittel „Repetitor I“, welches den Schüler in die Lage versetzt, die Denkoperationen bei der Analyse zusammengesetzter Sätze in richtiger Folge durchzuführen, indem es die Fehler registriert und auch Zensuren für die geleistete Arbeit verteilt. Solche Maschinen könnte man nach L. N. Landas Ansicht auch für die Arithmetik und für den Fremdsprachenunterricht verwenden.

Ing. J. N. Kuscheljew vom Moskauer Energetischen Institut schilderte auf der genannten Konferenz die Konstruktionsprinzipien seines kybernetischen Lehrmittels „Examinator“, das die Funktion der Leistungskontrolle und -bewertung ausübt. Mit Hilfe dieser Unterrichtsmaschine können die Schüler leicht ihre Kenntnisse überprüfen.

Die sowjetischen Konstruktionen, die auf dem Begriff des Algorithmus aufbauen, lassen erhoffen, daß der starre Formalismus der behavioristischen amerikanischen Grundkonzeption sinnvoll überwunden wird. Sie versuchen, die kybernetischen Methoden mit den Grundprinzipien der wissenschaftlichen Didaktik zu verbinden.

Auf diesem Gebiet bestehen gute Aussichten für eine Ökonomisierung und Rationalisierung des Unterrichtsprozesses.

Anwendung der Systemtheorie in der berufspädagogischen Forschung

Ein wichtiger Zweig der Kybernetik ist die Systemtheorie. Sie untersucht die im System und in seinen einzelnen Teilen erkennbaren Gesetzmäßigkeiten, die Charakteristika des Systems sowie die besten Voraussetzungen für seine Stabilität.

Die Aufgabe der Berufspädagogik besteht u. a. darin, die Eigenschaften des dynamischen Systems „Mensch-Operateur" zu untersuchen und jene Gesetzmäßigkeiten und Faktoren aufzudecken und zu analysieren, die einen entscheidenden Einfluß auf das erfolgreiche Zusammenwirken von Mensch-Maschine haben.

Gleichzeitig müssen — wie schon angedeutet — jene Methoden der Übung und Vermittlung von praktischen und theoretischen Kenntnissen entwickelt werden, die den Arbeitsprozeß des Systems „Mensch-Maschine" optimieren.

Bisher wurden die dynamischen Eigenschaften des kybernetischen Systems „Mensch" nur von der arbeitspsychologischen Seite, an Hand einfacher experimenteller Versuche und der praktischen Erfahrungen (Beobachtung, Befragung usw.) ermittelt. Diese Untersuchungsmethoden vermögen aber nicht die wesentlichen Eigenschaften, die mit dem Prozeß der Steuerung von Maschinen zusammenhängen, adäquat zu erfassen; die bisherigen mathematischen Auswertungsmethoden entsprachen nicht mehr dem Stand der Entwicklung.

Die moderne Systemtheorie, die sich an die in der Steuerungs- und Regelungstechnik entwickelten Verfahren anlehnt und sie in verallgemeinerter Form ausnutzt, liefert uns nunmehr exaktere Hilfsmittel. Das Untersuchungsprinzip besteht darin, daß dem Operateur bestimmte Signale, die man mathematisch erfassen und darstellen kann, geboten und die von ihm erzeugten Ausgangssignale experimentell erfaßt werden. Aus der Analyse des „Eingangs" und „Ausgangs" werden die dynamischen Eigenschaften des Systems „Operateur" ermittelt.

Dabei werden folgende dynamische Eigenschaften untersucht: die Verzögerungszeit des Operateurs, die Übertragungsfunktion, die Frequenzcharakteristiken, die Amplituden-Phasenverschiebung, der Frequenzgang usw.

Es gibt drei Methoden zur Bestimmung der dynamischen Eigenschaften eines kybernetischen Systems:

1. Die Analyse der Übertragungsfunktion bei der Einwirkung eines Impulssignals (dazu gehören: Rechteck-Sprungimpuls, die DIRAC-Sprungfunktion, die Anstiegfunktion). Die Analyse erfolgt durch die Messung von Zeitcharakteristiken.
2. Die Analyse des Frequenzgangs bei einem sinusoidalen Signal.
3. Die Analyse der stochastischen Zeitvorgänge.

In allen drei Fällen wird die Reaktionsgleichung des Operateurs theoretisch errechnet und experimentell bestimmt, der Stabilitätsbereich abgesteckt, die Koeffizienten der Gleichung angegeben.

Dieses Verfahren wurde von Raggazini und Tustin (1947) [164], [165], [166], [167], [168] angewendet.

Medwedew [123] entdeckte im Jahre 1955 einige Gesetzmäßigkeiten in der Arbeit des Operateurs. Es folgten Groce (1958), McRuer, Krendel [117], [118], [119], Leonard (1958—1960), Sheridan (1960) [149], Elkind [56], [57], [58], [59], Sprague (1961) [59] und Itelson (1962) [92], um nur einige zu nennen.

Alle diese Untersuchungen bewiesen, daß die Abweichung zwischen der theoretisch errechneten und der experimentell erarbeiteten Übertragungsfunktion von der praktischen und theoretischen Erfahrung des Operateurs, von seinem Bildungsstand und von der ihm vermittelten Einsicht in die Gesetzmäßigkeit des zu steuernden Prozesses abhängig ist. Die Güte der Steuerungsprozesse hängt ferner von der Güte der Übung und der Einführung des Operateurs in das Wesen des zu steuernden Prozesses ab. Gleichzeitig gelang es, die dynamischen Eigenschaften des Operateurs in verschiedenen Steuerungssystemen und unter unterschiedlichen Bedingungen zu bestimmen und zu klassifizieren.

Es soll versucht werden, dieses Verfahren an Hand einiger Beispiele zu beschreiben.

Nach J. A. Leonard (1960) verläuft ein Steuerungsprozeß wie folgt:

Es wird eine bestimmte Information eines Eingangssignals (Testsignals) (R) dem Operateur (steuerndes System) gegeben. Der Operateur verarbeitet diese Information und wirkt auf das gesteuerte Objekt ein (Ausgang des steuernden Systems). Diese Einwirkung erscheint für das gesteuerte System (Objekt) als sein Eingangssignal, welches zur Änderung seines Zustands, seiner Verhaltungsweise führt. Sie äußert sich in der Information, die mit dem Ausgangssignal (C) geboten wird. Der Operateur vergleicht nun den Ausgang mit dem dargebotenen Eingang und ändert nach Art und Stärke der Abweichung seine Reaktion auf das gesteuerte Objekt, das zum Beispiel auch ein Flugzeug sein kann (Abb. 5).

Ausführlicher finden wir diesen Prozeß bei J. L. Ashkenas und D. T. McRuer [120] dargestellt.

S. S. Medwedew ging in seinen Untersuchungen davon aus, daß es Mechanismen und Maschinen gibt, die der Mensch kontinuierlich steuert. Dabei ist er bestrebt, einen im Arbeitsprozeß fixierten Punkt, zum Beispiel den Anzeiger eines Manometers, dem nach einem bestimmten Gesetz verlaufenden Parameter (auch in Form einer vorhergegebenen Programmkurve) anzupassen (Abb. 6). Medwedews Versuchsanordnung zeigt Abb. 7, und die Art der Testsignale (Impulssprung in $t = 0$, Impulssprung in der Bewegung, harmonische Schwingungen usw.) ist in Abb. 8 dargestellt. Er wählte also die erste der hier erwähnten Methoden.

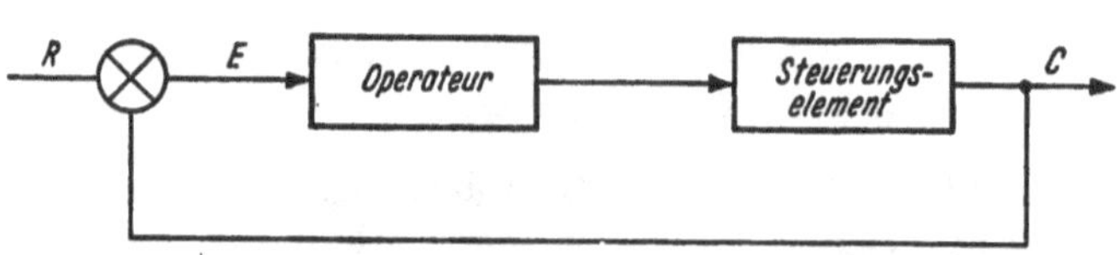

Abb. 5. Block-Schema eines einfachen Steuerungssystems (Leonard — 1960)

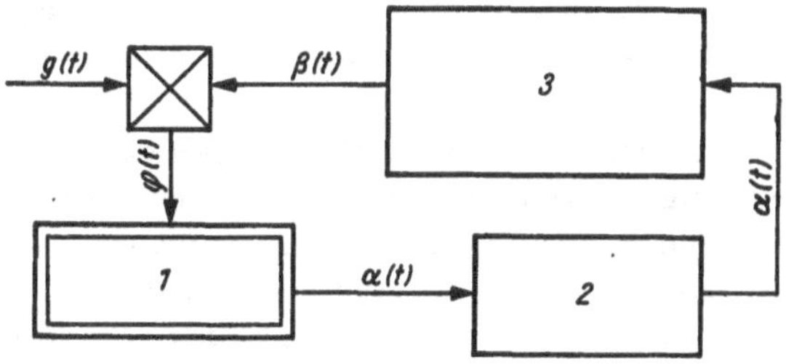

Abb. 6. Strukturschema des Systems:

$\alpha(t)$ Bewegungsfunktion des Steuerrades
$\beta(t)$ Bewegungsfunktion des anvisierten Punktes (Zeiger)
$g(t)$ Bewegungsfunktion des Indexes oder Diagramm der Programmkurve
$\varphi(t)$ Abweichung des anvisierten Punktes vom Index (MEDWEDEW — 1956)

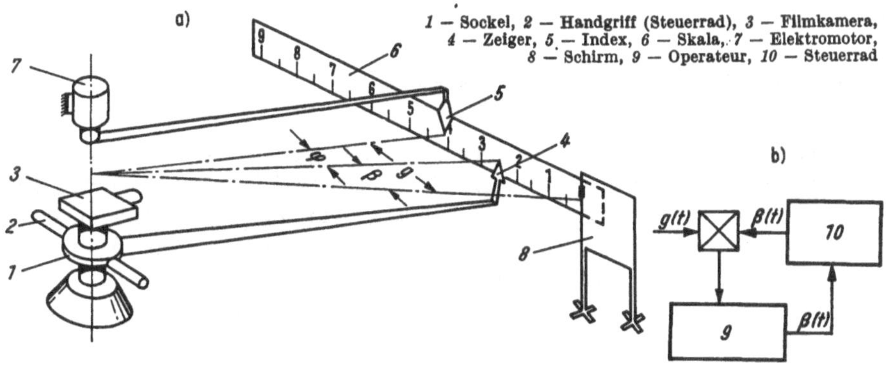

1 — Sockel, *2* — Handgriff (Steuerrad), *3* — Filmkamera, *4* — Zeiger, *5* — Index, *6* — Skala, *7* — Elektromotor, *8* — Schirm, *9* — Operateur, *10* — Steuerrad

Abb. 7a. Schema der Versuchsanordnung (MEDWEDEW — 1956)

Abb. 7b. Strukturschema des untersuchten Systems (MEDWEDEW — 1956)

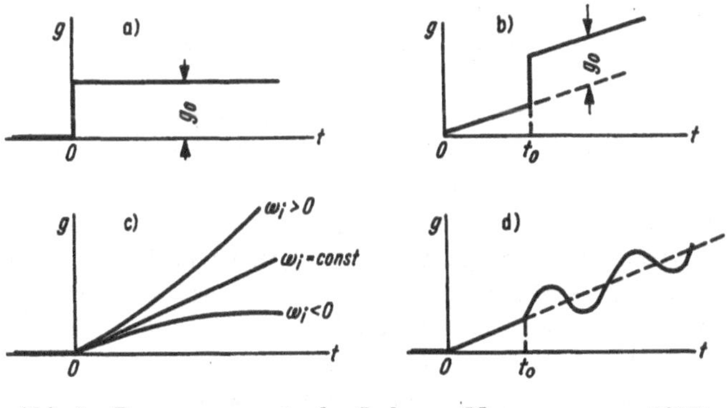

Abb. 8. Bewegungsgesetz des Indexes (MEDWEDEW — 1956)

a) Impulssprung (bei t — 0), b) Impulssprung in der Bewegung (bei t_0), c) Index mit stetiger oder veränderlicher Winkelgeschwindigkeit, d) gegebene Schwingung

Als gutes Beispiel für die Anwendung der zweiten Methode kann die Arbeit von T. B. Sheridan gelten, über die er auf dem I. IFAC-Kongreß in Moskau berichtete.

T. B. Sheridan untersuchte die Änderung der Übertragungsfunktion des Operateurs in der Zeit. Im Unterschied zu den üblichen Verfahren, die auf dem quasilinearen Modell mit konstanten Parametern aufbauen, führte er veränderliche Parameter ein. Er beobachtete die zeitliche Veränderung des Übertragungskoeffizienten und des Frequenzganges im System, das vom Operateur gesteuert wurde, dem zufällig erscheinende sinusoidale Schwingungen dargeboten wurden (als Testsignal). Die Zufälligkeit und Summierung von sinusoidalen Impulsen sollte die vom Operateur leicht erfaßbare Determiniertheit der dargebotenen Information ausschalten. Die Reaktion des Operateurs auf die Summe von sinusoidalen Schwingungen unterscheidet sich von der Superposition seiner Reaktion auf die einzelnen sinusoidalen Reize, sie unterliegt also nicht dem Gesetz der Linearisierung und kann vom Operateur nicht so einfach erfaßt werden.

Das Block-Schema der experimentellen Anordnung sehen wir in Abb. 9. Die Struktur des erforschten linearen Systems mit den veränderlichen Koeffizienten wird aus Abb. 10 ersichtlich.

Abb. 11 zeigt das Block-Schema des Ausrechnungssystems für die kontinuierliche Berechnung des reellen und imaginären Teils der Übergangscharakteristik. Wie wir sehen, ist die experimentelle Anordnung recht kompliziert; sie ermöglicht tatsächlich eine wechsel- und vielseitige Untersuchung der Reaktion des Operateurs bei der Steuerung eines Systems.

Welche Auswirkungen haben die Ergebnisse dieser Untersuchungen für die berufspädagogische Forschung?

Wie können sie konkret bei der Ausbildung von Fachkräften für die automatisierte Produktion, für die Steuerung von komplizierten Produktionsprozessen ausgewertet werden?

Die Erfahrungen (Medwedew) zeigen, daß die Reaktionen des Operateurs Wahrscheinlichkeits-Zeitfunktionen sind.

Der Verlauf der Abweichungen bei konstanter Winkelgeschwindigkeit des Indexes ist ein stationärer zufälliger Prozeß. Die Korrelationsfunktion hängt nicht vom Beginn des Ablesens ab. Die Abweichung hat einen schwingenden Charakter mit veränderlicher Amplitude und veränderlicher Frequenz, wie auf Abb. 12 für $t > t_1$ ersichtlich. Auffallend ist die konstante Verzögerungszeit für alle Operateure, die ungefähr 0,23 s beträgt. Sie stimmt mit der von Prof. Dr. H. Drischel errechneten Verzögerungszeit (Latentzeit) der Iris überein. Diese Übereinstimmung der Verzögerungszeit könnte von der Verzögerung der Fixation der Iris auf zwei verschiedene Punkte abhängen, die sich in unserem Falle durch die sich verändernden Anzeiger und den Index ergeben. T. B. Sheridan untersuchte die Reaktionen eines Operateurs unter Einwirkung verschiedener Narkotika. Dabei entsteht die Frage, ob die Verzögerungszeiten des Operateurs und die Latentzeiten der Iris auch in diesen Fällen gleichbleiben, oder ob nicht

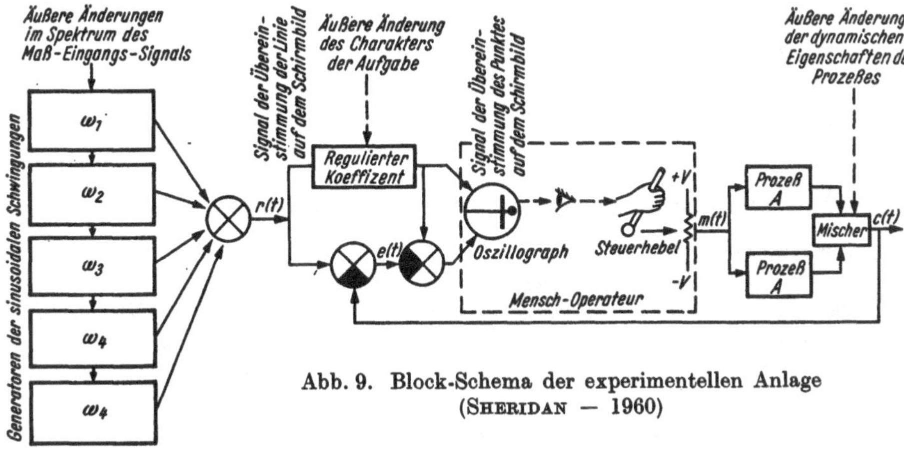

Abb. 9. Block-Schema der experimentellen Anlage (SHERIDAN — 1960)

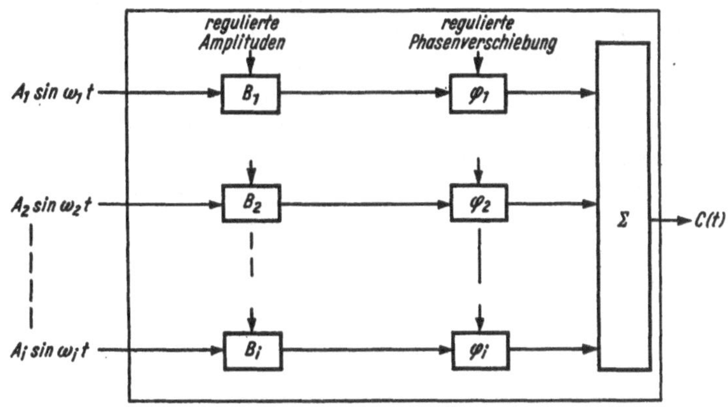

Abb. 10. Struktur des untersuchten linearen Systems mit veränderlichen Koeffizienten (SHERIDAN — 1960)

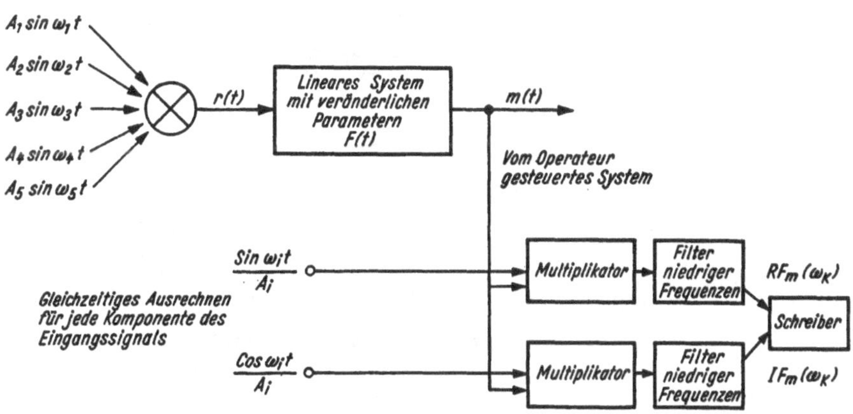

Abb. 11. Block-Schema der Einrichtung für die stetige Ausrechnung des reellen und imaginären Teils der Übergangscharakteristik (SHERIDAN — 1960)

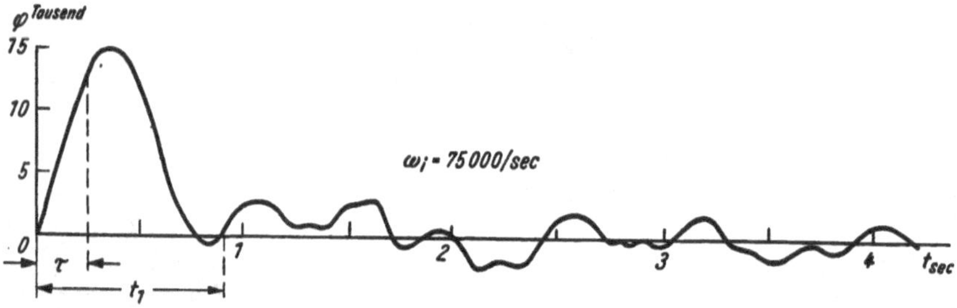

Abb. 12. Abweichung des Zeigers vom Index
bei gleichbleibender Geschwindigkeit des Indexes (Ergebnisse eines Versuchs).
τ — Verzögerungszeit des Operateurs, t_1 — Zeit des Übergangsprozesses,
bei $t < t_1$ — Beginn des Übereinstimmungsprozesses (MEDWEDEW — 1956)

möglicherweise andere Faktoren, zum Beispiel die Zeit, die für die Verarbeitung von Signalinformationen notwendig ist, eine gewisse Rolle spielen. Mit der Lösung dieses Problems werden wir vielleicht auch die Einsicht in den intellektuellen und sensorischen Bereich der Arbeit des Operateurs gewinnen.

Beim Versuch von MEDWEDEW zeigte sich, daß die durchschnittlichen Zeitcharakteristiken für die einzelnen Operateure keine besonderen Unterschiede aufweisen. Der Operateur erreicht nach einer Verzögerungszeit von 0,23 s den dargebotenen Punkt (Index), übersteuert ihn, um dann nach einer kurzen Zeit die Abweichung auf Null zu führen (Abb. 13). In dieser einfachen Steuerungsfunktion kann die Reaktion des Operateurs durch eine lineare Differentialgleichung beschrieben werden.

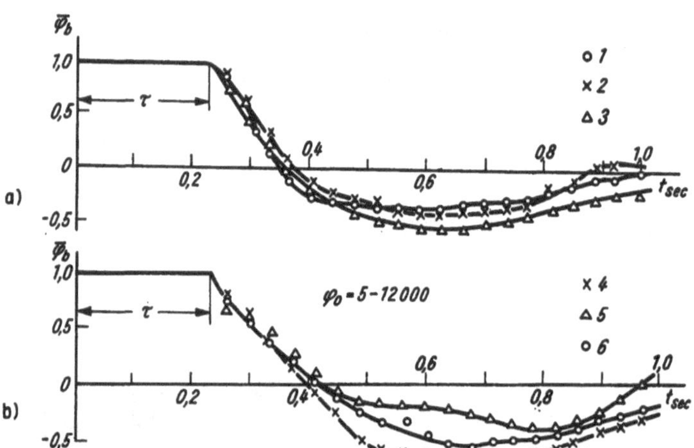

Abb. 13a. $V - \omega_i = 0$ (MEDWEDEW — 1956)

1 für den Operateur Nr. 1 $\varphi_0 = 5 - 12000$; 2 — für den Operateur Nr. 2 $\varphi_0 = 5 - 8000$; 3 — für den Operateur Nr. 4 $\varphi_0 = 5 - 8000$

Abb. 13b. $V - \varphi_0 = 5 - 12000$ (MEDWEDEW — 1956)

4 — für den Operateur Nr. 2 $\omega_i = 20000$/sec; 5 — für den Operateur Nr. 4 $\omega_i = 20000$/sec; 6 — für den Operateur Nr. 4 $\omega_i = 50000$/sec

Die Koeffizientenverhältnisse von $\frac{B_1}{F_0}$ sind 0,03, von $\frac{B_2}{F_0}$ $2^{0,4}$. Die Gleichung hat die Form

$$B_2 \ddot{\beta}(t) + B \dot{\beta}(t) = F_1 \varphi (t \cdot \tau) + F_{0\varphi} (t - \tau)$$

$$\ddot{p}(t) = 4{,}5 \dot{q} (t - \tau) + 2{,}5 \varphi (t - \tau)$$

oder

$$\ddot{\beta}(t) + 0{,}05\, p(t) = 4{,}5 \dot{\varphi} (t - \tau) + 2{,}5\, q (t - \tau) .$$

Zu welchen Schlußfolgerungen kam Medwedew? Er stellte fest, daß die Reaktionsgleichung sich ändert, wenn der Mensch ein komplizierteres System steuert, in dem sich Verstärker, Getriebe usw. befinden. Daraus folgt, daß der Übergang zur Steuerung solcher Systeme eine spezielle, manchmal langwährende Ausbildung verlangt, in deren Verlauf neue reflektorische Verbindungen des Organismus mit der äußeren Welt auszuarbeiten sind. Die Reaktionsgleichung drückt diesen Charakter der Verbindung aus. Es liegen bereits theoretische und experimentell errechnete Vergleichskurven der Reaktion des Operateurs bei der Steuerung verschiedener Systeme vor (Abb. 14).

T. B. Sheridan erzielte folgende Ergebnisse: Wenn der Operateur bei der Steuerung eines kybernetischen Systems seine Übertragungsfunktion der Än-

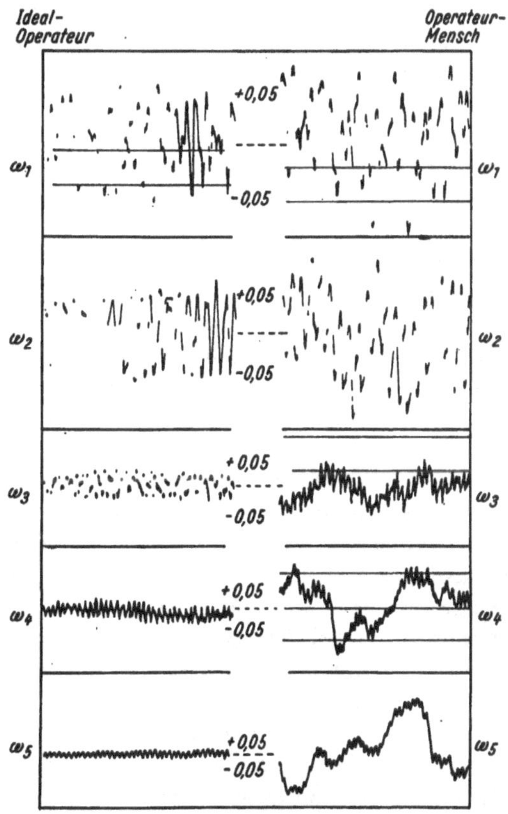

Abb. 14. Änderungen der Ausgangssignale des idealen Steuerungsprozesses und des Menschen-Operateurs (Sheridan — 1960)

derung der Umweltsbedingungen anpaßt, ist seine Reaktion ein quasilinearer Prozeß, der durch eine quasilineare Gleichung mit veränderlichen Parametern beschrieben werden kann.

Nimmt man das von T. B. Sheridan erarbeitete Modell der Einwirkung von sinusoidalen Schwingungen auf den Operateur, so kann man die variablen Werte der Übertragungskoeffizienten und des Frequenzgangs messen. Die Genauigkeitsstufe der kontinuierlichen Änderung der Übertragungskoeffizienten und des Frequenzgangs — wie auch die Entscheidungsfähigkeit des Operateurs — sind begrenzt.

Die Anpassung des Operateurs an den Steuerungsvorgang wird um so effektiver, je besser seine Übung und Einweisung sind. Für den unerfahrenen Operateur, der keine ausreichende Übung hat, ist die Oszillation der Übertragungsfunktion recht beachtlich, sie kann 10 und mehr Minuten betragen.

Diese Ergebnisse haben auf dem 1. IFAC-Kongreß in Moskau eine lebhafte Diskussion ausgelöst und großes Interesse gefunden.

Einstimmig wurde die Auffassung vertreten, daß die Übung, die Ausbildung schlechthin, eine entscheidende Rolle spielt. Aus T. B. Sheridans Untersuchungen geht hervor, daß der Operateur bei der Steuerung von Produktionsprozessen als ein verstärkendes, integrierendes bzw. differenzierendes Glied betrachtet werden kann. Es ist jedoch nicht imstande, die Integration und Differentiation der Steuerungsprozesse höheren Grades zu meistern.

L. B. Itelson erklärte, gestützt auf Untersuchungen von Raggazzini, daß der Mensch wie ein Proportionalregler zweiter Ordnung mit Dämpfung arbeitet.

Hier bietet sich der berufspädagogischen Forschung ein breites und lohnendes Untersuchungsfeld. Nach L. B. Itelson, M. I. Bobnewa [19], K. K. Platonow [134], denen wir uns voll und ganz anschließen, sind die spezifischen Eigenheiten der Steuerungstätigkeit des Menschen, die hohe Formbarkeit und die Fähigkeit, sich auf verschiedene Funktionen und Kategorien der Steuerung einzustellen, zweifellos auch von einer bestimmten spezifischen Methodik seiner Ausbildung für die entsprechende Tätigkeit abhängig.

Obwohl die zur Aufdeckung dieser spezifischen Eigenheiten notwendige wissenschaftliche und methodische Grundlage noch nicht geschaffen ist, denn die Berufsdidaktik hat in Wirklichkeit dieses Gebiet noch nicht einmal berührt, gibt die Kybernetik den Pädagogen bereits wichtige Orientierungspunkte für ein ganzes Forschungsprogramm. So viel ist heute schon klar, daß die als Rückkoppelungsprozeß betrachtete Selbstkontrolle als wichtiges Mittel der Formung der beruflichen Fertigkeiten und Kenntnisse zu betrachten ist. In der Selbstkontrolle (vor allem im Steuerungsprozeß) haben wir es mit zwei Komponenten zu tun: mit der Feststellung und mit der Änderung der festgelegten Abweichung (Korrektur). Die Fertigkeiten und Gewohnheiten, die zur Verwirklichung der ersten Komponente notwendig sind, erscheinen als Grundlage der zweiten Komponente (der Korrektur).

Die Korrektur, das konnten wir an Hand der behandelten Arbeiten und ihrer berufspädagogischen Auswertung nachweisen, trägt oszillierenden (suchenden) Charakter. Die Amplitude und die Häufigkeit dieser Oszillation werden durch die Verzögerung der Reaktion (Hysteresis) erwirkt. Die Bedeutung der Hysteresis und der Nichtadäquatheit der korrigierenden Reaktion hängt von der Stufe der Bewußtheit der Korrektur durch den Menschen, von seiner Tätigkeit, von der Zahl der entsprechenden Übungen und von ihrer Qualität ab.

Der erste und der zweite Faktor verringern die Amplitude und die Zahl der Schwingungen, aber sie ändern nicht den schwingenden Charakter der Korrektur. Als Faktoren, die die Korrektur beeinflussen, erscheinen: Anstieg und Abfall der geforderten Anstrengung, besondere Genauigkeit und Kontinuität der geforderten Korrektur.

Nach L. B. Itelson kann man die Größe und die Dynamik der Veränderung der Hysteresis als ein Mittel zür objektiven Einschätzung der Qualität der Korrektur und der Effektivität der Übungen, die zur Formung entsprechender Gewohnheiten bei den Schülern angewandt werden, betrachten.

Weitere Untersuchungen müssen den Nachweis erbringen, wieweit die systemtheoretischen Forschungsmethoden der Kybernetik auch der berufspädagogischen Praxis unmittelbar Hilfe leisten werden.

Literatur

[1] Aborn, M., Rubenstein, H., Information theory and immediate recall. J. exp. Psychol. 44 (1952) 260-266.

[2] Alluisi, E. A., Muller, P. F., Rate of information transfer with seven symbolic visual codes: motor and verbal responses. USAF. WADC. Tech. Rep. 1956, 56—226.

[3] Alluisi, E. A., Muller, P. F., Fitts, P. M., An information analysis of verbal and motor responses in a forcedpace serial task. J. exp. Psychol. 53 (1957) 153—158.

[4] Annett, J., Kay, H., Sime, M., Teaching Machine. „Teaching Machines and Programmes" a Bulletin, Prepared by Department of Psychology, University of Sheffield, June 1961.

[5] Артоболевский, С. И. и п. Терминология основных понятий автоматики. Труды I. Международного конгресса международной федераций по автоматическому управлению. т. 3 Москва (1961) 642—677.

[6] Attneave, F., Arnoult, M. D., The quantitative study of shape and patterns perception. Psychol. Bull. 53 (1956) 452—471.

[7] Attneave, F., Physical determinants of the judged complexity of shapes. J. exp. Psychol. 53 (1957) 221—227.

[8] Attneave, F., Transfer of experience with a class-schema to indification of patterns and shapes. J. exp. Psychol. 54 (1957) 81—88.

[9] Attneave, F., Symmetry, information and memory for patterns. Amer. J. Psychol. 68 (1955) 209—222.

[10] Attneave, F., Some informational aspects of visual perception. Psychol. Rev. 61 (1954) 183—189.

[11] Attneave, F., Psychological probability as a function of experienced frequency. J. exp. Psychol. 46 (1953) 81—86.

[12] Attneave, F., Applications of the information theory to psychology. N.-Y. (1959).

[13] Banghart, F. W., An Experiment with Teaching-Machines and Programed Textbooks. Am. Educ. Research Assoc., Chicago (1961).

[14] Bennet, W. F., Fitts, P. M., Noble, M., The learning of sequential dependencies. J. exp. Psychol. 49 (1955).

[15] Бирилко, Ю. И., Сабурова, Г. Г., Реализация некоторых психологических принципов в обучающих машинах в США. Вопросы психологии 8 (1962) 4, 163—171.

[16] BIRMINGHAM, H. P., The Optimization of Man-Machine Control Systems. IRE Wescon Conv. Rec. II (1958) Part 4, 272–276.

[17] BIRMINGHAM, H. P., A Demonstration of the Effects of Quickening in Multiple-Coordinate Control Tasks. US Naval Research Laboratory, Report 4380 (1954).

[18] BLYTH, I., Teaching machines and human beings. Educ. Record. 91 (1960) 116–125.

[19] Бобнева, М. И., О некоторых направлениях в изучени систем ,,человек-машина“ в США. Вопросы психологии 8 (1962) 3, 177—184.

[20] BOROFF, D., The three R's and pushbuttons. N. Y. Times Mag., 25. 9. 1960, 36, 66, 68, 70, 72.

[21] Брайнес, С. Н., Напалков, А. В., Свечинский, В. Б., Нейрокибернетика. Москва 1961.

[22] Бриллюэн, Л., Наука и теория информации. Москва 1960.

[23] BROADBENT, D. E., Classical conditioning and human watchkeeping. Psychol. Rev. 60 (1953) 331–339.

[24] BROADBENT, D. E., A mechanical model for human attention and immediate memory. Psychol. Rev. 64 (1957) 205–215.

[25] BROADBENT, D. E., Perception and Communication. Pergamon Press, London 1958.

[26] BRODGEN, W. J., The trigonometrical relationship of precision and angle of linear pursuit movement as a function of amount of practice. Amer. Psychol. 66 (1953) 45–56.

[27] BUSHNELL, D., Computers in the classroom. Data Processing (1962) Nr. 4, 9–14.

[28] CARNAP, R., BAR-HILLEL, Y., An Outline of a theory of semantic Information. MIT Research Lab. Electronics, Techn. Rept., Nr. 247 (1952); Brit. J. Phil. Sci. 4 (1953) 147–157.

[29] CHERNIKOFF, RUBE et al., A Comparison on Zero and Fourth Order Aided Compensatory Systems as a Function of Course Frequency. US Naval Research Laboratory, Report in Press.

[30] CHERRY, C., On human communication. A review, a survey, and a criticism. Chapmann & Hall Lmt., London 1957, 367 Lit.

[31] CHINTSCHIN, A. I., Über grundlegende Sätze der Informationstheorie. In: Arbeiten zur Informationstheorie, Bd. I, 25–85.

[32] CHINTSCHIN, A. I., Der Begriff der Entropie in der Wahrscheinlichkeitsrechnung. In: Arbeiten zur Informationstheorie, Bd. I, 7–25.

[33] CLARK, R. W., Research Studies in Automated Instruction, report presented to the Pennsylvania Advisory Committee on Self-Instructional devices. IGS Harrisburg, Pa., 1961.

[34] CRAIK, KENNETH J. W., Theory of the human operator in control systems. I. The operator as an engineering system. Brit. J. Psychol. 38 (1947) Part. 2, 54–61.

[35] CRAIK, KENNETH J. W., Theory of the human operator in control systems. II. Man as an element in control system. Brit. J. Psychol. 38 (1948) 142–157.

[36] CRON, RODNEY, L., Why automate instruction? IRE Transc. on Educ., E-4 (1961) Nr. 4, 132–134.

[37] CROSSMAN, E. R. F. W., The information — capacity of the human motor-system in pursuit tracking. Quart. J. exp. Psychol. 12 (1960) 1–16.

[38] CROSSMAN, E. R. F. W., The measurement of perceptual load in manual operations. Unpublished Ph. D. Thesis, Birmingham University, 1956.

[39] CROSSMAN, E. R. F. W., SZAFRAN J., Changes with age in the speed of information — intake and discrimination. Experientia IV (1956) 123–135.

[40] CROSSMAN, E. R. F. W., The measurement of discrimiability. Quart. J. exp. Psychol. 7 (1955) 176–195.

[41] CROSSMAN, E. R. F. W., Entropy and choice time: The effect of frequency unbalance on choice response. Quart. J. exp. Psychol. 5 (1953) 41–51.

[42] CRUMPLER, J., Development of Applied Communication Systems Services and Methodology presented at the Teaching-Machine. Conf. sponsored by the Electronics

Personnel Research Group. Dept. of Psychol. University of Southern California, Los Angeles 1960.

[43] Cube, F. v., Über informationstheoretische Probleme in Lerntheorie und Didaktik. Grundlagenstudien zur Kybernetik und Geisteswissenschaft **1** (1960) H. 4.

[44] Cube, F. v., Grundsätzliche Probleme bei der Anwendung der Shannonschen Formel auf Wahrnehmungstheorie und Lerntheorie. Grundlagenstudien zur Kybernetik und Geisteswissenschaft **1** (1960) H. 1.

[45] Cube, F. v., Zur Theorie des mechanischen Lernens. Grundlagenstudien zur Kybernetik und Geisteswissenschaft **1** (1960) H. 5.

[46] Cube, F. v., Über ein Verfahren der mechanischen Didaktik. Grundlagenstudien zur Kybernetik und Geisteswissenschaft **2** (1961) H. 1.

[47] Darby, C. I., An Annotated Bibliography on the Automation of Instruction. US Army Air Defense Human Research Unit, Fort Bliss, Tex., Research Memo., July 1959.

[48] David, A., La Structure de la Personne Humaine. Presses Universitaires de France.

[49] Davis, R., The Role of „Attention" in the psychological refractory period. Quart. J. exp. Psychol. **11** (1959), Nr. 4, 211–220.

[50] Davis, R., The human operator as a single channel information system. Quart. J. exp. Psychol. **9** (1957) 119.

[51] Davis, R., The limits of the „Psychological Refractory Period". Quart. J. exp. Psychol. 8 (1956) 29–37.

[52] Davis, R., Pilot Error. Air Ministry Publication, A. P. 3139 A. London: A. M. S. O. 1948.

[53] Deutsch, W. D., Automated Tutors in Industry, presented before Eastern Psychol. Assoc. Philadelphia, Pa., April 1961.

[54] Добролюбов, А. И., Метод описания и анализа работы гидроэлектросхем. Механизация и автоматизация производства (1961) 12, 7—10.

[55] Eichhorn, G., Zur Theorie der heuristischen Denkmethoden. Grundlagenstudien zur Kybernetik und Geisteswissenschaft.

[56] Elkind, J. I., Tracking Response Characteristics of the Human Operator. Human Factors Operation Res. Labs. Air Res. and Dev. Command, USAF, Washington, D. C., Memo. 40, Sept. 1953.

[57] Elkind, J. I., Characteristics of simple manual control systems. MIT Lincoln Lab. Technical Report Nr. III (1956).

[58] Elkind, J. I., Forgle, C. D., Characteristics of the human operator in simple manual control systems. IRE Trans. on Automatic Control, AC – 4, (1959) 44–55.

[59] Elkind, J. I., Sprague, L. T., Transmission of information in simple manual control. IRE Trans. AEF – 2 (1961) 58.

[60] Evans, J. L., Glaser, R., Homme, L. E., A preliminary investigation of variation in the properties of verbal learning sequences of the „teaching machine" type, presented before Eastern Psychol. Assoc. Atlantic City, N. Y., 1959.

[61] Faverge, J.-M., De modelé de l'information en Psychologie. The Proceedings of XV International Congress of Psychology.

[62] Faverge, J.-M., La théorie de l'information en psychologie expérimentale. Année psychologique (1953) 463–476.

[63] Ferster, C. B., Sapon, S. M., An application of recent developments in psychology to the teaching of German. Harvard Educ. Rev. **28** (1958) 156–157.

[64] Fitts, P. M., A study of location discrimination ability. US Army Air Forces Aviation, Psychology Programme, Research Report Nr. 19 (1947) Psychological Research on Equipment Design, Chapter 15, 207–217.

[65] Fitts, P. M., The information capacity of the human motor system in controling the amplitude of movement. J. exp. Psychol. **47** (1954) 381–391.

[66] Fitts, P. M., Seeger, O. M., S – R compatibility spatial characteristics of stimulus and response codes. J. exp. Psychol. **46** (1953) 199–210.

[67] FITTS, P. M., Engineering psychology and equipment design. Handbook of Experimental Psychology (ed. S. S. Stevens). New York 1958, p. 1287–1340.

[68] FITTS, P. M., NOBLE, M., WARREN, C. E., The frequency response of skilled subjects in a pursuit — tracking task. J. exp. Psychol. **49** (1955) 249–256.

[69] Фомин, Ю. Л., Цифровая запись пояснений к релейным схемам. Механизация и автоматизация производства **15** (1961) 3, 50—51.

[70] FRANK, H., Kybernetische Grundlagen der Pädagogik. Baden-Baden, Paris 1962.

[71] FRANK, H., Über grundlegende Sätze der Informationspsychologie. Grundlagenstudien aus Kybernetik und Geisteswissenschaft **1** (1960) H. 1, 25–32.

[72] FRANK, H., Über eine informationspsychologische Maßbestimmung der semantischen und pragmatischen Information. Grundlagenstudien aus Kybernetik und Geisteswissenschaft **1** (1960) H. 2, 37–40.

[73] FRANK, H., Über die Kapazitäten der menschlichen Sinnesorgane. Grundlagenstudium zur Kybernetik und Geisteswissenschaft.

[74] FUSCO, G. C., Technology in the classroom. School Life, March 1960.

[75] GALANTER, E. (Ed), Automatic Teaching: The state of the art. N. Y. J. Wiley and S. Inc. 1959.

[76] Гельмонт, А., Применение обучающих машин в США. Советская педагогика **25** (1961) 7, 156—157.

[77] GRAFF, K., Kybernetische Pädagogik. Die Deutsche Berufs- und Fachschule **58** (1962) H. 9, 646–647.

[78] GROPPER, G. L., LUMSDAINE, A. A., Experiments on active student response to televised instruction. An interim report. Am. Inst. Research, Pittsburgh, Report AIR-CIC – 60 – IR – 108, 1960.

[79] Гуревич, К. М., Гаджиев, С. С., Изучение роли личного фактора в управлении электрооборудованеем электростанций. Вопросы психологии (1961) 3, 37—44.

[80] HAKE, H. W., HYMAN, R., Perception of the statistical structure of a random series of binary symbols. J. exp. Psychol. **45** (1953) 64–74.

[81] Харкевич, А. А., О ценности информации. Проблемы кибернетики в. 4, 53—57.

[82] HICK, W. E., Discontinuity and the human operator of machine controls. Unpublished report, Medical Research Council Applied Psychology, Unit. Report No. 67.

[83] HICK, W. E., The discontinuous functioning of the human operator in pursuit tasks. Quart. J. exp. Psychol. (1948) 1, 36–56.

[84] HICK, W. E., Reaction time for the amendment of a response. Quart. J. exp. Psychol. (1949) 1, 175.

[85] HICK, W. E., On the rate of gain of information. Quart. J. exp. Psychol. (1952) 4, 11–26.

[86] HICK, W. E., Why the human operator? Trans. soc. Inst., Technol. **4** (1952) 67.

[87] HICK, W. E., WELFORD, A. T., Comments on Elithorn and Lawrance (1955). Quart. J. exp. Psychol. (1956) 39–41.

[88] HICK, W. E., BATES, I. A. V., The human operator of control mechanisms. Ministry of Supply. Monograph 17, 204.

[89] HOLDING, D. H., Information theory in Psychology. Ministry of Supply. London 1955.

[90] Храпаль, П. А., О программе курса педагогики. Советская педагогика **26** (1960) 10, 131.

[91] IRVING, H. D., Sibyl: A laboratory for simulation studies of man-machine systems. IRE Wescon Convention – Record (1958) 4, 277–285.

[92] ITELSON, L. B., Die Kybernetik und Fragen der Arbeitspsychologie. Sowjetwissenschaft, Gesellschaftswiss. Beitr. (1962) H. 10, 1105–1123.

[93] Ительсон, Л. Б., Об особенностях формирования самоконтроля при производственном обучении. Вопросы психологии **7** (1961) 2, 5—16.

[94] Ивенский, Ю. Н., Туллер, А. Г., Электрооборудование линий из агрегатных станков. Механизация и автоматизация производства **15** (1961) 10, 39—45.

[95] KELBERT, H., Konstituierung der Arbeitsgruppe „Kybernetik und Pädagogik". Pädagogik **17** (1962) H. 10, 964–965.

[96] KELBERT, H., Von Algorithmen und algorithmischen Prozessen. Wissenschaft und Fortschritt **12** (1962) H. 11, 509–512.

[97] KELBERT, H., Über die Anwendung der Algorithmen von Ljapunow in der Berufspädagogik (Ausbildung von Operateuren an automatischen Anlagen). In: Über wissenschaftliche Grundlagen der modernen Technik, Bd. V (Reihe A: Tagungen). Tagungsbericht der Konferenz über mathematische und physikalisch-technische Probleme der Kybernetik vom 23. bis 27. März 1962 der Deutschen Akademie der Wissenschaften zu Berlin. Akademie-Verlag, Berlin 1963.

[98] Крживоглавы, Я., Инженерная психология и безопасность труда. Вопросы психологии (1962) 4, 89—98.

[99] Kybernetik und Pädagogik. Pädagogik **17** (1962) H. 10, 944–960.

[100] Ланда, Л. Н., Опыт применеия математической логики и теории информации к некоторым проблемам обучения. Вопросы психологии **8** (1962) 2, 19—40.

[101] Ланда, Л. Н., Обучение учащихся методам рационального мышления и проблема алгоритмов. Вопросы психологии **7** (1961) 1, 103—118.

[102] Ланда, Л. Н., О кибернетическом подходе к теории обучения. Вопросы философии **16** (1962) 9, 75--87.

[103] LANCASTER, OTIS E., MARI: Motivator and Response Indicator. IRE Trans. on Educ. (1961) 167–174.

[104] LEONARD, J. A., Unpublished report at the psychological laboratory. Cambridge 1950.

[105] LEONARD, J. A., The effect of partial advance information. Medical Research Council Applied Psychology, Unit. Report No. 217/54.

[106] LEONARD, J. A., Partial advance information in a choice reaction task. Brit. J. Psychol. **49** (1958) 89–96.

[107] LEONARD, J. A., Tactual choice reactions I. Quart. J. exp. Psychol. (1959) II, 76–83.

[108] Леонтьев, А. Н., Кринчик, Е. П., О применении теории информации в конкретно-психологических исследованиях. Вопросы психологии **7** (1961) 5, 25—46.

[109] LEVINE, S. L., Introduction to teaching machines. IRE Wescon Conv. Rec. (1960) Part 4, 146–194.

[110] LEVINE, S. L., KNIGHT, W. J., Teaching Machines: General Purpose and Special Purpose. IRE Trans. on Educ. (1962) 30–31.

[111] LEY, JAMES B., A description of a simple teaching machine. IRE Trans. on Educ. (1961) 38–42.

[112] LUCY, D. R., Development in Mathematical Psychology. Information. Learning and Tracking. Illinois 1961.

[113] LINDON, E. SALINE, The technology of information systems — another challenge for Engineering Education. IRE Trans. on Educ. E-4 (1961) Nr. 3, 91.

[114] LUMSDAINE, A., GLASER, R., Teaching machines and programmed learning. NEA, 1960.

[115] MACKAY M. DONALD, MCCULLOCH, WARREN, The limiting information capacity of a neuronal link. Bull. Math. Biophysics (1952) 14.

[116] MCRUER, D. T., SECKEL, E., HALL, I. A. M., WIER, B. H., Human pilot dynamic response in flight and simulator. WADC Techn. Report **57** (1957) 520.

[117] MCRUER, D. T., KRENDEL, E. S., The human operator as a servo system element. Jour. of the Franklin Inst. **267** (1959) 5/6.

[118] McRuer, D. T., Krendel, E. S., A review and summary of tracking research applied to the description of human dynamic response. IRE Wescon. Conv. Rec. II (1958) 4, 254–262.
[119] McRuer, D. T., Krendel, E. S., Dynamic response of human operators. Wright Air Development Centr., Technical Report, Act. 1957, 56–524.
[120] McRuer, D. T., Ashkenas, J. L., Guerre, C. L., A system analysis view of longitudinal flying qualities. WADC Techn. Report **60** (1960) 43.
[121] Mager, R. F., A method for preparing auto-instructional programs. IRE Trans. on Educ. (1961) 151–161.
[122] Malmquist, E., Undervisnungsmaskiner och devas användung. Skola och samhälle, Stockholm **42** (1961) H. 6, 175–187.
[123] Медведев, С. С., О некоторых закономерностях в работе оператора. Автоматика и телемеханика **17** (1956) 11, 985—999.
[124] Merkel, J., Die zeitlichen Verhältnisse der Willenstätigkeit. Philos. Stud. **2** (1885) 73–127.
[125] Miller, G. A., Bruner, J. S., Postman, L., Familiarity of letter sequences and tachistoscopic identification. J. Gen. Psychol. **50** (1952) 129–139.
[126] Miller, G. A., Selfridge, J. A., Verbal context and the recall of meaningful material. Amer. J. Psychol. **63** (1950).
[127] Mowbray, G. H., Man as a link in complex machine systems. Sci. Mon. **83** (1956) 269–276.
[128] Mowbray, G. H., Rhoades, M. V., On the reduction of choice reaction times with practice. Quart. J. experimental Psychol. **11** (1959) Part 1, 16–23.
[129] Mowbray, G. H., Choice reaction times for skilled responses. Quart. J. exp. Psychol. **12** (1960) 193.
[130] Noble, C. E., The familiarity – frequency – relationship. J. exp. Psychol. **47** (1954).
[131] Organisation des nations unies pour l'éducation, la science et la culture. Nouvelles méthodes et techniques d'éducation. Rapport de la réunion d'experts tenue à Paris du 12 au 23. mars 1962. UNESCO. Ed. 19 Paris, Le 18. Mai 1962.
[132] Ошанин, Д. А., Венда, В. Ф., О некоторых путях повышения еффективности операторского труда в системах „человек-автомат". Вопросы психологии **8** (1962) 3, 23—36.
[133] Panow, D. I., Oschanin, D. A., Die Rolle der Menschen in den automatischen Steuersystemen. Sowjetwissenschaft, Gesellschaftswiss. Beitr. (1962) H. 14, 1091 bis 1104.
[134] Платонов, К. К., Психологические вопросы теории тренажевор. Вопросы психологии **7** (1961) 4, 77—86.
[135] Platzer, H. L., Simulation of a human tracking problem on the UDEC III Computer. IRE Wescon Conv. Rec. 1958, Part 4, 286–291.
[136] Pressey, S. L., A simple Apparatus Which Gives Tests and Scores- and Teaches. School and Society **23** (1926) Nr. 586.
[137] Porter, D., Teaching Machines. Harvard School of Education Association Bulletin, III (1958).
[138] Porter, D., A critical review of a portion of the literature on teaching devices. „Teaching Machines and programmed learning". A Source Book Department of Audio-Visual Instruction, National Education Association, Washington 1960.
[139] Programmed Learning, Foundation for Research on Human Behavior, 1961.
[140] Programmiertes Lernen. Der Automat als Lehrer. Berufsbildende Schule **13** (1961) H. 6, 440–441.
[141] Пушкин, В. Н., Некоторые вопросы психологии оперативного управления на железнодорожном транспорте. Вопросы психологии **5** (1959) 3.
[142] Quackenbusch, J., How effective are the new auto-instructional materials and devices? IRE Trans. on Educ. (1961) 144–151.
[143] Reichhardt, W., Umwandlung und Verarbeitung von Information im Zentralnervensystem und in Automaten. Dtsch. med. Wschr. **85** (1950), Juniheft.

[144] Reitmann, W., A., Programme Intelligent Problem solvas. IRE Transaction on human factors in electronics, HFG-2 (1961), Nr. 1, 27.

[145] Розенблат, У., Обработка сенсорной информации организмов. Современные проблемы биофизики. Москва 1961, 224—232.

[146] Rund, P., A., The Utility of Quickening Techniques in Improving Tracking Performance With a Binary Display. US Naval Research Laboratory, Report 1957.

[147] Saline, L. E., The Technology of Information Systems —Another Challenge for Engineering Education. IRE Trans. on Educ. (1961) 91—97.

[148] Sheridan, T. B., Time-Variable Dynamics of human-operator-systems. Sc. D. Thesis Massachusetts Institute of Technology 1959.

[149] Шеридан, Т. Б., Экспериментальное исследование изменений передоточной функции человека — оператора во времени. in [150]

[150] Труды I. международного конгресса международной федераций поавтоматическому управлению. т. 2. Москва 1961, 851—868.

[151] Sinnott, W. R., Teaching machines. Technical Education 3 (1961) 20—22.

[152] Skinner, B. F., Teaching machines. Science **128** (1958) 969—977.

[153] Skinner, B. F., The Science of Learning and the Art of Teaching. Harward Education Review (1954) 29.

[154] Соколов, Е. Н., Михалевская, М. Ф., Измерение эффективности действия многократно наносимого раздражителя. Вопросы психологии **7** (1961) 5, 183—188.

[155] Солодовников, В. В., Кибернетика, автоматика, проблема автоматического управления и управляющие машины. Применение вычислительной техники для автоматизации производства. Москва 1961.

[156] Solomon, H., Mathematical thinking in the measurement of behavior. The Free Press of Glencoe. Illinois 1901, II + 314.

[157] Stockmann, H., Circuit theory in a unified curriculum. IRE Trans. on Educ. E 4 (1960) Nr. 1.

[158] Суворова, В. В., Идашкин, Ю. В., Гаджиев, С. С., Опыт психологического изучения деятельности операторов. Вопросы психологии **5** (1961) 3.

[159] Sweeney, J., Comparative evaluation of three approaches to helicopter instrumentation for hovering flight. US Naval Research Laboratory, Report 1957.

[160] Taylor, F. V., Birmingham, H. P., A design philosophy for man-machine control systems. Proc. IRE **42** (1954) Nr. 12, 1748—1758.

[161] TEMAC, Programmed learning materials. Encyclopedia Britanica Films. Wilmette J. A. Rept. (1961) Nr. 2.

[162] Терещенко, К. К., Схема програмного автоматического управления механизмами с нереверсивным приводом. Москва 1961.

[163] Третя всероссийская конференция обучении. Советская педагогика **26** (1962) 10, 157—159.

[164] Tustin, A., The nature of the operators response in manual control and its implications for controller design. J. Inst. electr. Eng. **94** (1947) part II A, Nr. 2.

[165] Tustin, A., A method of analysing the behavior of linear systems in terms of time series. J. Inst. electr. Eng. (1947) part II A.

[166] Tustin, A., Notes on manual control of guns further to C. S. 169 and S. C. 184. C. S. Memorandum 203, Metropolitan-Vickers Electrical Co. Ltd., Atterdiffe Common Works, Sheffield/England 1945.

[167] Tustin, A., The Choice of Response Characteristics for Controllers for Power Driven Guns. S. C. Memorandum 184, Metropolitan-Vickers Electrical Co. Ltd., Atterdiffe Common Works, Sheffield/England 1944.

[168] Tustin, A., An investigation of the operators response in manual control of a Power Driven Guns. C. S. Memorandum 169, Metropolitan-Vickers Electrical Co. Ltd., Atterdiffe Common Works, Sheffield/England 1944.

[169] VANA, J., O metodologickych problemach v rozvoji pedagogicke teorie. Pedagogika **12** (1962) 3, 272–315.
[170] WEISS, H. K., Recommanded tracking ration for T 36 Director. Memo to Presedent Antiaircraft Artillery Board, 1943.
[171] WEISS, H. K., Improvement of tracking with disturbed reticle sights. Memo to Presedent Antiaircraft Artillery Board, 1945.
[172] WELFORD, A. T., Skill and age: an experimental approach. Oxford University Press for the Nuffield Foundation 1951.
[173] WELFORD, A. T., The psychological refractory period and the timing of high-speed performance — a review and a theory. Brit. J. exp. Psychol. **43** (1952) Part 1, 2–19.
[174] WELFORD, A. T., Evidence of a single channel decision mechanism limiting performance in a serial reaction task. Quart. J. exp. Psychol. **11** (1959) Part 4, 193–208.
[175] WELFORD, A. T., An electronic digital recording machine — the SETAR. J. sci. Instrum. (1952) 29, 1–4.
[176] WHITMORE, P. G., A rational Analysis of the Process of Instruction. IRE Trans. on Educ. E-4 (1961) No. 4, 135–143.
[177] WILLIAMS, E. M., Programmed Learning in Engineering Education — A Preliminary Study. IRE Trans. on Educ. (1961) 51–58.
[178] Завалишина, Д. Н., Пушкин, В. Н., Некоторые вопросы оперативного планирования в труде дежурного по станции. Вопросы психологии **7** (1961) 1, 3—11.

Diskussion

Dr. Günter CLAUSZ, *Institut für Psychologie der Karl-Marx-Universität Leipzig*, sprach über zwei methodische Probleme der Anwendung kybernetischer Methoden in der Psychologie.

Im Zusammenhang mit dem ersten dieser Probleme nannte Dr. CLAUSZ fünf Bedingungen, denen die Fragestellung, die man durch Anwendung einer kybernetischen Methode beantworten will, genügen müsse:

1. Der psychische Vorgang, der untersucht werden soll, muß durch exakt quantifizierbare Reize auslösbar sein.
2. Dieser psychische Vorgang muß zu exakt meßbaren Verhaltensweisen beim Probanden führen, zu Erlebnissen, Reaktionen, Wahrnehmungsinhalten usw.
3. Die verwendeten Reize müssen quantitativ variierbar sein, nach ihrer Stärke oder Qualität oder auch nach ihrer Lage oder Anzahl.
4. Die Reaktionen müssen möglichst nicht nur digital in einer Ja–Nein-Entscheidung erfolgen, sondern ihrerseits quantitativ abgestuft sein.
5. Eine theoretisch begründete Annahme eines Funktionszusammenhangs, die man durch eine kybernetische Methode dann überprüft, muß bereits vorliegen.

Dr. CLAUSZ erhob Bedenken, inwieweit die 5. dieser Bedingungen bezüglich der im Referat von Prof. Dr. H. KELBERT erwähnten Lernmaschine erfüllt sei. Diesen Lernmaschinen läge die behavioristische Lerntheorie zugrunde. Er würde es daher geradezu für verhängnisvoll halten, wenn der begrenzte Umfang, in dem solche Lernmaschinen anwendbar sein mögen, überschritten werde und eine allgemeine Anwendung empfohlen werden sollte.

Das zweite Problem bezog sich auf die im Referat von Prof. Dr. F. KLIX skizzierten empirischen psychologischen Untersuchungen. Diese Untersuchungen genügten zwar den aufgezählten methodischen Anforderungen, beschäftigten sich aber fast gar nicht mit Willkürverhaltensweisen.

Dr. Clausz faßte dies nicht als einen Vorwurf auf. Beim derzeitigen Stand unserer Theorienbildung sei es vielmehr notwendig, sich auf die Anwendung kybernetischer Methoden in dem Bereich zu beschränken, in dem wir bereits sichere Aussagen machen können. Das schließe aber nicht aus, daß die künftige Entwicklung der Psychologie darauf gerichtet sein muß, kybernetische Methoden auch bei solchen Fragestellungen anzuwenden, bei denen das Willkürverhalten des Einzelnen entscheidend ist. Dann allerdings werde man nicht hoffen dürfen, Aussagen zu gewinnen, die Anspruch auf Geltung für das Individuum besitzen, sondern die Wahrscheinlichkeitscharakter tragen und die eine Aussage über Populationen machen.

Prof. Dr. Friedhart Klix, *Direktor des Psychologischen Instituts der Humboldt-Universität zu Berlin*, erklärte, daß die fünf Bedingungen, die Dr. G. Clausz aufzählte, präzisiert werden müßten und daß einige Einschränkungen, die daraus folgten, hinfällig würden.

Die unter Punkt 3 geforderte quantitative Dosierbarkeit der Reize bedeute offenbar nicht, daß eine Reizgebung einem Kontinuum angehören müsse. Denn hier setze die Möglichkeit der statistischen Charakterisierung von Eingangsbedingungen ein, die metrisch auch genau bestimmbar sei. Einzelvarianten sind hierbei zufallsabhängig. Aber den Eingangsbedingungen läßt sich ein phänomenaler Endzustand zuordnen. Prof. Dr. F. Klix erläuterte dies am Beispiel des Wahrnehmungsfeldes.

Die unter Punkt 5 aufgestellte Bedingung, daß die theoretisch begründete Annahme eines Funktionszusammenhangs bereits vorliegen müsse, brauche nicht notwendig erfüllt zu sein. Denn auch in diesem Falle sind produktive Fragestellungen möglich. Prof. Dr. F. Klix erläuterte dies an dem bereits in seinem Referat erwähnten Beispiel der Untersuchung über die Wirkung niederfrequenten Wechselstroms auf die Koordinatendrehung des Sehfelds und deren Bedeutung für die Lageorientierung des Menschen.

Prof. Dr. Heinz Kelbert, *Deutsches Institut für Berufsausbildung, Berlin*, erklärte, daß die Gefahr einer oberflächlichen behavioristischen Betrachtung, wie Dr. G. Clausz hervorgehoben habe, bei der Beurteilung der Wirksamkeit der lehrenden Automaten durchaus bestehe. Es gehe aber darum, die positiven Ansätze in diesen Verfahren aufzudecken und unter Beachtung der wissenschaftlichen methodologischen Grundprinzipien auch im positiven Sinne zu entwickeln. Jede a priori festgelegte Abstempelung der Ideen des sog. „programmierten Unterrichts“ beraubt uns der Möglichkeit, die pädagogische Wissenschaft und die Unterrichtspraxis zu modernisieren und zu „ökonomisieren“. Daß dieser Weg gangbar und notwendig ist, zeigen uns die sowjetischen Erfahrungen. In der letzten Sitzung der Akademie der Pädagogischen Wissenschaften der RSFSR in Moskau erklärte ihr Präsident, Prof. Kairow, daß der „programmierte Unterricht“ eine aussichtsreiche Zukunft habe und daß man alle Anstrengungen unternehmen müsse, um die neuen methodischen Ergebnisse voll wirksam werden zu lassen. Ein dogmatisches Verharren hemme die wissenschaftliche Entwicklung.

Dr. Hans-Dieter Schmidt, *Institut für Psychologie der Friedrich-Schiller-Universität Jena*, versuchte unter Bezugnahme auf den Beitrag von Dr. G. Clausz zu zeigen, auf welche Weise Willkürverhalten des Menschen unter kybernetischen Aspekten untersucht werden kann. Als wesentlichen Ansatzpunkt dafür sieht er die Spieltheorie an.

Dipl.-Phil. Helmut Metzler

Aspirant am Philosophischen Institut der Humboldt-Universität zu Berlin

EINIGE BEMERKUNGEN ZUM INFORMATIONSBEGRIFF

Im Verlaufe der gestrigen Diskussion tauchten mehrere Bemerkungen zum Begriff der Information auf. Dieser Begriff muß von der Philosophie in ihr Kategoriengefüge eingeordnet werden. Dazu stehen uns zwei Wege offen, die meiner Meinung nach den gestrigen unterschiedlichen Auffassungen zum Begriff der Information zugrunde lagen und die beide als legitim anzusehen sind. Wir haben als erstes die Möglichkeit, daß wir vom alltäglichen Sprachgebrauch ausgehen, in dem das Wort Information auftritt. Wir haben als zweites die Möglichkeit, als Philosophen den bereits wissenschaftlich präzisierten Sprachgebrauch unserer Verallgemeinerungsarbeit zugrunde zu legen. Beschreiten wir den zweiten Weg, so haben wir einen großen Vorteil. Wir ersparen uns nämlich eine Menge Arbeit, die zur Präzisierung eines Begriffs notwendig ist. Selbstverständlich laufen wir aber auch Gefahr, uns einer einseitigen Auffassung anzuschließen. Da jedoch die philosophische Methode der Analyse der Ergebnisse der Wissenschaften nicht in einem schematischen Übernehmen dieser Ergebnisse bestehen darf, werden eine wirklich gründliche Durchdringung und ein gründlicher Vergleich mit anderen Ergebnissen verlangt, also auch eine Abgrenzung vom üblichen umgangssprachlichen Gebrauch der Begriffe. Deshalb besteht beim zweiten Weg die genannte Gefahr auch nur scheinbar. Sie entsteht nicht bei einer wirklich ernsten Arbeit. Im Anschluß an die wissenschaftlich präzisierte Form des Gebrauchs des Begriffs der Information, wie er in der mathematischen Formulierung der Informationstheorie vorliegt, möchte ich folgendes bemerken.

Dieser Begriff ist, wie für die naturwissenschaftliche Methode allgemein charakteristisch, phänomenologisch gebildet. Das heißt, es wird nicht nach irgendeinem Wesen der Sache, die beschrieben wird, gefragt, sondern das durch Meßdaten erfaßte Objekt wird so, wie es in der Praxis auftritt, einer mathematischen und damit gleichzeitig begrifflichen Beschreibung unterworfen. Diese Art der Beschreibung der Objekte ist, wenn man nicht bei dieser Stufe stehen bleibt, ein echt materialistisches Vorgehen. Natürlich muß man von der ersten Stufe der Beschreibung der Phänomene zu einer nächsten, tieferliegenden vorstoßen. Als Vergleich möchte ich den Fortschritt von der klassischen Auffassung der Wärmetheorie zur Thermodynamik anführen, bei dem ebenfalls der Übergang von einer Beschreibung der Phänomene erster Ordnung zu einer Beschreibung von Phänomenen zweiter Ordnung im Sinne eines Fortschreitens von der Erscheinung zum Wesen vorliegt. Dabei ist es so, daß dieser Prozeß des Tieferlegens der Fundamente selbstverständlich nicht mit zwei Schritten abgeschlossen sein muß, obwohl er es sein kann. Wichtig ist auf jeden Fall, daß man sich grundsätzlich diesen Prozeß des möglichen weiteren Fortschreitens offenhält. Wenn wir als Philosophen also den wissenschaftlichen Gebrauch des Begriffs der Information zugrundelegen, so müssen wir dabei im Auge behalten, daß dieser Begriff der sogenannten metrischen Information seine Vertiefung in Richtung auf die Analyse eines semantischen und eines pragmatischen Informationsbegriffs offen hat. Es ist trivial, in der von Dr. P. Neidhardt angegebenen Weise zu verfahren und festzustellen, daß in der Formel zur metrischen Information nichts über die semantische Seite der Information ausgesagt wird. So läßt sich die Diskussion über den Informationsbegriff — in seiner von der Kybernetik bisher exakt erarbeiteten Gestalt — als das Ziel verfehlend nicht verwerfen. Wenn wir das Verhältnis zwischen metrischem und semantischem Aspekt der Information erfassen wollen, müssen wir anders vorgehen. Zur Klärung der Sachlage kann uns ein Analogon aus der formalisierten Logik dienen. Auf dem heutigen Stand liefert die Informationstheorie eine erste Beschreibung des Phänomens. Insofern stellt sie eine Übersetzung der objektiv festgestellten Ergebnisse in die menschlichen Begriffe und in deren mathematisch exakte Form dar. Dies entspricht in unserem als Analogon gewählten Bereich der Angabe des syntaktischen Aufbaus einer Sprache. Hiermit ist zwar exakt, aber doch nur in sehr bescheidenem Maße die zu formalisierende Sprache erfaßt. Soll dieses Untersuchungsobjekt noch weitergehend mit mathematischer Präzision widergespiegelt werden, dann muß die vorgegebene Sprache auch hinsichtlich ihrer semantischen Seite formalisiert werden. Den hierbei zu vollziehenden Übergang führt die moderne Logik in der Weise durch, daß die syntaktisch vorgegebenen Strukturen bzw. vorliegenden Ausdrücke semantisch belegt werden. Eine ähnliche wie die hier benutzte Abbildungsbeziehung müssen wir auch beim Übergang von der metrischen zur semantischen Information ansetzen. Ebensowenig wie wir in der Syntax einer Sprache etwas über Semantik finden, können wir auch von der metrischen Information nicht mehr erwarten, als wir hineinlegten. Die Aufgabe ist aber, die genannte Abbildungsbeziehung zu erarbeiten, um den Zusammenhang zwischen metrischer und semantischer Information zu erfassen und um diese ebenso exakt in die Wissenschaft einzuführen, wie es mit der metrischen bereits gelungen ist. Wir sind im Zusammenhang mit der Informationstheorie berechtigt zu vermuten, daß eine Semantik als Belegung des als metrische Information gefaßten Informationsbegriffs möglich ist.

Die Ausführungen von Prof. Dr. F. Klix in seinem heutigen Vortrag über einige positive experimentelle Ergebnisse in der genannten Richtung unterstreichen das Gesagte. (Über den exakten Charakter bzw. über den exakt fixierten Charakter dieser Belegung muß man sich selbstverständlich erst einmal klar sein.) Philosophisch können wir diese Vermutung als Vermutung schon im umgangssprachlichen Gebrauch des Begriffs Information begründen, der ein bestimmtes psychisches Phänomen beschreibt. Eine andere Frage ist es, ob diese Semantik dann nur für zwischenmenschliche Informationen oder für jede Art von Informationen anzusetzen ist, d.h., wir kommen hier zur Frage von Herrn Prof. Dr. A. Kolman, ob wir den Begriff der Information, wie er heute in der metrischen Gestalt vorliegt, insgesamt mit einer Semantik versehen sollen oder ob wir diese metrische Information als für die Nachrichtentechniker, Kybernetiker u. a. Wissenschaftler nützlichen Begriff unterscheiden von einem zweiten Begriff der Information, der die zwischenmenschliche Information beschreibt und bei dem eine Semantik mit anzusetzen ist. Ich selbst bin der Meinung, daß es sinnvoller ist, die Semantik für den gesamten Informationsbegriff anzuwenden. Ich halte es deshalb für sinnvoll, weil dadurch die Semantik selbst leichter einer Objektivierung zugänglich wird. In einer Arbeit in der „Deutschen Zeitschrift für Philosophie“ vom Mai 1962 habe ich einige Gesichtspunkte hierzu festgehalten. Hier möchte ich mich darauf beschränken, zu den in der Diskussion aufgetretenen Meinungen Stellung zu nehmen. Der erste Schritt der philosophischen Untersuchung des von der Kybernetik exakt fixierten Begriffs der metrischen Information (der eine Beschreibung des Phänomens ist) besteht also darin, das mathematisch fixierte Phänomen, konfrontiert mit den realen Erscheinungen, in das Kategoriengefüge des dialektischen Materialismus einzuordnen. Hierbei ist das heuristische Vorgehen des Philosophen so zu beschreiben, daß man sagt, wir vergleichen das Neue mit dem Bekannten und versuchen erst einmal, es nach Ähnlichkeitsgesichtspunkten einzuordnen. Bei der Information bieten sich für den Marxisten grundsätzlich zwei Möglichkeiten, diese als Bewußtseins- oder Materiephänomen zu betrachten. Die Information zum Bewußtsein zu rechnen, steht im Widerspruch zu den kybernetischen Ergebnissen und Festlegungen. Sie zu materiellen Erscheinungsformen, wie Stoff oder Energie, zu rechnen, widerspricht ebenfalls der Kybernetik. Darauf wies besonders N. Wiener hin. Andererseits tritt die Information aber sowohl in der Materie als auch im

Bewußtsein auf, eben jene metrische Information. Ein Kurzschluß ist es, wenn man die Information auf Grund dieses doppelten Auftretens als etwas Drittes, jenseits von Materie und Bewußtsein Existierendes deklariert, da ja dann Bewegung, Zeit und andere philosophische Kategorien auch etwas Drittes sein müßten, weil sie ja ebenfalls sowohl stofflich-energetischen Erscheinungsformen der Materie als auch dem Bewußtsein zukommen. In der Tat ist es aber so, daß Bewegung, Zeit und Relationen Kennzeichen des Objektiv-Realen sind, und da sie diese objektive Realität bestimmen, eben als Daseinsformen, Daseinsbedingungen und anderes, müssen sie auch notwendig das davon abhängige Bewußtsein bestimmen, denn sonst wäre weder die Einheit der Welt in ihrer Materialität zu begründen, noch wäre die Abhängigkeit des Bewußtseins wirklich verständlich. Meiner Meinung nach ist daher die metrische Information in der Weise wie Bewegung etc. in das Kategoriengefüge des dialektischen Materialismus einzuordnen. Mein Vorschlag ist, sie als eine materielle Relation zu beschreiben, an der sowohl der Informationsempfänger als auch die Informationsquelle konstituitiv beteiligt sind.

Diese Auffassung läßt sich nach meiner Meinung auch mit dem gestern von Prof. Dr. A. Kolman vorgetragenen Gesichtspunkt vereinbaren, daß die Information in den kybernetischen Maschinen transformiert wird, so wie in den klassischen Maschinen die Energie transformiert wird, wobei selbstverständlich jede Informationstransformation gleichzeitig mit einer gewissen Energietransformation verbunden ist. Es ist nach meiner Auffassung sinnvoll, den Begriff der Information dann für die verschiedenen Wirklichkeitsbereiche noch einmal zu differenzieren, allerdings halte ich es für verfehlt, hierfür neue Definitionen einzuführen. Es geht vielmehr nur darum, den informationstheoretisch gelieferten Ergebnissen in den Begriffsapparat der daran beteiligten Wissenschaften Eingang zu verschaffen. So ist es beispielsweise sinnvoll, den Begriff der Information mit dem Begriff der Erkenntnis zu verknüpfen. Aber es ist nicht sinnvoll, einen erkenntnistheoretisch neuen Begriff der Information zu bilden. Die Spezifikation, die der Informationsbegriff in der Erkenntnistheorie erfährt, indem in ihm auf jeden Fall die Beziehung zum Subjektiven hergestellt werden muß, ist eine Bereicherung unserer Widerspiegelungstheorie, nicht aber die Einführung eines neuen Begriffsapparats an Stelle des in der Widerspiegelungstheorie bekannten. Ich möchte mir versagen, hier auf Einzelheiten näher einzugehen, da ich an anderer Stelle darüber geschrieben habe.

Vielleicht ist es noch angebracht, einige Bemerkungen zur Diskussion der Frage Kybernetik und Ökonomie vorzutragen, da in ihr ebenfalls gewisse erkenntnistheoretische Probleme auftraten.

Die Beispiele von Herrn Prof. Dr. L. Küttner und Herrn Prof. Dr. J. Rudolph können heute nur als eine Übertragung ökonomischer Probleme in die Sprache der Kybernetik gedeutet werden. Entscheidend ist hier, daß neue Einsichten erzielt werden, und das ist nur möglich, wenn die als Regelstrecke und ähnlich charakterisierten Bestandteile des Regelkreises hinsichtlich ihres Verhaltens beschrieben werden. Es müssen die für sie charakteristischen Übergangsfunktionen gemessen und angegeben werden. Die genannten Beiträge zeigen nur den allerersten Schritt, und man muß nach Wegen suchen, um tatsächlich die Messung und mathematische Formulierung zu sichern. Herr Prof. Dr. H. Luck hat sich sehr richtig vor überschwenglichen Formulierungen gesichert. Aber dennoch ist meiner Meinung nach in seiner Überlegung ein erkenntnistheoretisch mißverständlicher Gedankengang enthalten, wenn er sagt, er bezweifle es bzw. daß es ungewiß sei, ob in der Ökonomie Regelsysteme existieren, daß er aber grundsätzlich die Möglichkeit einer technischen Imitation in Regelsystemen für ökonomische Prozesse anerkenne. Erkenntnistheoretisch muß man hierzu bemerken, daß der Modellbegriff, der der Überlegung zugrundeliegt, man könne eine Materieform der einen Art auf einer Materieform der anderen Art abbilden, voraussetzt, daß in beiden Materieformen die gleichen Strukturen vorliegen. Zwischen beiden Bereichen muß hinsichtlich bestimmter Elemente eine Isomorphie bzw. eine Homomorphie vorliegen. Und nur im Hinblick auf diese Elemente läßt sich etwas modellieren. Deshalb kann eine technische Abbildung ökonomischer Prozesse nur erfolgen, indem das Abzubildende erfaßt wird. Wenn also das Abbild das technische Modell eines Regelkreises darstellt, muß auch das Abzubildende selbst ein Regelkreis sein.

Dipl.-Phil. KLAUS D. WÜSTNECK, *Institut für Marxismus-Leninismus der Hochschule für Elektrotechnik Ilmenau,* stellte einige Überlegungen zur Berücksichtigung der weltanschaulichen Komponente bei kybernetischen Untersuchungen an. Er erläuterte diese an verschiedenen Auffassungen, die von K. STEINBUCH in seiner Arbeit „Automat und Mensch" geäußert wurden.

Prof. Dr. med. HANS DRISCHEL

Direktor des Physiologischen Instituts der Karl-Marx-Universität Leipzig

MEDIZIN, BIOLOGIE UND KYBERNETIK

Die Kybernetik ist nach ihrem Begründer, dem amerikanischen Mathematiker NORBERT WIENER, die Wissenschaft von den Kontroll- und Kommunikationsmechanismen im Tier *und* in der Maschine. So hat er es bereits im Titel seines 1948 erschienenen Buchs „Cybernetics — control and communication in the animal and the machine" zum Ausdruck gebracht. Programmatisch wurde damit die Gemeinsamkeit gewisser funktioneller Prinzipien in Technik und Biologie angekündigt; es war sofort auch die biologische Fragestellung mit eingeschlossen, zumal sich WIENER selbst zusammen mit dem Physiologen ROSENBLUETH solchen Untersuchungen zuwandte.

Ohne Zweifel gebührt den Technikern und Mathematikern das Verdienst, sehr frühzeitig die nahe Verwandtschaft der technischen Systeme, welche der Steuerung, Regelung, Selbstanpassung und Selbstorganisation, der Informationsübermittlung und -verarbeitung dienen, mit biologischen Strukturen und Wirkungszusammenhängen ähnlicher Funktion in Organismen erkannt zu haben. Immer wieder forderten sie die Biologen und Mediziner auf, sich die bereitgestellten theoretischen Erkenntnisse der fachverbindenden Disziplin der Kybernetik zu eigen zu machen. Die biologischen Wissenschaften sind diesem Anruf jedoch nur zögernd gefolgt.

Die erste Begegnung zwischen Technikern und Biologen fand 1940 — also acht Jahre vor dem Erscheinen des WIENERschen Buchs — auf einer Tagung des wissenschaftlichen Beirats des „Vereins Deutscher Ingenieure" in Berlin statt. H. SCHMIDT [52] hatte auf dieser Tagung bereits klar die Überzeugung ausgesprochen, daß auf Grund der Analogie der Wirkungszusammenhänge in beiden Bereichen eine gleichartige formal-theoretische Behandlung möglich sei. Von physiologischer Seite berichteten bei dieser Gelegenheit K. KRAMER [40] und W. TRENDELENBURG [63]. Diese erste Fühlungnahme zwischen den Disziplinen blieb zunächst ohne wesentliche Rückwirkungen auf die Biologie. Ein ähnliches Treffen wurde in größerem Rahmen nach dem zweiten Weltkrieg wiederholt und fand stärkeren Widerhall. Die Vorträge dieser Tagung „Regelungsvorgänge in der Biologie" in Darmstadt 1954, die auf Initiative von W. OPPELT veranstaltet wurde (VDI und VDE), sind im Verlag Oldenbourg, München 1956, unter der Redaktion von H. MITTELSTAEDT [44] veröffentlicht worden. 1958 folgte die Tagung „Regelungsvorgänge in lebenden Wesen; Nachrichtenverarbeitung, Steuerung und Regelung in Organismen". Die Vorträge dieser Tagung, ebenfalls von H. MITTELSTAEDT zusammengestellt, wurden 1961 bei Oldenbourg, München, herausgegeben [45]. Die 101. Versammlung Deutscher Naturforscher und Ärzte in Hannover 1960, die von R. WAGNER, dem Münchener Physiologen, geleitet wurde, stand gleichfalls vorwiegend unter kybernetischem Vorzeichen. Die dort gehaltenen Vorträge sind in den „Naturwissenschaften" 1961 erschienen. 1961 folgte in Karlsruhe eine NTG-Fachtagung mit der Sparte „Aufnahme und Verarbeitung von Nachrichten durch Organismen".

In den USA hat die Entwicklung der Kybernetik in den biologischen Wissenschaften nach dem Erscheinen von WIENERS Buch einen rascheren, beinahe explosionsartigen Verlauf genommen. Das Feld war durch KUBIE, PITTS, MCCULLOCH u. a. vorbereitet worden. Bereits 1952 kam ein Symposium über „Cybernetics; circular causal and feedback mechanisms in biological and social systems" unter Beteiligung namhafter Fachleute zustande [27]; 1956 fand ein Symposium „on information theory in biology" unter Leitung von YOCKEY [71] statt. Weitere Tagungen sind nicht in allen Fällen bekannt geworden, weil nur die Materialien einiger von ihnen in Buchform veröffentlicht wurden.

In der Sowjetunion wurde erst Ende 1954 durch einen Vortrag „Was ist Kybernetik?", den A. KOLMAN [39] vor dem ZK der KPdSU in Moskau hielt, das Eis gebrochen. Seitdem hat aber gerade in diesem Land die kybernetische Forschung auf allen Gebieten eine außerordentlich bedeutsame Förderung erfahren. Bei der Anwendung kybernetischer Erkenntnisse in Biologie und Medizin haben sich vor allem Forscher wie ANOCHIN, BERNSTEIN, MOISSEJEW, FROLOW u. a. verdient gemacht, um nur einige Namen zu nennen.

Gegenüber dieser Entwicklung in Ost und West ist in der Deutschen Demokratischen Republik ein erheblicher Rückstand zu verzeichnen. Erst mit der Bildung der Kybernetik-Kommission beim Generalsekretär der Deutschen Akademie der Wissenschaften zu Berlin bestand die Hoffnung, daß die in den Einzelwissenschaften vorhandenen Ansätze zusammengefaßt und auf ein gemeinsames Ziel gerichtet werden. Ein kleines vorbereitendes Symposium über „Fragen der naturwissenschaftlichen Anwendung kybernetischer Betrachtungsweisen auf Biologie und Medizin" in Leipzig am 6. Oktober 1962 zeigte in Thematik und Inhalt der verstreut angemeldeten Vorträge, daß hier zunächst noch schüchterne Anfänge vorliegen.

Es wird gern die Frage nach den „Vätern" kybernetischer Denkweisen in Biologie und Medizin gestellt. Von den Gegnern einer Biokybernetik wird geltend gemacht, daß auch älteren und ältesten Wissenschaftlern „kreiskausale Zusammenhänge" nicht unbekannt waren. In diesem Zusammenhang werden HIPPOKRATES, CH. BELL (1826) [7], SETSCHENOW u. a. genannt. Ohne Zweifel haben R. WAGNER (1925), W. R. HESS (1935), MCCULLOCH, ANOCHIN (1935) [1], BERNSTEIN (1935) [8] und auch F. HOFF [35], v. WEIZSÄCKER und v. UEXKÜLL wertvolle und konkrete Beiträge zur Entwicklung derartiger Denkweisen in der Biologie geliefert. Es ist allerdings müßig, darüber zu streiten, wann und bei wem solche Gedanken zuerst aufgetaucht sind. Naturwissenschaftlich tragfähig wurde diese Konzeption erst, nachdem sich die allgemeine Theorie der selbsttätigen Steuerung und Regelung, die Informationstheorie und die Rechenmaschinenkunde als geschlossene mathematische Gebäude von hohem Allgemeinheitsgrad formiert hatten. Dies war praktisch nach dem zweiten Weltkrieg der Fall. Damit war auch für die Biologie und Medizin die Möglichkeit gegeben — und das war das Entscheidende, wollte man nicht bei allgemeinen Aussagen und spekulativen Betrachtungen stehen bleiben —, quantitativ an die Probleme der biologischen Steuerung und Regelung sowie der Nachrichtenübermittlung in Organismen heranzugehen.

Einer der hervorstechendsten Wesenszüge der *kybernetischen Denkweise* ist, daß die Dinge — auch längst bekannte — von einem neuen, zunächst ungewohnten Blickpunkt aus gesehen werden. Die Kybernetik untersucht mit den modernsten Mitteln der höheren Mathematik von einer allgemeinen Warte aus die gesetzmäßigen dynamischen Verhaltensweisen sich selbst regulierender, sich selbst anpassender sowie sich selbst organisierender und optimierender Systeme aus der technischen und der belebten Welt. Dabei fragt sie nicht nach dem Material und der Energetik der Bauelemente. Für sie ist es nicht interessant, ob diese elektrischer, pneumatischer, hydraulischer oder organischer Natur sind, ob es sich um tote Geräte oder um lebende Gebilde handelt. Von der besonderen Bewegungsform der Materie wird abstrahiert. Nicht die Begriffe der klassischen Physik wie Masse, Kraft, Energie, Arbeit usw. spielen hierbei die dominierende Rolle, sondern solche wie Information, Kommunikation, Koordination, Organisation und Regulation. Es interessiert von diesem allgemeinen Standpunkt einzig und allein das „funktionelle" Verhalten der betrachteten Systeme, d. h. die mathematischen Gesetzmäßigkeiten, denen diese in der Zeit gehorchen, im besonderen die Art und Weise, wie in ihnen ein bestimmtes Eingangssignal in das Ausgangssignal verwandelt wird. Systeme, die in dieser Hinsicht übereinstimmen, sind „isomorph" und können formal — obschon unter Umständen gänzlich unterschiedlicher Natur — nach den gleichen Regeln behandelt und durchgerechnet werden.

Hierin liegen die fruchtbaren Ansatzpunkte für die biologischen Wissenschaften einschließlich der Medizin, gleichzeitig jedoch auch gewisse erkenntnistheoretische Bedenken. Man bedient sich bei einem solchen Vorgehen des sog. *Analogie-Schlusses*, eines ausgesprochenen Wahrscheinlichkeits-Schlusses, dessen Sicherheit wesentlich geringer ist als diejenige der induktiven Schlußweise. Vorsicht bei der Handhabung des Analogie-Schlusses ist also geboten. Praktisch gesehen, handelt es sich um die tatsächliche oder nur gedankliche Konstruktion eines sog. *Modells*. Modelle werden in den modernen Naturwissenschaften, in Physik wie in Biologie, gern zur Veranschaulichung und Aufklärung komplexer Phänomene herangezogen. Modelle können von einfachen mechanischen Aufbauten bis zu elektronischen Digital- oder Analogrechenmaschinen gehen, auf denen man komplizierte biologische Systeme nach„bildet" und Prozesse nach„spielt". Ein gut gewähltes Modell kann einen großen heuristischen, für die Experimentalforschung richtungweisenden Wert besitzen. Man kann leicht und übersichtlich mit dem Modell experimentieren und entdeckt dabei unter Umständen neue, unbekannte Eigenschaften an ihm, die man dann am biologischen Substrat gleichfalls sucht und eventuell findet. Ein gutes Modell ermöglicht Prognosen.

Ein schönes Beispiel aus der Physiologie ist das sog. „Kernleiter-Modell" des Nerven (OSTWALD, LILLIE, FRANK u.a.). Es besteht aus einem Eisendraht (dem Innenleiter), der in Salpetersäure (den Außenleiter) getaucht ist. Der Eisendraht überzieht sich mit einer Oxydschicht, die ihn vor weiterer Auflösung durch die Salpetersäure schützt. Die Oxydschicht ist — wie die Membran der Nervenfaser — der Sitz eines elektrochemischen Potentials und kopiert in erstaunlicher Weise und in einer Kombination, wie man sie nur am lebenden Substrat vorfindet, die Eigenschaften der Nervenfaser, zunächst der marklosen mit kontinuierlicher Erregungsleitung. Als LILLIE 1925 [41] mit einem der gegliederten Längsstruktur der markhaltigen Faser entsprechenden, diskontinuierlichen Modell experimentierte, konzipierte er das „Prinzip der saltatorischen (springenden) Erregungsleitung" und sah in dieser den Grund für die höheren Leitungsgeschwindigkeiten in markhaltigen Nerven. Erst 15 Jahre später konnte dieses Funktionsprinzip durch die inzwischen fortgeschrittene elektrophysiologische Experimentalforschung bestätigt werden, als man — angeregt durch das Modell — systematisch nach Beweisen suchte.

Es wird dabei niemandem einfallen, das Modell aus Eisen und Salpetersäure etwa mit der Nervenfaser gleichzusetzen oder mit dem Bau von Nervenmodellen — von denen es im übrigen eine ganze Reihe verschiedenartiger gibt (jedes simuliert eine bestimmte Seite des biologischen Prozesses) — die physiologische Experimentalforschung auf diesem Gebiet nunmehr für überflüssig zu erklären. Die Schaffung einer *allgemeinen Theorie der Modellbildung* wird dieses für den kybernetischen Standpunkt charakteristische Vorgehen weiterhin systematisieren und konsolidieren.

Das Eindringen kybernetischen Gedankenguts in die Biologie ist durch ihre Fachvertreter sehr unterschiedlich aufgenommen worden, teils mit enthusiastischer Bereitschaft, zum Teil aber auch mit schroffer Ablehnung. FULTON, der bekannte englische Neurophysiologe, schrieb 1953 [28]: „Die Kybernetik erklärt nichts, bietet keine neuen Konzeptionen und hat unter den Forschern eine unglückliche Verwirrung hervorgerufen ...;" und weiter: „Die Neurophysiologie wird durch diesen unglücklichen Ausdruck (Kybernetik) lediglich gehandicapt, und es erscheint kaum fraglich, daß der Fortschritt durch seine Beseitigung gefördert würde."

Da dieser Vorwurf der Biokybernetik häufig gemacht wird, nämlich, daß sie lediglich „alten Wein in neue Schläuche fülle", müssen wir sehr sorgfältig prüfen, was durch die neue Denkweise tatsächlich gewonnen wird. Kriterium für die Brauchbarkeit und Notwendigkeit des neuen theoretischen Konzepts wird *einzig und allein* sein, wie weit eine erfolgreiche *quantitativ-mathematische Behandlung* komplexer biologischer Systeme möglich ist. Der sehr naheliegenden Spekulation muß dabei das Wasser so weit wie möglich abgegraben werden.

Die Kybernetik stellt der Biologie ein *geschlossenes, wohl ausgearbeitetes Begriffssystem* zur Beschreibung, Darstellung und funktionellen Interpretation ihrer Phänomene zur Verfügung. Der hohe Allgemeinheitsgrad der kybernetischen Aussagen läßt eine Übernahme in den biologischen Bereich zweckmäßig und sinnvoll erscheinen. Prüfen wir zunächst den Beitrag, den die Informationstheorie zu leisten in der Lage ist, an einigen Beispielen!

Die *Informationstheorie* befaßt sich mit der Übertragung, Verschlüsselung und Entschlüsselung, Speicherung und Verarbeitung von Informationen, d.h. von Nachrichten. Ursprünglich für die praktischen Belange der Nachrichtentechnik entwickelt, ist sie heute zu einem selbständigen Wissenszweig von mathematischer Geschlossenheit und breiter Anwendungsmöglichkeit geworden, der in der Biologie immer mehr an Bedeutung gewinnt.

Auch im hochdifferenzierten Säugetierorganismus müssen die oft weit auseinander liegenden Zellverbände und Organe durch Nachrichten zur Erzielung einer geregelten Leistung miteinander verbunden werden. Informationsmittel sind 1. der *Nervenaktionsstromimpuls*, eine chemisch-elektrische Zustandsänderung, die sich an der erregbaren Membran der Nervenfaser abspielt und deshalb so rasch (bis 120 m/s) über diese hinwegläuft, weil dabei kein Transport materieller Teilchen stattfindet, sondern nur eine Nachricht unter minimalem Energieaufwand weitergereicht wird, sowie 2. chemische Sendbotenstoffe, die *Hormone*, welche langsamer durch Transport auf dem Blutwege die Erfolgsorgane erreichen. Beide Nachrichtenmittel sind einander völlig gleichwertig; in beiden Fällen kann die zu übermittelnde Nachricht in eine Signalform gebracht werden, die eine quantitativ abstufbare und eindeutige Abbildung zuläßt. Darüber hinaus können sie durch bestimmte Wandlerinstanzen des Organismus ineinander überführt werden.

Das System *Rezeptor* (Sinnesempfänger) — ableitende afferente Nervenfaser — auswertende Ganglienzelle im Zentralnervensystem bildet eine „Kommunikations-" oder „Nachrichten-Kette" im Sinne von SHANNON [55]. Als Nachrichtenquelle fungiert der Rezeptor, ein Meßorgan, welches den spezifischen Reiz, z.B. Druck, Temperatur o.ä., in eine Erregung verwandelt. Zunächst wird dabei an der Membran des Rezeptors das sog. „Rezeptor-" oder „Generatorpotential" erzeugt, ein Gleichspannungspotential, welches in Zeitverlauf und Größe etwa dem Reiz, der äußeren Zustandsänderung entspricht. Das Meßergebnis stellt die Nachricht dar. Diese muß nun in eine für den entsprechenden „Kanal" — hier die Nervenfaser — geeignete Signalform verwandelt, d. h. „verschlüsselt" werden. Da an der einzelnen Nervenfaser das sog. Alles-oder-Nichts-Gesetz Gültigkeit besitzt, d. h. jeder Nervenimpuls, so oft er auftritt, immer gleich groß ist und stets identisch verläuft, ist eine Amplitudenmodulation zur Verschlüsselung der über eine Einzelfaser geleiteten Nachricht nicht möglich. Der Organismus bedient sich der — wie auch in der Technik — zuverlässiger und störungsfreier arbeitenden, mit einem günstigeren Signal-Rauschabstand ausgestatteten *Frequenz-Modulation*. Größe sowie Änderungsgeschwindigkeit des auf den Sinnesempfänger treffenden Reizes finden durch Veränderung des zeitlichen Abstands der aufeinander folgenden Impulse ihre Abbildung (frequenzmodulierter Puls-Kode).

Wie dies an einer „Kältefaser" im N. lingualis, die von einem Kaltrezeptor an der Zungenoberfläche der Katze herkommt, aussieht, zeigt Abb. 1. Es wurden hier Kälte„sprünge" verschiedenen Ausmaßes an der Zunge durchgeführt (ausgezogene Linie = Temperatur). Im Aktionsstrombild sieht man zunächst eine überschießende Frequenzsteigerung, welche als Differentialquotienten-Messung die Steilheit des Kältesprungs anzeigt. Sodann erfolgt im Vorgang der „Adaptation" des Rezeptors eine allmähliche Einstellung auf eine schließlich eingehaltene Impulsfrequenz, welche den erreichten Endwert des Kältesprungs proportional anzeigt (statische Komponente). Es hat sich nachweisen lassen, daß die meisten Rezeptoren des Organismus PD-Meßglieder im Sinne des Technikers sind, wobei bei dem einen Typ mehr die D-Komponente, bei anderen Typen die P-Komponente vorherrscht [15].

Bestimmungsorgan für die über die Nervenfaser geleitete Nachricht ist die Ganglienzelle. Die Synapse, die Übertragungsstelle von der Nervenfaser auf die Ganglienzelle, stellt einen Gleichrichter dar und besorgt die Entschlüsselung. Es entsteht an der Ganglienzellmembran entweder eine lokale Depolarisation (Erregung) oder Hyperpolarisation (Hemmung). In einem komplizierten räumlichen

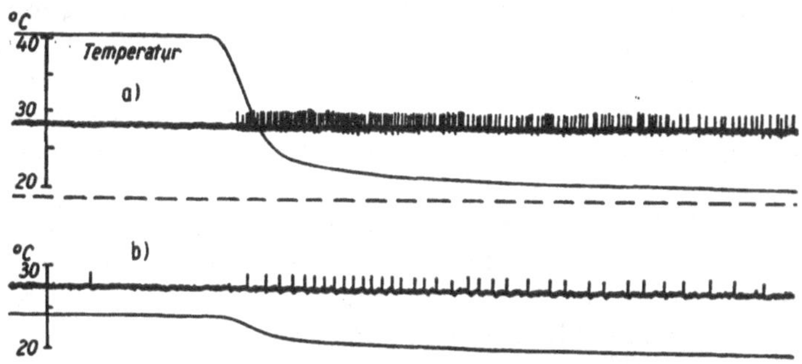

Abb. 1. Reaktionsweise von Kaltrezeptoren (Zungenoberfläche der Katze). Ableitung der Aktionsstromimpulse von einer einzelnen Nervenfaser des N. lingualis. Temperatursprünge verschiedenen Ausmaßes. (Nach HENSEL [33])

und zeitlichen Integrationsvorgang nimmt die Ganglienzelle eine Auswertung aller über die vielen Synapsen einlaufenden Informationen vor und entscheidet, ob sie über ihren abführenden Neuriten Nachrichten entsendet oder nicht.

Wenn auch hinsichtlich des Trägerelements der nervalen Nachrichtenübermittlung, des Aktionsstromimpulses, wegen der Gültigkeit des Alles-oder-Nichts-Gesetzes gern der Vergleich mit der Arbeitsweise der Digitalrechenmaschinen (Binär-Prinzip) herangezogen wird, erfolgt die Nachrichtenübertragung im Ganzen — als Frequenzmodulation — doch nach dem Analogprinzip. Gleichfalls nach diesem Prinzip wirkt die hormonale Information. Die Wirkungen am Zielorgan sind in weitem Bereich den Hormonkonzentrationen im Blut proportional. Da Verfahren zur Hormonspiegelbestimmung im Blut mit ausreichender Empfindlichkeit erst in wenigen Fällen zur Verfügung stehen, sind unsere Kenntnisse über die dynamischen Gesetzmäßigkeiten innerhalb des hormonalen Systems noch recht unsicher im Vergleich zu der aus elektrophysiologischen Experimenten gut bekannten Meßfunktion der Rezeptoren.

Das *Zentralnervensystem* ist seinem Wesen nach ein *Informationen verarbeitendes und speicherndes System.* Über die Untersuchung der Primärprozesse der Informationsübertragung hinaus hat eine informationstheoretische Betrachtung des Sehprozesses, des Hörvorgangs, der Sprache, ihrer Struktur, Erzeugung und Verarbeitung bereits interessante und auch praktisch wichtige Aufschlüsse geliefert. Ferner darf man hoffen, daß in Zukunft auch komplizierte Fragen der menschlichen Informationsverarbeitung, um die sich bisher die Psychologie mehr oder minder erfolgreich bemüht hat, wie die „Gestalt"wahrnehmung, das Erkennen von Figuren, Buchstaben usw. ohne Rücksicht auf die Größe, bestimmte Konstanz- und Kontrastphänomene im Bereich der Sinnesorgane, das Kurz- und Langzeitgedächtnis und andere höchste integrative Leistungen unseres Gehirns, durch den informationstheoretischen Ansatz einer naturwissenschaftlichen quantitativen Erfassung zugänglich werden. Auch die Probleme des „Alterns", der Schädigung durch ionisierende Strahlung, der Entstehung von Krebs und anderer degenerativer Prozesse erscheinen unter informationstheoretischem Aspekt in neuer Sicht.

Ein weiteres Beispiel für das Eindringen solcher Betrachtungsweisen in die Biologie ist die *chemische Verschlüsselung der Erbinformationen* in den Chromosomen. Das genetisch wichtige Material der Chromosomen wird durch die Desoxyribosenukleinsäuren (DNS) dargestellt. Sie bestehen aus 4 unterschiedlichen Bausteinen, bestimmten Basen, die in wechselnder Zahl und Kombination in einer charakteristischen Sequenz (Reihenfolge) eine aus vielen tausend Einheiten bestehende lineare Kette bilden. Die Sequenz der Basen enthält in kodierter Form die Instruktionen an die befruchtete Eizelle bzw. an die Körperzellen; es ist ein verschlüsselter Text in einem Alphabet von 4 Buchstaben. Die DNS-Moleküle geben ihre Information zunächst an RNS-Moleküle (Ribosenukleinsäure) ähnlicher Struktur weiter, die gleichfalls aus 4 verschiedenen Basen — zum Teil anderer Art — bestehen; wir verbleiben zunächst in einem 4buchstabigen Alphabet.

Der nächste Schritt ist der entscheidende — die Synthese der eiweißbildenden Fermente oder Enzyme. Diese bestehen, ähnlich wie die Eiweiße, aus sehr langen linearen Folgen von Aminosäuren, von denen es 24 oder 25 gibt. Die über die Zahl 20 hinausgehenden Aminosäuren stellen aber lediglich solche Modifikationen ersterer dar, die *nach* erfolgter Proteinsynthese gebildet werden. Das Enzym- bzw. das später zu bildende Eiweißmolekül stellt also einen verschlüsselten Text in einem Alphabet von 20 Buchstaben dar. Eine einfache Überlegung zeigt, daß die eindeutige Umschreibung des 4buchstabigen Textes in den 20buchstabigen durch „Dreier-Einheiten" von Basen im RNS-Molekül zu erreichen ist. Dreier-Einheiten aus 4 Buchstaben gewährleisten nämlich gerade 20 verschiedene Kombinationen, und das entspricht der „magischen" Zahl von Aminosäuren. Es hat sich ferner zeigen lassen, daß nur ein „nicht-überlappender" Kode, bei welchem jede Aminosäure durch eine individuelle Dreiheit von Basen bestimmt wird, in Frage kommt. So haben sich interessante Beziehungen zwischen Informationstheorie einerseits, Genetik und Biochemie andererseits ergeben, die ständig an Bedeutung gewinnen (diesjähriger Nobelpreis für Medizin für die Klärung der Molekularstruktur der Nukleinsäuren).

Ein weiteres kybernetisches Modell, welches in den letzten fünfzehn Jahren zunehmend Eingang in Biologie und Medizin gefunden hat, ist der *Regelkreis*. Sowohl im technischen als auch im biologischen Bereich ist es oft wichtig, daß bestimmte Größen, Zustände oder Vorgänge in gewissen Grenzen konstant gehalten und gegen Störungen von außen oder innen automatisch stabilisiert werden. Von C. Bernard, dem berühmten französischen Physiologen des vorigen Jahrhunderts, stammt der tiefgründige Satz: „Die Konstanz des milieu interne ist die Voraussetzung für die Existenz freien Lebens." Für die weitgehend spezialisierten und daher hochempfindlichen Zellen des Säugetierorganismus ist es von entscheidender Bedeutung, daß in ihrer unmittelbaren Umgebung, die durch das Blut bzw. die Interzellulärflüssigkeit dargestellt wird, relativ konstante Verhältnisse hinsichtlich der Temperatur (Isothermie), des osmotischen Drucks (Isotonie), des pH-Werts (Isohydrie) und der Ionenzusammensetzung (Isoionie) herrschen, ferner daß eine jeweils ihrem Tätigkeitsgrad entsprechende Sauerstoffversorgung und Abfuhr der Kohlensäure stattfindet. Die Arbeitsweise solcher „homoeostatischer" oder „Kon-

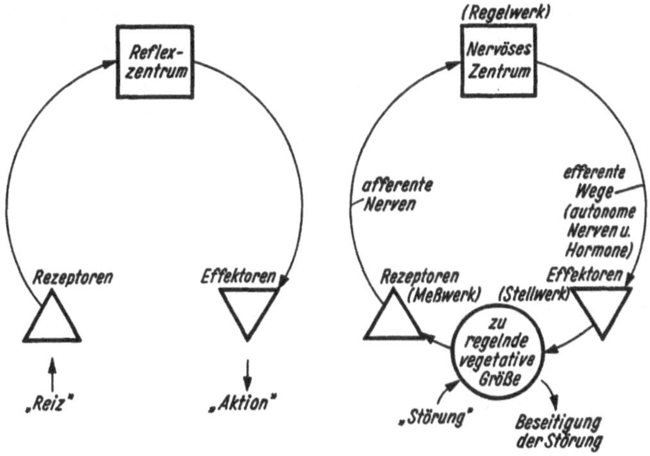

Abb. 2. Schema des beidseits offenen Reflex„bogens" (links) und des geschlossenen — vegetativen — Regulationskreises (rechts)

stanz"-Mechanismen führt die Kybernetik auf kausal-deterministisch verstehbare Einzelprozesse zurück; sie schickt sich damit an, die letzten Reste einer noch vorhandenen vitalistischen oder teleologischen Denkweise aus dem Bereiche der biologischen Regulationen endgültig zu verbannen.

Das Regelkreismodell erweitert das „klassische" Denkschema des Reflex„bogens" zum Regulations„kreis" und wird in vielen Fällen besser den natürlichen Verhältnissen im intakten Organismus gerecht. Die Bauteile des Reflexbogens und des Regulationskreises sind natürlich die gleichen (Abb. 2): Rezeptoren als Meßglieder — nervöses Zentrum als Koordinationsorgan oder Regler — Effektoren oder Stellglieder. Eine Rückwirkung des Erfolgsorgans auf den Rezeptor ist aber in der Reflexvorstellung keineswegs von vornherein enthalten bzw. nicht explizit formuliert. Tatsächlich wirken aber im natürlichen Zusammenhang nicht nur die Rezeptoren über das Zentrum auf das Erfolgsorgan ein, sondern dieses wirkt in einem ständig vorhandenen Wirkungskreislauf durch seine Tätigkeit auf die Rezeptoren zurück. Zentrum und Peripherie — über deren Vorherrschaft man sich lange gestritten hat — werden dadurch in ein neues Verhältnis der völligen

Gleichberechtigung zueinander gebracht. Beide sind gleichwertige Glieder eines Funktionskreises. Man kann sagen, die Reflextheorie hat die Untersuchung des „aufgeschnittenen" Regelkreises zum Ziel (wie sie auch der Techniker durchführt), während in kybernetischer Sicht der natürlicherweise geschlossene Kreis berücksichtigt wird.

Daß der biologischen Forschung und der Medizin der Sachverhalt der „kreiskausalen" Geschlossenheit so lange entgehen konnte, liegt wohl in erster Linie daran, daß die Forscher — dem klassischen Vorbild folgend — ihre Experimente meist so anlegten, daß Kreiswirkungen geradezu ausgeschlossen waren. Das Vorgehen an Hand der linearen, beidseits „offenen Kausalkette" des Reflexbogens bot der Experimentalforschung zunächst geringere Schwierigkeiten.

Essentielle, unbedingt notwendige und deshalb im speziellen Fall nachzuweisende Glieder des Regelkreises sind 1. das Meßglied und 2. das Stellglied. Der Kreis arbeitet mit „negativer Rückkoppelung" (mit negativem „feedback"), d. h. mit „Vorzeichenumkehr". Die Richtung des Signalflusses im Kreis ist eindeutig dadurch festgelegt, daß die Bauglieder „rückwirkungsfreie" Systeme sind.

Dem Regelkreismodell verwandte Konzeptionen sind das „Reafferenzprinzip" (v. Holst und Mittelstaedt, 1950) sowie das „funktionelle System" von Anochin (1935), die Kreisfunktionsschemata von W. R. Hess (1935) und von McCulloch (1945).

Für die Motorik besagt das *Reafferenzprinzip* etwa folgendes: Irgendein Bewegungskommando aus einem höheren Zentrum soll im niederen Zentrum, z.B. der motorischen Vorderhornzelle im Rückenmark, eine „Efferenz", d. h. eine Aussendung von Impulsen zum Effektor, dem Muskel, veranlassen. Die Efferenz hinterläßt dabei im niederen Zentrum (RM) eine bestimmte Zustandsänderung, die als „Efferenzkopie" bezeichnet wird und der ausgesendeten Efferenz entspricht. Von den sensiblen Endorganen in der Peripherie wird andererseits eine afferente Meldung über die durch die efferenten Impulse im Effektor ausgelösten Veränderungen rückgemeldet („Reafferenz"). Im niederen Zentrum wird nun ein Vergleich durchgeführt. Entspricht die Reafferenz dem beabsichtigten peripheren Effekt des efferenten Impulsstroms, so löschen sich Efferenzkopie und Reafferenz gegenseitig aus. Die Reafferenz wird im niederen Zentrum einfach annuliert; es erfolgt keine Meldung an das obere Zentrum. Nur wenn die Reafferenz durch Außeneinflüsse größer oder kleiner wird, heben sich die beiden Größen nicht auf — die Differenz wird darauf dem oberen Zentrum gemeldet. Dieses veranlaßt dann eine entsprechende Änderung der Kommandoimpulse mit dem Endziel, eine Auslöschung der Differenz zwischen Efferenzkopie und Reafferenz herbeizuführen. Das System nimmt also — und damit entspricht es genau dem Reglerprinzip — einen Vergleich mit dem Sollwert vor und arbeitet mit Selbstregulation und Anpassungsfähigkeit an veränderte Außenbedingungen.

v. Holst und Mittelstaedt ist es gelungen, durch Anwendung des Reafferenzprinzips empirisch zu bestätigende Voraussagen über komplexe Erscheinungen zu machen, welche für die klassische Reflextheorie unerklärlich sind bzw. bei welchen sie falsche Antworten gibt. Dies betrifft auch Phänomene aus der Sinnesphysiologie, wie die Raumkonstanz, d. h. das Stillstehen der Umwelt bei Bewegungen der Augen, sowie die Größenkonstanz der Sehdinge.

Anochin [1] hat 1935 mit seinem *funktionellen System* bereits sehr differenzierte Vorstellungen über die Afferenz aus den Muskelspindeln geäußert (sanktionierende Afferenz). 1960 hat er dann die neue Konzeption der physiologischen *Architektur des bedingten Reflexes* veröffentlicht [2], nachdem er bereits 1955 in den „Voprossi psichologii" darüber berichtet hatte. Als experimentelle Grundlagen dienten Beobachtungen bei der Ausarbeitung bedingter Reflexe nach der sog. „sekretorisch-motorischen" Methode sowie EEG-Untersuchungen. Am Anfang jeder Reaktion steht die „Afferenzsynthese", wobei Anochin eine größere Reihe von Situationsafferenzen (Nebenbedingungen) sowie die bedingten Anlasser-Reize (Trigger-Afferenzen) unterscheidet. Dazu kommen die in Phylo- und Ontogenese gespeicherten Informationen. Das Ergebnis der Afferenzsynthese sind der „Aktionsakzeptor" und der „Efferenzkomplex". Der Aktionsakzeptor erfaßt alle afferenten Impulse, welche die Großhirnrinde erreichen und ein Bild der bevorstehenden, zukünftigen Aktionen, den Plan der Handlung, enthalten. Der Efferenzkomplex umfaßt als integrales Ganzes kortikale wie subkortikale Strukturen, formiert die reflektorische Reaktion und löst sie aus.

Die Reaktion führt sodann zu einer weiteren Art von Afferenz, der Reafferenz — das vierte Glied des Reflexbogens (kardinales Lebensgesetz), welches den Aktionsakzeptor über Erfolg oder Mißerfolg der Reflexaktion informiert. Hier erfolgt also ein Vergleich: Bei Nichtübereinstimmung von Aktionsakzeptor und Reafferenz wird eine Orientierungsreaktion der Tieres hervorgerufen, eine Aktivierung des Zentralnervensystems und eine erneute Afferenzsynthese. Es werden ein neuer Aktionsakzeptor und ein neuer Efferenzkomplex aufgebaut, bis die Anpassung erreicht ist. Auch der Formierung des bedingten Reflexes liegt somit eine kreiskausale Struktur zugrunde.

Ein Charakteristikum des kybernetischen Modells des Regelkreises, sowohl einfacher wie „vermaschter" Systeme, ist die Darstellung in Form eines „Blockschaltbilds" oder „Signalflußdiagramms". Als Beispiel sei ein Schema der *Wärmeregulierung* des gleichwarmen Organismus nach Hensel [34] genannt. Dieses hält die Körpertemperatur des Menschen auf dem erstaunlich genau einjustierten Wert um 37 °C. Es bedeuten in Abb. 3 die dicken Pfeile den Weg des Energieflusses, d.h. des Wärmestroms, die dünnen hingegen die Richtung des Informationsstroms im Regelkreis. Hauptsächliche Regelgröße ist die Temperatur im Körperkern, genauer, die Bluttemperatur im Zwischenhirn. Als Meßglieder — also Thermometer — dienen einerseits im Zwischenhirn, dem Reglerzentrum, gelegene temperaturempfindliche Nervenzellen, welche unmittelbar die Temperatur des durchfließenden Bluts messen, sowie zweitens die in der Haut befindlichen Kalt- und Warmsinnesempfänger (Thermorezeptoren). Letztere — proportionaldifferenzierend wirkende Meßglieder — geben als vorgeschobene Fühler bereits dann ihre Informationen an die Reglerzentrale ab, wenn die Störung in Form einer Abkühlung oder Erwärmung die Körperoberfläche von außen erreicht. Der Organismus wartet also nicht erst, wie der technische Thermostat, eine faktische Änderung der Bluttemperatur ab, sondern arbeitet außerordentlich wirksamer als „Regler mit

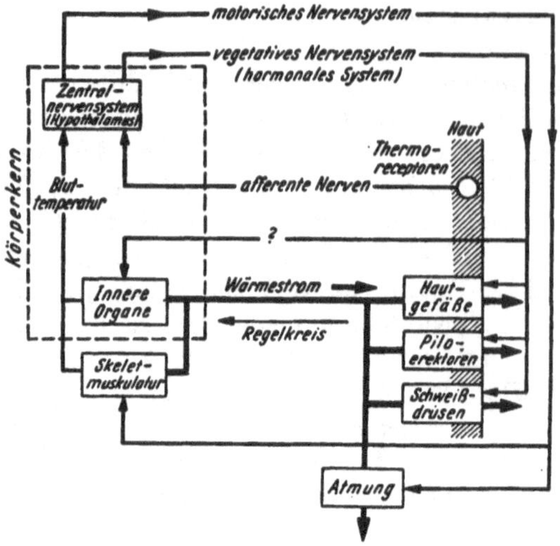

Abb. 3. Schema der Regelung der Körpertemperatur bei gleichwarmen Tieren. (Nach HENSEL [34])

Störwertaufschaltung". Beim Menschen funktioniert dieses Prinzip so gut, daß es bei plötzlichen äußeren Abkühlungen gar nicht erst zu einem Abfall der Körpertemperatur, sondern meist sogar zu einem Anstieg kommt.

Die Gegenmaßnahmen gegen drohende Änderungen der Kerntemperatur bestehen — entsprechend der negativen Rückkoppelung — im Falle der Gefahr einer Überwärmung des Körpers in einer Intensivierung der Wärmeabgabe und Einschränkung der Wärmeproduktion — in umgekehrtem Sinne bei drohender Abkühlung. Biologische „Stellglieder" sind hier einerseits die über physikalische Mechanismen die Wärmeabgabe bewirkenden Blutgefäße der Haut, die Schweißdrüsen und die Lungen sowie andererseits die Instanzen der chemischen Wärmebildung, vor allem die Muskeln und die Leber. Ihr ausgewogener und zentral gesteuerter Einsatz vermag Störungen des Temperaturgleichgewichts in weiten Grenzen auszugleichen; die durch sie hervorgerufenen Änderungen der zu regelnden Bluttemperatur werden sofort wieder durch die zentral gelegenen Meßfühler erfaßt und zu weiteren Korrekturen verwendet. Für die Wärmeregulierung des Menschen läßt sich damit der Sachverhalt eines „kreiskausalen" Zusammenhangs der Teile, d.h. eines geschlossenen Regelkreises mit Meßglied, Regelwerk und Stellgliedern unter Beweis stellen.

„Fieber" bedeutet in kybernetischer Sicht nicht etwa ein Versagen der Regelvorgänge infolge Überschreitung — vielleicht— der Stell- oder Störbereiche. Vielmehr handelt es sich um eine „Sollwertverstellung". Im Wärmeregulierungszentrum wird unter dem Einfluß von Bakteriengiften der einzuhaltende Sollwert der Körpertemperatur auf ein höheres Niveau eingestellt. Auf dieses wird dann durch das Zwischenhirn wieder sehr genau eingeregelt. Die während des Fieberanstiegs (Frösteln) und -abfalls (Schwitzen) zu beobachtenden Körpervorgänge lassen sich zwanglos als Begleiterscheinungen der Sollwertumstellung deuten. Eine ähnliche Umstellung auf ein höheres Sollwertniveau ist — sehr zweckmäßig, weil alle chemischen Prozesse dann rascher ablaufen — bei erhöhter Muskelarbeit zu beobachten.

Es hat sich zeigen lassen, daß in grundsätzlich gleicher Weise der Strukturplan anderer Regelungssysteme des Organismus aufgebaut ist, so z. B. für die Regulierung der Atmung, des Säure-Basengleichgewichts im Blut, des Wasserhaushalts und des osmotischen Drucks sowie des Kreislaufs. Ein ähnliches Blockschema wie für die Thermoregulation läßt sich auch für die Regulierung des arteriellen Blutdrucks entwerfen (Kramer [40], Wagner [66], Stegemann [59]).

Auch im Bereich der ***hormonalen Regulation*** findet sich das Prinzip des geschlossenen Wirkungskreises. So haben wir heute folgende Vorstellungen über den humoralen Selbstregulierungsmechanismus des Hypophysen-Nebennierenrinden-Systems (Abb. 4), der als Beispiel für die allgemeine Beziehung der Hypophyse zu abhängiger Hormondrüse dienen soll. Die ACTH-Sekretion des Hypophysenvorderlappens wird durch den Titer der Nebennierenrindenhormone im Blut umgekehrt proportional gesteuert. Es führt z. B. eine zunehmende Konzentration von Corticosteroid-Hormonen (etwa bei exogener Zufuhr) zu abnehmender ACTH-Sekretion der Hypophyse und umgekehrt — also im Sinne einer negativen Rückkoppelung. Der Nebennierenrindenhormonspiegel wird unter normalen Bedingungen durch diese hormonale Selbstregulierung innerhalb bestimmter Grenzen konstant gehalten. Beim „Stress" findet eine Sollwertverstellung statt — es werden größere Corticosteroidmengen als sonst benötigt, um die Abgabe von ACTH durch die Hypophyse zu vermindern; der Corticosteroidspiegel im Blut erweist sich als obligat erhöht.

Außer der „Halte"regelung, welche der Konstanthaltung einer Größe gegenüber Störeinflüssen dient, ist die „Folge"regelung ebenso wichtig. Dabei soll die Regelgröße einer von außen kommenden *Führungsgröße* folgen. Ein gutes Beispiel ist der Fixationsmechanismus des menschlichen Auges, der durch entsprechende Betätigung der äußeren Augenmuskeln das optische Festhalten bewegter Objekte der Umwelt bei ständiger Abbildung im Punkte des schärfsten Sehens auf der Netzhaut ermöglicht (Westheimer [68], Drischel [26], Vossius [65], Sünderhauf [62]).

Blockschemata von Regelungsmechanismen haben zunächst einen didaktischen Wert. Darüber hinaus können sie zum Mittel der wissenschaftlichen Analyse werden, wobei das Ziel darin besteht, die Kästchen des Schemas mit quantitativen,

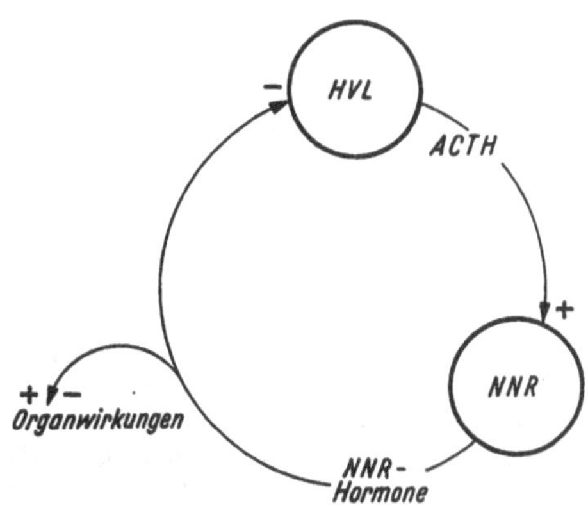

Abb. 4. Hormonale Selbstregulierung des Hypophysen-Nebennierenrinden-Systems

die Dynamik charakterisierenden Daten auszufüllen, z.B. mit der Sprungantwort, dem Frequenzgang oder der Differentialgleichung. Oft hilft das Blockschaltbild bei der Untersuchung bestimmter Funktionsstrukturen bzw. Wirkungsgefüge weiter. Man entwirft zunächst auf Grund von Kenntnissen über das Verhalten solcher Systeme einen versuchsweisen Schaltplan, denkt diesen dann in seinen Konsequenzen durch und stellt neue Experimente am biologischen Objekt an. Dies führt dann entweder zu einer Verwerfung oder einer Unterstützung der angenommenen *Arbeitshypothese* sowie zu weiteren Korrekturen.

An einem Beispiel sei dies erläutert. Mittelstaedt [46] hat eingehende Untersuchungen über den Fangmechanismus der Gottesanbeterin (Fangheuschrecke aus der Familie der Mantiden) durchgeführt. Die Vorderbeine dieses räuberischen Insekts stellen eine Kombination von Schlaginstrument und Zange dar. Die Mantis fixiert zunächst ihre Beute mit dem ganzen Kopf; die Facettenaugen sind im Kopf unbeweglich angeordnet. Sodann schlägt sie zu. Der Fangschlag dauert ca. 30 bis 60 ms, eine Korrektur während dieses Schlags ist unmöglich. Es handelt sich — wie bei den raschen Blickbewegungen des Menschen — um einen Steuerungsvorgang, der während des Ablaufs nicht mehr beeinflußbar ist.

In Abb. 5 sind in Form von Blockschaltbildern Hypothesen über das Wirkungsgefüge des „Ortungsprozesses" bei der Mantis dargestellt. Der Ortungsprozeß ist der Regelvorgang, der die Blicklinie der Mantis auf die Beute richtet. Die Informationen dazu stammen aus 1. den Augen (optischer Steuerkörper) und 2. den Haarpolstern am Hals, Sinnesorganen, die die Stellung des Kopfes (also der Augen) gegen die Längsachse des Insekts perzipieren (propriozeptiver Steuerkörper). Ferner sind die Halsmotorik und die Fangbeinmotorik dargestellt. Die erste Hypothese (links) macht die einfache Annahme, daß die Information, welche die Richtung des Fangschlags bestimmt, sich additiv aus den optischen und propriozeptiven Meldungen zusammensetzt.

Die Prüfung der Hypothese kann erfolgen, indem man durch ein Leimtröpfchen den Kopf unbeweglich in einem Winkel von etwa 20° gegen die Längsachse des

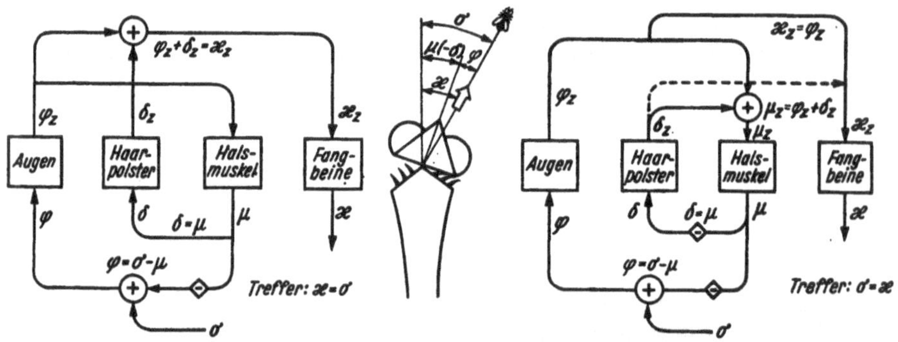

Abb. 5. Hypothesen über das Wirkungsgefüge des Ortungsprozesses bei der Fangheuschrecke (Mantis). 1. Hypothese, links: additives Zusammenwirken des propriozeptiven und optischen Steuerkörpers; 2. Hypothese, rechts: Propriozeptoren und Halsmuskeln zu einem Regelkreis zusammengeschaltet im Sinne einer „Rückführung".
(Nach Mittelstaedt [46])

Tieres festlegt. Die Halsorgane enthalten nicht oder nur sehr langsam adaptierende Rezeptoren; es erfolgen also weiterhin Meldungen über die Kopfstellung. Trotzdem ist das Ergebnis eine Katastrophe. Während die Fixierreaktion nicht wesentlich gestört ist, gehen etwa 70 bis 80% aller Fangschläge im Gegensinn der erzwungenen Kopfhaltung vorbei. Mithin kann die Ausgangsgröße des propriozeptiven Steuerkörpers nicht im Sinne der 1. Hypothese in den Richtprozeß eingreifen. Weitere Beobachtungen sprechen gleichfalls für ein Verwerfen dieser Hypothese. Es muß eine neue aufgestellt werden.

Die zweite Hypothese über das Wirkungsgefüge (Abb. 5, rechts) macht folgende Annahme: Die Meldung aus den Propriozeptoren greife nicht in den Richtprozeß ein, sondern als „Rückführung" in den Regelkreis der Fixierreaktion. Als Rückführung bezeichnet man einen kleinen Unterkreis im Regelkreis. Die Prüfung der Hypothese erfolgt mittels Durchschneidung eines der beiden Nerven, die von den Haarpolstern kommen. Dies bewirkt eine Verschiebung der mittleren Blickrichtung um 25 bis 30° nach links, wenn rechts durchschnitten wird. Später, nach etwa 3 Wochen, findet eine Kompensation dieser Abweichung statt. Zu fordern wäre, daß — infolge der Sollwertverstellung — die Mantis nach rechts daneben schlägt; dies ist tatsächlich in 90% der Schläge erfüllt. Weitere Beobachtungen sprechen ebenfalls zugunsten dieses Wirkungsgefüges.

Das Ergebnis ist folgendes: Propriozeptoren und Halsmuskeln sind zu einem Regelkreis zusammengeschaltet, der die Kopfstellung kontrolliert. Auf diese Weise war es möglich, mit Hilfe eines Blockschemas zur Aufstellung und Verifizierung bzw. Verwerfung von Hypothesen über komplexe Funktionsstrukturen zu gelangen.

Die Kybernetik stellt der Biologie ferner *neue* Methoden zur Untersuchung ihrer Systeme zur Verfügung. Die *allgemeine Systemtheorie* und die *Theorie der selbsttätigen Regelung* liefern das mathematische Rüstzeug sowie erprobte Testverfahren. Wenn der Techniker vor der Aufgabe steht, die dynamischen Eigenschaften eines ihm unbekannten Systems („schwarzer Kasten") zu untersuchen, so verwendet er experimentelle Störungen bestimmter, wohldefinierter Zeitform. Er läßt diese auf den Eingang des zu untersuchenden Systems einwirken und registriert den daraufhin erfolgenden Zeitverlauf der Ausgangsgröße, die sog. „Systemantwort" (Abb. 6). Unter a) steht die Differentialgleichung des Systems, in diesem Fall eine lineare Differentialgleichung 2. Ordnung.

Folgende *Prüfverfahren* lassen sich aus dem technischen Bereich übernehmen und gleichfalls zur Untersuchung biologischer Systeme anwenden:

b) Auf den Eingang wird die sog. „Sprungfunktion" gegeben, eine Störung, bei welcher die Störgröße plötzlich auf einen bestimmten Betrag springt und sodann auf diesem verbleibt (Dauerstörung). Die Ausgangsgröße vollzieht dann in gesetzmäßiger, von den Parametern und der Differentialgleichung abhängiger Weise die „Sprungantwort" des Systems, früher als „Übergangsfunktion" bezeichnet.

c) Eine Kurzzeitstörung, ein „Impuls" (Dirac-Funktion), auf den Eingang gegeben, ruft am Ausgang die „Impulsantwort" des Systems hervor.

d) Manchmal ist es zweckmäßig, die „Geschwindigkeitssprungantwort" zu untersuchen, d. h. jenen Zeitgang der Ausgangsgröße, der durch die „Anstiegs-

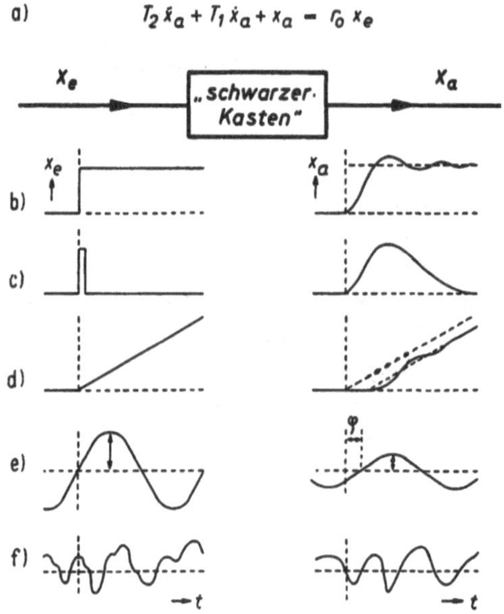

Abb. 6. Dynamische Testverfahren am „schwarzen Kasten“

funktion“ am Eingang hervorgerufen wird; hier ändert sich die Störgröße von einem bestimmten Zeitpunkt an mit konstanter Geschwindigkeit.

e) Man untersucht den „Frequenzgang“ des Systems, indem auf den Eingang eine in der Zeit sinusförmig sich ändernde Störung gegeben und innerhalb eines bestimmten Frequenzbands variiert wird. Im eingeschwungenen Zustand zeigt die Ausgangsgröße jeweils gleichfalls sinusförmige Änderungen von derselben Frequenz. Jedoch kann gegenüber dem Eingang 1. eine Amplitudenänderung und 2. eine Phasenverschiebung auftreten. Beide sind von der benutzten Frequenz abhängig. Im Bode- oder Nyquist-Diagramm (letzteres wird auch als „Ortskurve“ bezeichnet) finden diese Gesetzmäßigkeiten ihre Darstellung.

f) In einem neueren Verfahren schließlich wird auf den Eingang eine völlig zufällig und regellos schwankende Störgröße gegeben (stochastischer Vorgang oder „Rauschprozeß“). Das Verhalten der Ausgangsgröße wird aufgezeichnet und mit der Eingangsgröße — entweder durch aufwendige rechnerische Methoden oder besser mit Hilfe elektronischer Rechenmaschinen oder von Korrelatoren — in eine gesetzmäßige statistische Beziehung gebracht (Korrelationsfunktionen, Spektraldichte usw.).

Alle Prüfverfahren sind hinsichtlich der Erfassung der dynamischen Systemgesetzmäßigkeiten einander völlig gleichwertig, und ihre Ergebnisse können rechnerisch oder unter Verwendung teilweise graphischer Verfahren ineinander überführt werden.

Eines der kybernetisch bestuntersuchten biologischen Regelsysteme ist der *Pupillarapparat des Menschen.* In struktureller Hinsicht stellt dieser ein vollständiges Analogon zum technischen Regelkreis dar (Abb. 7). Dem Meßwerk entsprechen die in der Netzhaut befindlichen Photorezeptoren, die Lichtsinnesempfänger. Das zentralnervöse Schaltwerk veranlaßt auf Grund der eingehenden Meßinformationen eine entsprechende Einstellung der biologischen Stellglieder der antagonistisch wirkenden Irismuskeln, des radiär angreifenden Erweiterers und des zirkulär das Sehloch umfassenden Verengerers. Der Tätigkeitsgrad beider Irismuskeln bestimmt die Pupillenweite und damit die Intensität des Lichteinfalls, die wiederum durch die Rezeptoren gemessen wird usf. Für den Pupillarmechanismus kann der Nachweis des Vorliegens einer „zyklisch geschlossenen Kausalkette“, d. h. der Bauplan eines selbsttätigen „Lichtintensitätsreglers“ überzeugend geführt werden.

Die einzigartige Eignung der Pupille für experimentelle Untersuchungen wird durch folgende Besonderheiten bedingt: 1. Die Regelgröße (Lichtintensität) bzw. die dieser jederzeit proportionale Pupillenfläche kann leicht und fortlaufend sowie ohne Beeinträchtigung der Integrität des biologischen Regelsystems registriert werden, und zwar unter den Bedingungen des „geschlossenen“ und des „aufgeschnittenen“ Regelkreises. 2. Die adäquate Störung, der Lichtreiz, kann auf das System ohne Verzögerung und zeitliche Entstellung in jeder gewünschten Zeitform appliziert werden.

Die Dynamik des Pupillarapparats ist nach den oben angeführten Testverfahren 1, 2 und 4 bereits eingehend untersucht worden (Sprung- und Impulsfunktion, Frequenzgang); in meinem Labor wird zur Zeit auch das Verhalten auf stochastische Reize am Eingang geprüft.

Abb. 8 zeigt die zeitlichen Änderungen des Pupillendurchmessers bei plötzlich einsetzender und dann mit gleicher Stärke anhaltender Dauerbelichtung, also die *Sprungantwort* (Machemer [42], kinematographische Registrierung). Auf der Ordinate befindet sich der Pupillendurchmesser in mm, auf der Abszisse die Zeit in sec; die obere Kurve ist bei verminderter Intensität des Lichtreizes gewonnen. Es läßt sich nachweisen, daß die Verengung der Pupille während der ersten 4 bis 5 sec in erster Approximation im Sinne einer Exponential-Zeitfunktion vollzogen wird, so daß sich besonders einfache und übersichtliche mathematische Verhältnisse und einfache Kenndaten ergeben. Im halblogarithmischen Raster wird die Pupillogrammkurve zu einer Geraden. Allerdings ergibt sich, daß die Zeitkonstante, die für eine bestimmte Person relativ typisch ist, eigentlich keine „Konstante“ ist, sondern vom Ausgangsdurchmesser der Pupille abhängig ist.

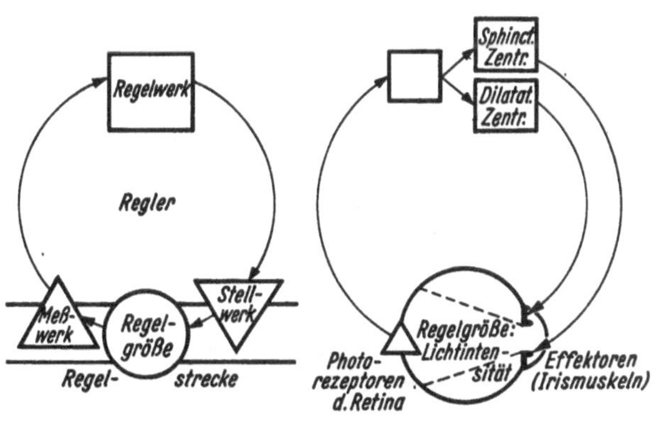

Abb. 7. Analogien zwischen technischem und biologischem Regelkreis am Beispiel der Lichtstärkeregelung durch den Pupillenapparat des Menschen

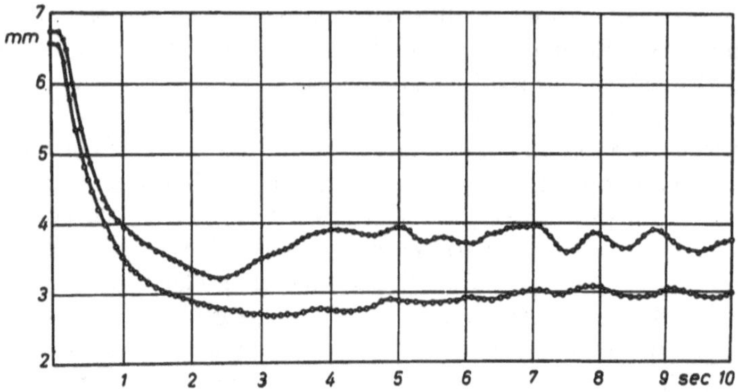

Abb. 8. Sprungantwort der Pupille. Zeitverhalten des Pupillendurchmessers (kinematographisch registriert) nach plötzlich einsetzender Dauerbelichtung. (Nach MACHEMER [42])

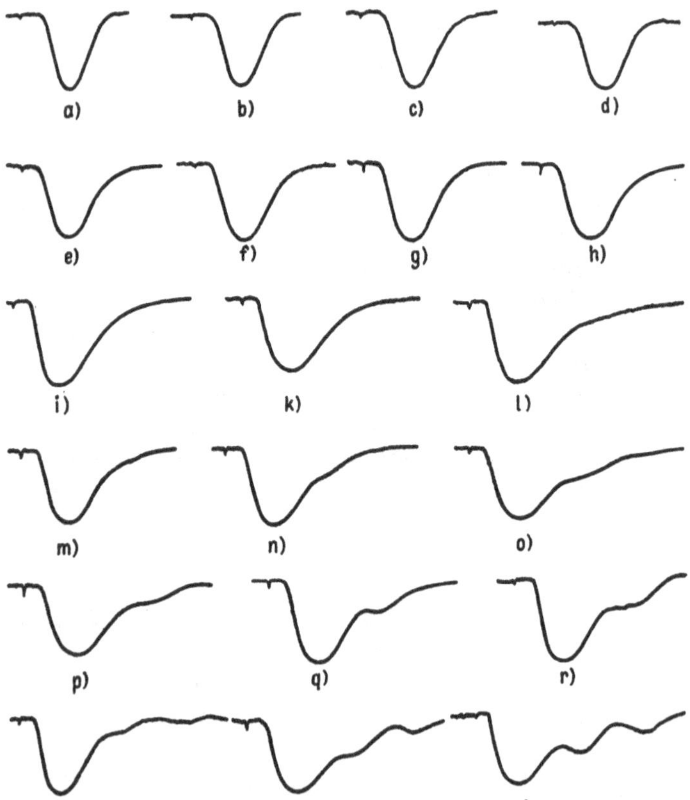

Abb. 9. Impulsanwort der Pupille. Zeitverhalten der Pupillenfläche (photoelektrisch registriert) nach kurzdauernder Reizbelichtung von $^1/_{100}$ s. (Nach DRISCHEL [20])

Die *Impulsantwort* der Pupille auf kurze Lichtreize von $^1/_{100}$ s Dauer und 30 Lux ist in Abb. 9 in Form von Original-Pupillogrammen wiedergegeben. Sie hat sich als besonders ergiebig für die Beurteilung der Funktionsweise des Pupillarregelmechanismus und seiner Beeinflussung durch verschiedenste Faktoren erwiesen (DRISCHEL [20]). Es wurde kontinuierlich mit photoelektrischer Methodik die Pupillenfläche registriert, welche direkt der Regelgröße — der retinalen Belichtung — proportional ist. Die Iris vollzieht nach einer Latenzzeit von im Durchschnitt 0,23 s eine einfache und zügige Verengung, an welche sich sofort die etwas langsamer verlaufende Wiedererweiterung des Sehlochs anschließt. Die Grundform entspricht weitgehend dem Bild der aperiodischen Schwingung, die so geschlossen und harmonisch aussieht, daß sich der Versuch einer mathematischen Formulierung geradezu aufdrängt. Wir sind dabei, eine Differentialgleichung aufzustellen, welche die Gesetzmäßigkeiten — möglichst unter Einschluß der Erscheinung der Adaptation — allgemein erfaßt.

In der Wiedererweiterungsphase, d. h., im aufsteigenden Pupillogrammschenkel können sog. „sekundäre Nachschwankungen" auftreten. Diese Schwingungsbereitschaft findet sich bei bestimmten Personen als habituelle Besonderheit, läßt sich aber in fast allen Fällen durch Verabfolgung von Pharmacis erzeugen, die eine Steigerung des Parasympathikustonus bewirken. Grundsätzlich vollziehen sich die Lichtreflexe bei Impulsreiz zwischen den Polen zweier extremer Kinetik-Typen, der „hyperkinetischen" Reflexform (links oben in Abb. 9) und der „hypokinetischen" Form (rechts unten). Sie sind durch das Überwiegen eines der beiden Regulationspartner, Sympathikus bzw. Parasympathikus, bedingt und können durch Anwendung vegetativer Pharmaka gezielt erzwungen werden. Die Pupillokinetik hat sich ihrerseits als außerordentlich feiner Indikator für Zustandsänderungen im vegetativen Nervensystem erwiesen.

Der *Frequenzgang* des Pupillarapparats ist etwa zur gleichen Zeit in vier verschiedenen Laboratorien untersucht worden (STARK und SHERMAN [57], STEGEMANN [60], DRISCHEL [21], BLEICHERT und WAGNER [10]). In Abb. 10 sind die Ergebnisse der genannten Autoren im sog. „BODE-Diagramm" eingetragen. Auf der gemeinsamen Abszisse findet sich die Frequenz der jeweils angewendeten sinusförmigen Intensitätsänderungen des Reizlichts. Im oberen Diagrammteil sind die Meßwerte für die relativen Amplituden der Pupillenbewegungen eingetragen, bezogen auf die Amplitude A_0 bei sehr niedriger Frequenz. Im unteren Teil ist die Abhängigkeit des Phasenwinkels von der dargebotenen Frequenz dargestellt, d. h. das Maß, in welchem die Pupille hinter dem Sinusgeber herhinkt. Die Pupillenflächenänderungen folgen dem Sinusreizlicht bei wachsender Frequenz mit immer kleiner werdenden Amplituden; letztere werden bei etwa 3,5 bis 4 Hz gleich null. Das Phasennachhinken nimmt mit wachsender Frequenz etwa linear zu. Bemerkenswert ist das Verhalten bei einer Reizfrequenz von 1,1 bis 1,2 Hz. Hier ist das Ergebnis schlechter als ohne jede Regelung; es erfolgt „biologischer Unsinn": Das Nachhinken der Pupillenbewegungen beträgt dann 1π oder 180°, d.h., jedesmal wenn das Reizlicht maximale Helligkeit aufweist und die Retina vor zu greller Beleuchtung geschützt werden sollte, erreicht die Pupille gerade ihre größte Weite, und umgekehrt. Hinzu kommt noch, daß bei manchen Menschen die Amplituden bei der kritischen Frequenz im Sinne einer Resonanzüberhöhung besonders groß sein können. Diese Resonanzüberhöhung, verbunden mit einer stärkeren Ankoppelung der Pupille an den Geber, d.h. ein relativ geringeres Phasennachhinken, läßt sich ferner durch parasympathikusfördernde Pharmaka erzielen. Entgegengerichtete Wirkungen — Dämpfung der Schwingneigung bei stärkerem Nachhinken — haben sympathikusfördernde Mittel. Hier liegen Ansatzpunkte für eine gezielte Beeinflussung der Parameter der Regelsysteme, d.h. für eine mögliche „kybernetische Therapie" der Zukunft.

Abb. 11 schließlich zeigt das Nyquist-Diagramm der Pupille oder die sog. „Ortskurve" in der Gaussschen komplexen Zahlenebene. Der Zeiger zu einem bestimmten Punkt der Ortskurve, welche die Kreisfrequenz $\omega = 2\pi f$ als Maßskala enthält, gibt das Amplitudenverhältnis an, der Winkel gegen den positiven Teil der reellen Achse die Phasenbeziehung. Die Aussage ist die gleiche. Die in den Nullpunkt gezwungene Spirale ist charakteristisch für Regelsysteme mit „Totzeit".

Der Vergleich der Prüfergebnisse an der Pupille ist wichtig, da ja erst nachgewiesen werden muß, daß der Pupillarapparat als biologisches Regelsystem be-

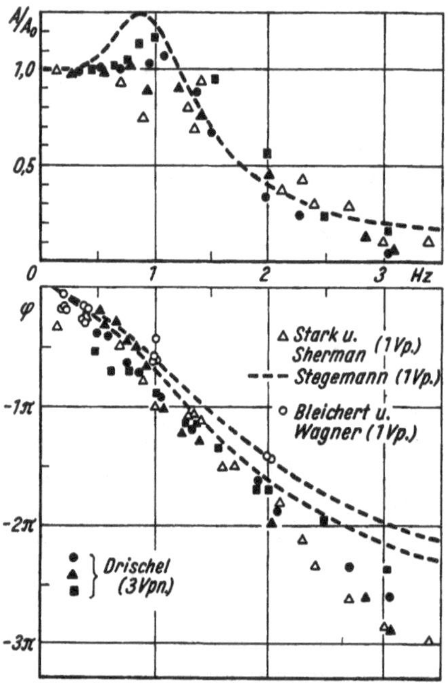

Abb. 10

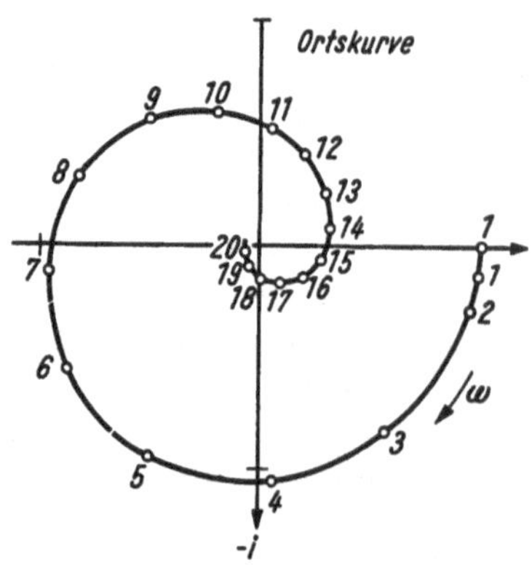

Abb. 11

Abb. 10. Frequenzgang der Pupille (Bode-Diagramm). Amplitudenverhalten (oben) und Phasenverhalten (unten) in Abhängigkeit von der Frequenz der angewendeten sinusförmigen Intensitätsänderung des Reizlichts. Zusammenstellung der Ergebnisse mehrerer Autoren: Stark und Sherman [57], Stegemann [60], Bleichert und Wagner [10], Drischel [21]

Abb. 11. Frequenzgang der Pupille (Nyquist-Diagramm oder „Ortskurve"). Zusammenfassung von Ergebnissen wie in Abb. 10

trachtet werden darf. Ohne Zweifel stellen die Sprungfunktion, die Impulsfunktion und die sinusförmige Lichtintensitätsänderung biologisch sehr differente Reizweisen des betrachteten Systems dar. Wenn es gelingt, die verschiedenen Systemantworten rechnerisch ineinander zu überführen, so würde dies sehr stark für die Berechtigung einer solchen kybernetischen Behandlungsweise sprechen.

Der Pupillarmechanismus sollte nur als Beispiel für ein besonders gut untersuchtes biologisches Regelsystem gelten. Es läßt sich zeigen, daß ein grundsätzlich ähnliches dynamisches Verhalten viele andere Regulationsapparate des Organismus aufweisen, z. B. die Blutzucker- und pH-Regulierung, die Aufrechterhaltung des arteriellen Blutdrucks, die Anpassung der Herzfrequenz an verschiedene Kreislaufbedingungen, die Regulierung des Wasser- und Mineralhaushalts des Körpers, des roten und weißen Blutbilds usw. In allen diesen Fällen wird nach Auslenkung der zu regelnden Größe der alte oder ein neuer Gleichgewichtszustand in einem aperiodischen oder periodisch gedämpften Schwingungsvorgang hergestellt. Diese Einschwingprozesse zeigen augenfälligste Analogien zum Verhalten technischer Regelsysteme.

Nach dem Prinzip der „black-box"-Untersuchung lassen sich nicht nur die dynamischen Eigenschaften kompliziert zusammengesetzter Systeme, z.B. von Regelkreisen, untersuchen. Auch Teilsysteme, insbesondere solche, die einem direkten experimentellen Zugriff im biologischen Experiment nicht zugänglich sind, können in ihrer Arbeitsweise aufgeklärt und quantitativ bestimmt werden. So haben in einer hervorragenden Analyse unter Anwendung a) der Sprungfunktion sowie b) einer Sinusdrehbewegung unterschiedlicher Frequenz auf das isolierte Labyrinth des Rochens die Autoren GROEN, LOEWENSTEIN und VENDRIK [29] die Parameter der Bogengangsfunktion durch elektrophysiologische Beobachtungen festgelegt. Sie konnten die Koeffizienten der von STEINHAUSEN [61] u. a. aufgestellten Differentialgleichung des Cupula-Endolymphsystems bestimmen und nachweisen, daß die Vorstellung früherer Untersucher zutrifft, daß es sich hierbei um ein stark gedämpftes Torsionspendel handelt. PRINGLE und WILSON [49] haben 1952 bei elektrophysiologischen Untersuchungen von Mechanorezeptoren am Kniegelenk der Küchenschabe eine sinusförmige mechanische Reizung zur Anwendung gebracht. Die Auswertung der Aktionsstromimpulsserien und die Darstellung dieser Resultate in Form des NYQUIST-Diagramms zeigten, daß es sich hierbei um eine besonders übersichtliche und adäquate Wiedergabe der dynamischen Rezeptoreigenschaften als Meßorgan handelt. Weitere Frequenzgangbestimmungen haben vorgenommen für den Mechanismus der Blutdruckregelung STEGEMANN [58], für die Folgebewegungen des Auges DRISCHEL [26] und TRINCKER [64], für den Vestibularapparat TRINCKER [64).

Die bisher wohl erfolgreichste und überzeugendste system- und informationstheoretische Analyse eines komplexen biologischen Apparats haben HASSENSTEIN und REICHARDT [31], [32], [51] durchgeführt. Diese Autoren, ein Zoologe und ein Physiker, untersuchten in einer beispielhaften Arbeitsgemeinschaft die *optische Bewegungswahrnehmung* des Rüsselkäfers Chlorophanus. HASSENSTEIN hat in jahrelangen Versuchen die optomotorischen Reaktionen des Käfers auf bestimmte Reizkonstellationen, besonders im Streifenzylinder, genauestens untersucht. Besonders ergiebig war dabei die Beobachtung am fixierten Versuchstier, welches in seinen Beinen einen federleichten Spangenglobus hielt und – indem es diesen unter sich hinwegdrehte – gewissermaßen endlos lief. An 4 Punkten treffen jeweils 3 der insgesamt 6 Spangen zusammen. Durch das Drehen des Spangenglobus kommt immer wieder ein y-förmiger Scheideweg auf den Käfer zu. Die Entscheidung über die „Wendetendenz", die als Wahlreaktion in dieser Situation notwendig ist, wird in gleicher Weise durch den Streifenzylinder beeinflußt wie das freie Laufen. Das Auszählen der Wendetendenzen nach rechts oder nach links erlaubte eine statistische Erfassung der Reaktion bei einer bestimmten Reizkonstellation.

Als Resultat einer systematischen Variation der Reizbedingungen stellte sich heraus, daß eine Änderung der Wahltendenz auftritt bei 1. Änderung der Zeitabstände zwischen den Einzelreizen (Reizintervall-Auswertung), 2. Umkehrung der Reihenfolge zwischen den Einzelreizen, 3. Helligkeitsänderungen hinsichtlich ihres Betrags und Vorzeichens.

Den Entwurf einer einfachst möglichen *Funktionsstruktur* für das Auswertesystem des Käferauges für das Bewegungssehen zeigt Abb. 12. Das Auge des Käfers ist ein Facettenauge. Es besteht aus einzelnen Ommatidien, die einen Winkelabstand von 7 Bogengrad besitzen. Zwei Nachbarommatidien fungieren als eine Auswerte-Einheit. Es werde angenommen, daß ein von links nach rechts wandernder Lichtreiz das Ommatidium A zur Zeit t_1, das Ommatidium B zur

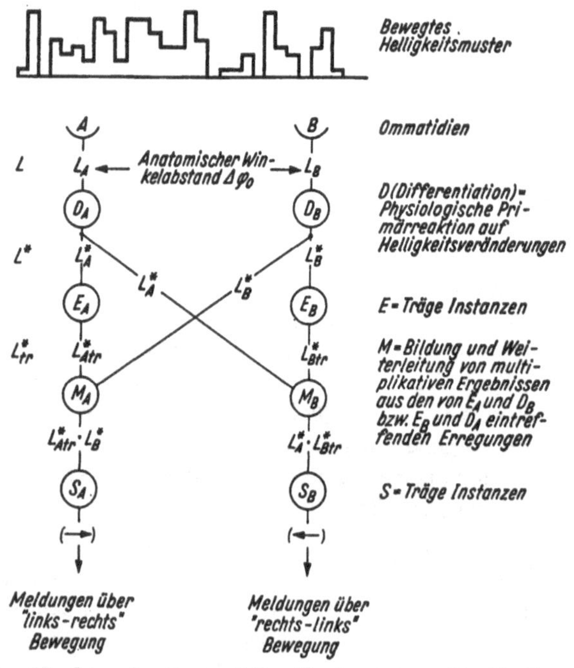

Abb. 12. Funktionsstruktur des Ommatidien-Zweiersystems für die Bewegungsperzeption im Facettenauge des Käfers Chlorophanus. (Nach HASSENSTEIN und REICHARDT [32])

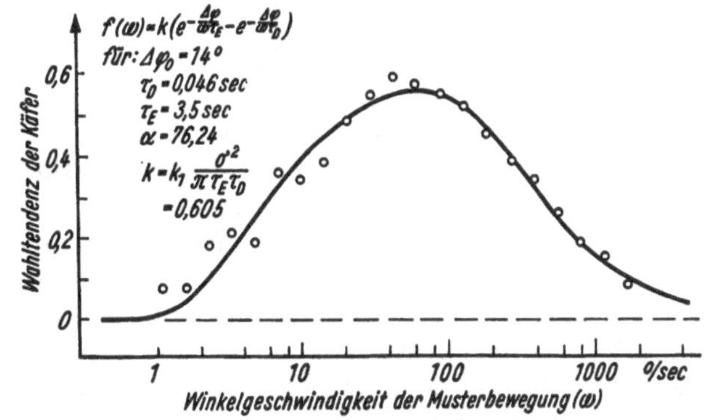

Abb. 13. Wahltendenz des Käfers Chlorophanus (Ordinate) als Funktion der Winkelgeschwindigkeit der Bewegung eines stochastischen Helligkeitsmusters (Abszisse). Errechnete Kurve ausgezogen, empirische Meßpunkte als leere Kreise. (Nach Hassenstein und Reichardt [32])

Zeit t_2 treffe. Die physiologische Primärreaktion besteht zunächst in einer selektiven Beantwortung der Helligkeitsänderung in der Zeit, d. h. in einer Differentiation. Diese wird in den Instanzen D vorgenommen. Das zweite Funktionsglied ist ein träges Übertragungsglied E_1; hier wird durch die Primärreaktion eine langsam abklingende Erregung ausgelöst, welche die Wirkung jedes Einzelreizes um mehrere Sekunden verlängert. Das Prinzip der weiteren Auswertung besteht nun darin, daß der zum Zeitpunkt t_2 im Glied E_1 vorhandene Resterregungszustand des Reizes bei A mit dem zum gleichen Zeitpunkt vom Nachbarommatidium B empfangenen Reiz in Wechselwirkung tritt. Von D_2 muß deshalb mit geringer Trägheit die Erregung an die vergleichende Instanz weitergeleitet werden. Der Vergleich findet hier nun nicht — wie durch sorgfältige Experimente ausgeschlossen werden konnte — durch Summation, sondern durch Multiplikation statt. Ein viertes Funktionsglied, ein träges Übertragungsglied mit einer Zeitkonstanten von etwa 3 s, dient schließlich der Aufsummierung aller gleichzeitig vorhandenen negativen und positiven Multiplikationsergebnisse. Es findet eine zeitliche Mittelung statt; das Ergebnis wird dann an die Motorik weitergeleitet.

Das Zentralnervensystem des Käfers nimmt im ganzen eine Verrechnung der Informationen aus den Ommatidien im Sinne einer „Autokorrelations-Analyse" vor; das Ersatzschaltbild oder Modell ist ein „Korrelator".

In einem bestimmten Stadium der Systemanalyse trat nun der Physiker Reichardt in wichtige Funktion. Er rechnete mit Hilfe informationstheoretischer Ansätze durch, wie das postulierte Funktionssystem sich bei Darbietung sog. „stochastischer", d. h. völlig zufälliger Helligkeits-Bewegungsmuster verhalten würde (Abb. 13). Er konnte dem Biologen eine theoretisch errechnete Kurve zur Verfügung stellen (ausgezogene Kurve), welche die Wendetendenz des Käfers in Abhängigkeit von der Winkelgeschwindigkeit der Musterbewegung beschreibt. Als daraufhin der Biologe seine Experimente entsprechend durchführte, ergab sich für die gewonnenen Meßpunkte (leere Kreise) eine so gute Übereinstimmung mit der errechneten Kurve, wie man sie für ein verhaltensphysiologisches Experiment nur erwarten kann. Außerdem konnten die Abklingkonstanten der einzelnen Instanzen bestimmt, d. h. die Kästchen des Blockschaltbilds mit reellen Angaben ausgefüllt werden.

Segal [53] hat natürlich recht, wenn er feststellt, daß in biologischen Systemen nicht immer die „einfachst möglichen" Funktionsstrukturen vorliegen müssen, sondern unter Umständen wesentlich kompliziertere, da nicht nur die Phylogenese der Morphe, sondern auch die der Funktion verschlungene Wege gegangen ist. Jedoch kann z. B. nach dem Vorgehen von Mittelstaedt (s. o.) jeweils eine bestimmte Hypothese über die zugrunde liegende Funktionsstruktur verworfen und die Prüfung einer neuen gefordert werden. Durch sukzessiven Ausschluß wird man sich so allmählich dem gültigen Blockschaltbild annähern können.

Wenn auch gesagt werden muß, daß die eigentliche Mathematik für die „theoretische Biologie" der Zukunft wohl erst noch geschrieben werden muß, so geht man wohl nicht fehl in der Prognose, daß das mathematische Rüstzeug, welches die Kybernetik liefert, einen der Wege zum Ziel darstellt. Meist sind die anzuwendenden rechnerischen Verfahren äußerst kompliziert und erfordern oft den Einsatz moderner elektronischer Rechenmaschinen.

So hat Vossius [65] auf einer IBM-Maschine seine Ergebnisse durchgerechnet, die er bei der Beobachtung horizontaler *Einstellbewegungen des menschlichen Auges* erhalten hat. Er ließ die Versuchsperson plötzlich (Sprungfunktion) von einer Startsignallampe in einem Winkel von 5, 10 und 20° auf eine Zielsignallampe visuell einstellen und registrierte mittels einer Hornhauthaftschale, auf der ein Spiegelchen befestigt war, durch einen Lichtzeiger die dabei auftretenden Augenbewegungen (Abb. 14, ausgezogene Kurven). Die rasche Einstellbewegung erfolgt nach einer Reaktionszeit von im Durchschnitt 150 bis 300 ms und dauert im ganzen 40–60 ms. Ähnlich wie beim Fangschlag der Mantis (s. o.) kann eine Korrektur während der schnellen Augenbewegung nicht mehr stattfinden; eine solche ist frühestens nach weiteren 150 bis 210 ms möglich. Es ergab sich die Frage, ob die Augenbewegung im strengen Sinne „programmgesteuert" ist oder ob eine gewisse „Regelung" stattfindet.

In Abb. 14 ist links (gestrichelte Kurve) das Zeitverhalten eines auf der IBM-Maschine errechneten Vorgangs dargestellt, der einer reinen Programmsteuerung

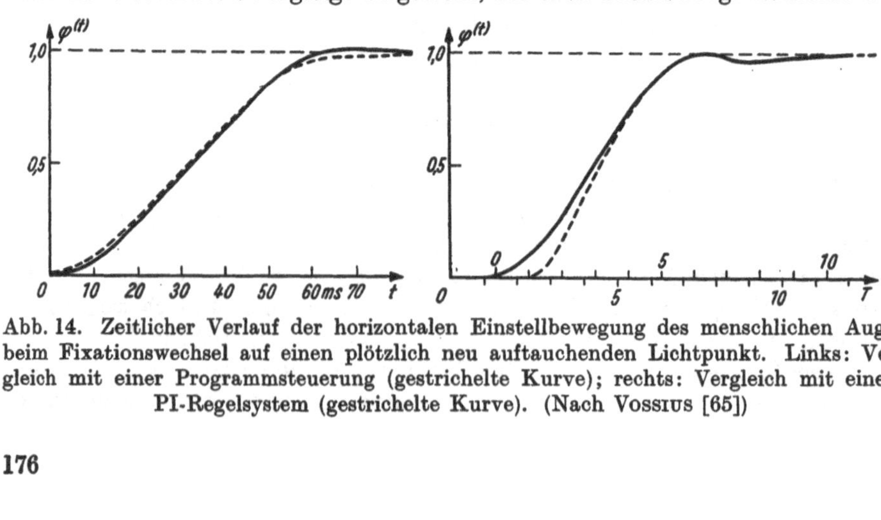

Abb. 14. Zeitlicher Verlauf der horizontalen Einstellbewegung des menschlichen Auges beim Fixationswechsel auf einen plötzlich neu auftauchenden Lichtpunkt. Links: Vergleich mit einer Programmsteuerung (gestrichelte Kurve); rechts: Vergleich mit einem PI-Regelsystem (gestrichelte Kurve). (Nach Vossius [65])

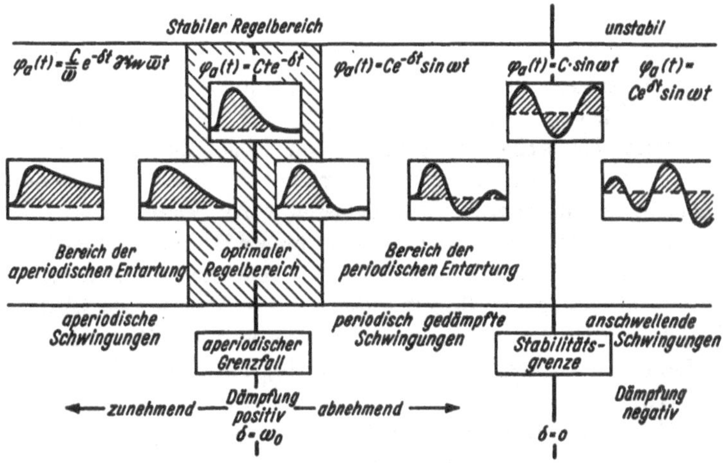

Abb. 15. Regelgüte und Einschwingverhalten von Systemen 2. Ordnung in Abhängigkeit von der Dämpfung des Systems.

entspricht. Nur ein kleinerer Teil der beobachteten Einschwingvorgänge der Augäpfel, und zwar derjenigen mit weitgehend symmetrischer Anfangs- und Endphase, läßt sich damit in Übereinstimmung bringen. Bestimmte andere Einstelltypen, z. B. solche mit Überschwingen und periodisch gedämpftem Auspendeln, lassen sich jedoch nicht durch Annahme einer Programmsteuerung darstellen. Nichtlinearitäten, besonders in der Anfangsphase, sind seit den Untersuchungen von WESTHEIMER bekannt. Diese Besonderheiten und weitere Typen lassen sich besser mit der Annahme eines PI-Regelsystems in Einklang bringen, wobei die Voraussetzung gemacht wird, daß die Eigenrezeptivität der Augenmuskeln eine wichtige Rolle spielt. In Abb. 14 rechts ist das Verhalten eines linearen PI-Regelsystems (gestrichelte Kurve) dem tatsächlichen Verhalten gegenübergestellt. Wenn auch gewisse Unterschiede in der Anfangsphase, die auf eine verzögerte Einstellbewegung des Augapfels zurückgeführt werden müssen, nicht zu verkennen sind, so bleibt doch die erreichte Approximation sehr gut.

VOSSIUS kommt zu der Schlußfolgerung, daß eine durchgehende Steuerung der Augenbewegung *ohne* die Rückführung der propriozeptiven Sensibilität im Sinne einer Regelung als alleiniges Funktionsprinzip ausgeschlossen ist. Unter linearen Bedingungen ist das biologische System (bei kleineren Exkursionen) bezüglich der frei wählbaren Parameter als optimal ausgelegt anzusehen.

Bei Erkrankungen des Menschen erweisen sich die dynamischen Eigenschaften der organismischen Regelsysteme oft als lebensentscheidend. Der Mediziner ist deshalb besonders daran interessiert, durch sog. *Funktions-* oder *Regulationsprüfungen* die Güte der biologischen Regulationen zu testen. Wie im technischen Bereich sind „Stabilität“ und „Regelgüte“ der untersuchten Systeme wichtig. In welcher Weise diese bei Systemen 2. Ordnung von der „Dämpfung“ abhängig sind, zeigt Abb. 15. Innerhalb des stabilen Bezirks wurde ein „optimaler“ Regelbereich abgegrenzt (Normbereich der Regulationseinstellung), der sowohl von den aperiodischen wie den periodisch gedämpften Verläufen diejenigen umfaßt, die hinsichtlich der Regelgüte nur mäßige Abweichungen von den theoretisch optimalen Verhältnissen des aperiodischen Grenzfalls aufweisen (rascheste Beruhigung ohne Überschwingen). Die Regel„güte" wird gemessen durch den reziproken Wert der schraffiert gezeichneten Regel„fläche", d. h. derjenigen Kurvenfläche, die von dem Einschwingvorgang und dem später endgültig erreichten Gleichgewichtszustand eingeschlossen wird. Diese Fläche wird planimetrisch bestimmt. Je kleiner sie ist, um so besser ist bei gleichen Bedingungen die Regelgüte, und umgekehrt. Je weiter wir uns aus dem Zentralbereich mit ausgewogener Dämpfung der Regelvorgänge in die Bezirke der überaperiodisch gedämpften (nach links) bzw. der periodisch gedämpften Prozesse hinein (nach rechts) entfernen, desto ungünstiger wird das Regelergebnis. Für beide Extreme, sowohl für Kriechvorgänge bei abnorm großer Dämpfung (aperiodische Entartung) wie für stark schwingende, entdämpfte Einschwingvorgänge (periodische Entartung) nimmt die Regelfläche zu, die Regelgüte vermindert sich. Die Grenze der Stabilität wird erreicht, wenn infolge fehlender Dämpfung die Schwingungen als Daueroszillation bestehen bleiben. Ein aufklingendes Schwingverhalten (ganz rechts), welches durch negative Dämpfung bzw. positive Rückkoppelung bedingt wird, macht das System „instabil" und als Regelmechanismus unbrauchbar; es kommt nach einem Anstoß nicht mehr zu einer Beruhigung. Auch bei biologischen Systemen ist ein solches Verhalten zu beobachten (z. B. für den Blutdruck im Tierversuch beim Hund (Bauereisen, Drischel u. a. [6])). Der Mediziner nennt ein solches Verhalten einen „circulus vitiosus".

Es sei hier vermerkt, daß außer aufklingendem Schwingverhalten auch die zweite Möglichkeit des Instabilwerdens von Regelkreisen bei pathologischen Entgleisungen der Regulation verwirklicht ist: das „Wegkippen" eines Systems nach übermäßig starker und langer einseitiger Beanspruchung mit krisenhaftem Umschlag in die vegetativ-polare Gegentendenz. Solche Krisen lassen sich unter verschiedensten Verhältnissen beobachten (Selbach [54]).

Als Beispiel für die Dynamik vegetativ geregelter Vorgänge mag das Einschwingverhalten des arteriellen *Blutdrucks* (Mitteldruck) beim Menschen nach schnellem Lagewechsel, beim Übergang vom Liegen zum Stehen gelten (Abb. 16, nach Dittmar und Mechelke [13]). Der Blutdruck fällt zunächst rasch ab, erreicht aber normalerweise nach 15 bis 20 s wieder die Ausgangshöhe. In Abb. 16a ist ein aperiodisch gedämpfter Einschwingvorgang bei stabiler Regelung dargestellt; b zeigt einen aperiodisch gedämpften Vorgang mit „Überregelung"; c einen überaperiodischen Vorgang mit erheblicher Abweichung des Haltewerts vom Sollwert („statisch labile" Regelung nach Dittmar und Mechelke). Abb. 16d zeigt schließlich einen periodisch gedämpften Einschwingvorgang, welcher die dynamische Stabilitätsgrenze bald erreicht; in Abb. 16e sind Dauerschwingungen dargestellt, die durch den Lagewechsel angestoßen werden — hier ist die Regelung „dynamisch labil"; Patienten dieser Gruppe zeigen empfindliche Störungen der Kreislaufregulation im Stehen.

Auch für die *Herzschlagzahl* pro Minute lassen sich ähnliche dynamische Verhaltensweisen beim Übergang vom Liegen zum Stehen finden (Drischel u. a.).

In Abb. 17 ist die kinetische Typologie der Einschwingformen der Pulsfrequenz auf das erhöhte Stehniveau wiedergegeben. Der Extremtyp A (oben) zeigt folgende Besonderheiten — nach initialem Frequenzanstieg, der nicht allzu hoch ist, kommt es etwa 12 bis 15 s nach dem Aufstehen zu einem energischen Frequenzabfall, der unter Umständen bis unter das Ausgangsniveau führt. Ungefähr 21 s nach dem Aufstehen wird im Durchschnitt ein Tiefstpunkt erreicht. Sodann erfolgt ein langsamer Frequenzanstieg auf nicht zu hohe Endwerte im Stehen. Diese Verhältnisse finden sich bei günstiger Kreislaufregulation, insbesondere bei körperlich trainierten Personen (Sportlern). Beim Extremtyp B (unten) ist der auf den initialen Frequenzanstieg folgende Abfall nur gering ausgeprägt bzw. fehlt er völlig. Die Pulsfrequenz steigt sehr rasch auf den

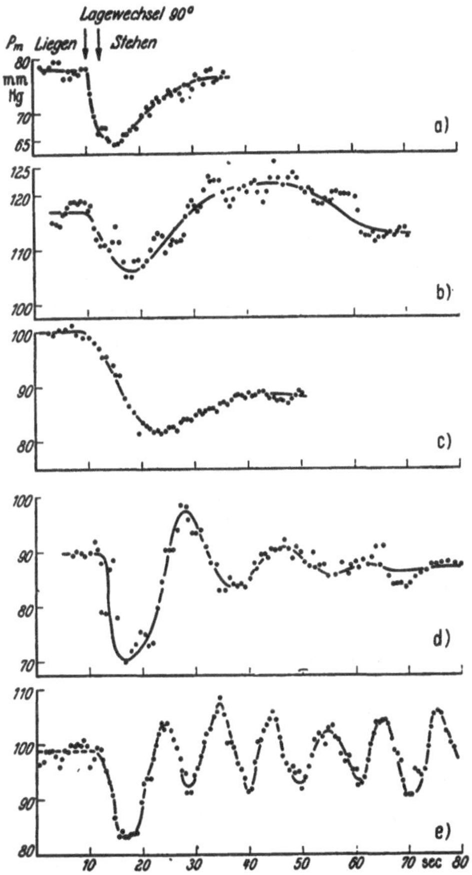

Abb. 16. Einschwingformen des Blutdrucks des Menschen beim schnellen Lagewechsel (Übergang vom Liegen zum Stehen). (Nach DITTMAR und MECHELKE [13])

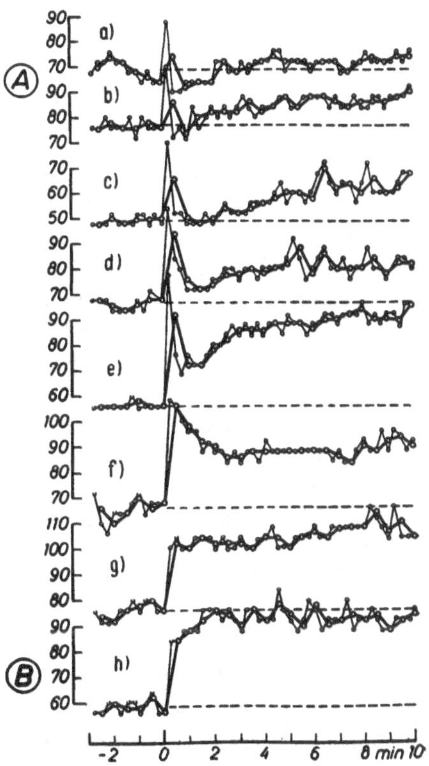

Abb. 17. Einschwingverhalten der Herzfrequenz beim schnellen Lagewechsel (Übergang vom Liegen zum Stehen). Kinetische Typologie. (Nach DRISCHEL [im Druck in: Arch. Kreislaufforsch.])

hohen, endgültig eingehaltenen Stehwert an. Diese ungünstige orthostatische Regulation läßt sich bei körperlich untrainierten Personen und Kindern, insbesondere in den Entwicklungsjahren, feststellen. Zwischen diesen beiden Extremtypen ergeben sich kontinuierliche Übergänge.

Blutdruck- und Pulsfrequenzeinschwingverhalten beim Aufstehversuch sollten nur als Beispiel für die Dynamik vegetativer Regulationssysteme des Organismus dienen. Ähnliche Verhaltensweisen finden sich auch bei der Regulierung des Blutzuckergehaltes, der pH-Regulation usw.

Bei der quantitativen Auswertung der Antwortkurven solcher Regelsysteme können dem Zeitverlauf leicht durch Ausmessung bestimmte Zeit- und Intensitätskennwerte entnommen werden, wie Latenz-, Gipfel- und Halbwertzeiten des Anstiegs und Abstiegs. Diese Kennwerte gestatten eine Reduzierung der kinetischen Mannigfaltigkeit auf wenige Größen. Mit Hilfe dieser Kennwerte läßt sich das Beobachtungsmaterial statistisch durchdringen; die Aufstellung einer rationalen, statistisch begründeten *Typologie der Reaktionsabläufe* ist dann möglich.

Dies stellt gewissermaßen das Nahziel der Analyse dar, dem klinisch eine nicht zu unterschätzende praktische Bedeutung zukommt. Als Richtlinien für physiologische Regulationsprüfungen mögen folgende Anhaltspunkte dienen:

1. Die funktionell adäquate Störung soll an der Peripherie, der Regelstrecke, angreifen (z. B. experimentelle Erhöhung des Blutzuckerspiegels zur Testung der Kohlehydratregulierung). Demgegenüber muß die sog. „pharmakodynamische" Funktionsprüfung problematisch erscheinen, da hierbei primär die Parameter des Regelsystems verstellt werden und erst sekundär sich die Regelgröße ändert.
2. Die Größe der experimentell gesetzten Störung soll sich im Bereiche der physiologischerweise vorkommenden Schwankungen halten (Prinzip der „kleinen Schwingungen" — nur dann können die Systeme in erster Annäherung als linear behandelt werden). Im pharmakodynamischen Test wird meist eine Grenzbelastung vorgenommen, wobei nicht selten Paradox- bzw. Kippvorgänge die Folge sind.
3. Die Zeitform der Störung muß normiert werden (Sprung-, Impulsfunktion usw.).
4. Vor der Belastung muß sich das System im Gleichgewicht befinden, d. h., man hat sich von der Konstanz der Regelgröße über längere Zeit zu überzeugen. Ferner ist der Ausgangswert wichtig, da die Reaktion im Sinne der WILDERschen Ausgangswertregel [70] von diesem abhängig ist. Der meist vorhandene 24-Stunden-Rhythmus der betreffenden Größe muß berücksichtigt werden; Untersuchungen haben deshalb stets zur gleichen Tageszeit zu erfolgen.

Fernziel bei der Untersuchung solcher Reaktionsabläufe bei Regulationsprüfungen ist die Annäherung des empirischen Kurvenverlaufs durch geeignete *mathematische* Formulierungen (Differentialgleichungen), evtl. auch eine Simulierung auf elektronischen Rechenmaschinen. Die mathematische Approximation soll dabei nicht nur formal sein — jede Kurve kann durch irgendein Polynom angegeben werden —, sondern sie soll kausal sein, d. h. von bestimmten Vorstellungen über Struktur und Funktionsweise des Systems ausgehen. Erst dann wird sie zum Mittel einer rationalen Analyse. Die Kybernetik liefert hierzu geeignete Ansätze. Wenn die aufgestellten Differentialgleichungen wirklich den essentiellen Charakter des untersuchten Systems erfassen, so darf man erwarten, daß entsprechende Systeme bei verschiedenen Personen sich nicht in der Struktur dieser Gleichungen unterscheiden, sondern lediglich durch die Werte der Koeffizienten und „Konstanten". Individualunterschiede feinerer Art, die gerade den Mediziner besonders interessieren, würden dann in den Werten dieser Parameter — eines oder weniger — beschreibbar und erfaßbar. Der denkökonomische Vorteil einer solchen mathematischen Abstraktion liegt auf der Hand.

Das durch Anwendung kybernetischer Erkenntnisse und Untersuchungsverfahren vertiefte Wissen über die Regulationssysteme unseres Körpers wird in Zukunft auch eine gezielte „kybernetische" Therapie ermöglichen. Zur dynamischen Normierung abweichender oder krankhafter Fehleinstellungen können bestimmte physikalische und balneologische Maßnahmen sowie Pharmaka dienen, welche die Parameter der Regelsysteme, u. a. deren Dämpfungsverhalten, verändern und die Regelgüte verbessern.

Kriterium für die Brauchbarkeit des kybernetischen Konzepts in Biologie und Medizin wird sein, ob 1. bestimmte biologische Probleme nur mit Hilfe des kybernetischen Ansatzes und nicht mit den traditionellen Mitteln gelöst werden können, sowie 2., ob sich daraus eine kausal-mathematische Beschreibung der erfaßten Gesetzmäßigkeiten herleiten läßt, die gleichzeitig in gewissem Umfange Voraussagen zuläßt. Wir würden uns damit den Zielen jeder exakten Naturwissenschaft nähern. Was wir derzeit dazu benötigen, sind saubere und einwandfreie Experimente sowie eine Menge von Meßdaten, die wir mathematisch, meist unter Einsatz von Elektronenrechnern, verarbeiten. Wir beschreiten dabei einen sehr mühsamen Weg zu einer *theoretischen Biologie* der Zukunft. Unsere verständliche Freude an vorausfliegenden Spekulationen sollten wir dabei möglichst im Zaum halten.

Literatur

[1] Anochin, P. K., Über das einheitliche Zusammenwirken des Zentrums und der Peripherie in der Nerventätigkeit. Setschenows Z. Physiol. (UdSSR) **14** (1935) 27.
[2] Anochin, P. K., New Conception on the Physiological Architecture of the Conditioned Reflex. Moskau 1959.
[3] Anochin, P. K., Physiologie und Kybernetik. In: Philosophische Fragen der Kybernetik (russ.). Moskau 1961.
[4] Ashby, W. R., Design for a Brain. London 1952.
[5] Ashby, W. R., An Introduction to Cybernetics. London 1956.
[6] Bauereisen, E., Drischel, H., Krug, H., Peiper, U., Schlicher, L., Die Stabilität des Blutdruckreglers unter Narkose und Ganglienblockade. Z. Biol. **110** (1958) 309.
[7] Bell, Ch., Philos. Trans. **2** (1826) 163.
[8] Bernstein, N., Arch. biol. nauk (russ.) **38** (1935) 1.
[9] Bernstein, N., Über den Aufbau der Bewegung (russ.). Moskau 1947.
[10] Bleichert, A., Wagner, R., Über den Frequenzgang der Pupillenreaktion auf Licht. Z. Biol. **109** (1957) 281.

[11] Braines, S. N., Napalkow, A. W., Swetschinski, W. B., Neurokybernetik (russ.). Moskau 1962.
[12] Defares, J. G., Sneddon, I. N., An Introduction to the Mathematics of Medicine and Biology. Amsterdam 1960.
[13] Dittmar, A., Mechelke, K., Über die Regelung des Blutdrucks bei gesunden Menschen und Personen mit nervösen Herz- und Kreislaufstörungen. Dtsch. Arch. klin. Med. **201** (1955) 720.
[14] Drischel, H., Bausteine einer dynamischen Theorie der vegetativen Regulation. Eine Anwendung der allgemeinen Theorie der selbsttätigen Regelung auf organismische Regulationssysteme. Wiss. Z. Ernst-Moritz-Arndt-Univ. Greifswald, math.-naturwiss. Reihe **2** (1952/53) 99.
[15] Drischel, H., Die Meßfunktion biologischer Rezeptoren als regeltheoretisches Problem. Naturwissenschaften **40** (1953) 496.
[16] Drischel, H., Dynamik vegetativer Regelungen. In: Mittelstaedt, H., [44], S. 102.
[17] Drischel, H., Blutzuckerregelung. In: Mittelstaedt, H., [44], S. 60.
[18] Drischel, H., Organismische Reglertheorie. Arbeitstagung Biophysik, Berlin 1954.
[19] Drischel, H., Zur Dynamik der Blutzuckerabläufe nach intravenöser Glukosestoßbelastung bei gesunden Menschen. Z. ges. inn. Med. **9** (1954) 471.
[20] Drischel, H., Untersuchungen über die Dynamik des Lichtreflexes der menschlichen Pupille. Pflügers Arch. ges. Physiol. Menschen Tiere **264** (1957) 145 und 169.
[21] Drischel, H., Der Pupillarmechanismus des Menschen als schwingungsfähiges System. Pflügers Arch. ges. Physiol. Menschen Tiere **266** (1957) Kongreßbericht.
[22] Drischel, H., Biologische Reglertheorie. Z. ärztl. Fortb. **51** (1957) 602.
[23] Drischel, H., Kybernetik und Biologie. Wiss. Z. Karl-Marx-Univ. Leipzig, math.-naturwiss. Reihe **9** (1959/60) 733.
[24] Drischel, H., Die Kybernetik in der biologischen Experimentalforschung. Urania **25** (1962) 1.
[25] Drischel, H., Biokybernetische Grundlagen der vegetativen Regulationsprüfungen. Ärztl. Forsch. **16** I (1962) 474.
[26] Drischel, H., Über den fixationsregelnden Apparat des menschlichen Auges. In: Mittelstaedt, H., [45], S. 141.
[27] Foerster, H. V., Cybernetics. Circular Causal and Feedback Mechanisms in Biological and Social Systems. New York 1953.
[28] Fulton, J. F., In: Annual Reviews of Physiology 1953.
[29] Groen, J. J., Loewenstein, O., Vendrik, A. J. H., The Mechanical Analysis of the Response from the Endorgans of the Horizontal Semicircular Canal in the Isolated Elasmobranch Labyrinth. J. Physiol. **117** (1952) 329.
[30] Hassenstein, B., Die bisherige Rolle der Kybernetik in der biologischen Forschung. Naturw. Rdsch. **13** (1960) 349, 373 und 419.
[31] Hassenstein, B., Wie sehen Insekten Bewegungen? Naturwissenschaften **48** (1961) 207.
[32] Hassenstein, B., Reichardt, W., Systemtheoretische Analyse der Zeit-, Reihenfolge- und Vorzeichenauswertung bei der Bewegungsperzeption des Rüsselkäfers Chlorophanus. Z. Naturforsch. **11b** (1956) 513.
[33] Hensel, H., Ergebn. Physiol., biol. Chemie, exp. Pharmakol. **47** (1952) 166.
[34] Hensel, H., In: Precht, H., Christophersen, J., Hensel, H., Temperatur und Leben. Berlin-Göttingen-Heidelberg 1955.
[35] Hoff, F., Klinische Physiologie und Pathologie. Stuttgart 1953.
[36] Holst, E. V., Mittelstaedt, H., Das Reafferenzprinzip. Naturwissenschaften **37** (1950) 464.
[37] „Homeostatic Mechanisms“. Brockhaven Symposia in Biology Nr. 10. Upton, New York 1958.
[38] Klaus, G., Kybernetik in philosophischer Sicht. Berlin 1961.
[39] Kolman, A., Was ist Kybernetik? Sowjetwissenschaft, Naturwiss. Beitr. **4** (1956) 309.
[40] Kramer, K., Die Regelung des Blutkreislaufs. VDI-Z. **85** (1941) 97.

[41] Lillie, R. S., J. gen. Physiol. **7** (1925) 7.

[42] Machemer, H., Untersuchungen über den Lichtreflex der menschlichen Pupille. Klin. Mbl. Augenhk. **94** (1935) 305.

[43] Mechelke, K., Christian, P., Vegetative Herz- und Kreislaufstörungen. In: Hdb. d. inn. Med. Bd. 9, Teil 4, S. 704. Berlin-Göttingen-Heidelberg 1960.

[44] Mittelstaedt, H., Regelungsvorgänge in der Biologie. Vorträge der Tagung 1954 in Darmstadt. München 1956.

[45] Mittelstaedt, H., Regelungsvorgänge in lebenden Wesen. Nachrichtenverarbeitung, Steuerung und Regelung des Organismus. Vorträge der Tagung 1958 in Essen. München 1961.

[46] Mittelstaedt, H., Regelung und Steuerung bei der Orientierung von Lebewesen. Regelungstechnik **2** (1954) 226.

[47] Moissejew, W. D., Fragen der Kybernetik in Biologie und Medizin (russ.). Moskau 1960. Deutsche Übersetzung beim Akademie-Verlag, Berlin, in Vorbereitung.

[48] Poletajew, I. A., Kybernetik. Kurze Einführung in eine neue Wissenschaft. Berlin 1962.

[49] Pringle, J. W. S., Wilson, V. J., The Response of a Sense Organ to a Harmonic Stimulus. J. exp. Biology **29** (1952) 220.

[50] Ranke, O. F., Physiologie des Zentralnervensystems vom Standpunkt der Regelungslehre. München-Berlin 1960.

[51] Reichardt, W., Autokorrelationsauswertung als Funktionsprinzip des Zentralnervensystems. Z. Naturforsch. **12** b (1957) 448.

[52] Schmidt, H., VDI-Z. **85** (1941) 81.

[53] Segal, J., Kritische Bemerkungen zur Anwendung der Kybernetik in der Biologie. Dt. Z. f. Philosophie (1962) H. 3, 324.

[54] Selbach, H., Grundregeln der vegetativen Dynamik. Arch. Ohrenhk. **163** (1953) 250 (Kongr. Ber.).

[55] Shannon, C. E., Weaver, W., The Mathematical Theory of Communication. Urbana (Ill.) 1949.

[56] Stanley-Jones, D. und K., The Kybernetics of Natural Systems. A Study in Patterns of Control. London-New York-Paris 1960.

[57] Stark, L., Sherman, P. M., A Servoanalytic Study of Consensual Pupil Reflex to Light. J. Neurophysiol. **20** (1957) 17.

[58] Stegemann, J., Der Einfluß sinusförmiger Druckänderungen im isolierten Karotissinus auf Blutdruck und Pulsfrequenz beim Hund. Verh. dtsch. Ges. Kreislaufforschg. **23** (1957) 392.

[59] Stegemann, J., Maggio, M., Die additive Wirkung der Führungsgröße Hypoxämie und Muskelleistung auf die Regelung des Kreislaufs. Pflügers Arch. ges. Physiol. Menschen Tiere **265** (1958) 511.

[60] Stegemann, J., Der Einfluß sinusförmiger Leuchtdichteänderungen auf die Pupillenweite. Pflügers Arch. ges. Physiol. Menschen Tiere **264** (1957) 113.

[61] Steinhausen, W., Über die Beobachtung der Cupula in den Bogengangsampullen des Labyrinthes des lebenden Hechts. Pflügers Arch. ges. Physiol. Menschen Tiere **232** (1933) 500.

[62] Sünderhauf, A., Untersuchungen über die Regelung der Augenbewegungen. Klin. Mbl. Augenhk. **136** (1960) 837.

[63] Trendelenburg, W., Die Regelung von Bewegungsvorgängen durch das Vestibularorgan des Innenohres. VDI-Z. **85** (1941) 93.

[64] Trincker, D., Sieber, J., Bartual, J., Schwingungsanalyse der vestibulär, optokinetisch und durch elektrische Reizung ausgelösten Augenbewegungen. Kybernetik **1** (1961) 21.

[65] Vossius, G., Das System der Augenbewegungen. I. Mitt. Z. Biol. **112** (1960) 27.

[66] WAGNER, R., Die Regulierung des Blutdrucks als Beispiel einer Reglereinrichtung im Organismus. Naturwissenschaften **37** (1950) 128.
[67] WAGNER, R., Probleme und Beispiele biologischer Regelung. Stuttgart 1954.
[68] WESTHEIMER, G., Eye Movements Responses to a Horizontally Moving Visual Stimulus. Arch. Ophtalm. **52** (1954) 932.
[69] WIENER, N., Cybernetics. Control and Communication in the Animal and the Machine. New York 1948.
[70] WILDER, J., Das Ausgangswertgesetz. Ein bisher unbeachtetes biologisches Gesetz. Klin. Wschr. **10** (1931) 1889.
[71] YOCKEY, H. P., Symposium on Information Theory in Biology. London-New York-Paris-Los Angeles 1958.

Diskussion

Dr. med. ARNO LINKE, *Medizinische Klinik und Poliklinik der Ernst-Moritz-Arndt-Universität Greifswald*, referierte über eine gemeinsam mit Dipl.-Math. IRMFRIED PAUL vorgelegte Arbeit, die kybernetischen Aspekten des Ketonkörperstoffwechsels gewidmet ist.

Nüchternen, gesunden Hunden wurde reines Aceton injiziert. Unmittelbar danach wurde die sogenannte Ketonkörperkonzentration (Kk) im Blut bestimmt, d. h. summarisch die Konzentration von Aceton, β-oxy-Buttersäure und Acetessigsäure, und zwar verdichtet in den ersten 15 Minuten (10 Bestimmungen), dann im 5- bzw. 10-Minuten-Abstand bis zur 90., zum Teil bis zur 190. Minute post injectionem. Die Übergangsfunktion nach stoßförmiger Auslenkung der Kk wurde registriert. Diese Funktion wurde diskutiert, insbesondere das Phänomen des „kaskadenförmigen" Abfalls der Kk in den ersten 15 Minuten. In Vorversuchen wurde festgestellt, daß Biligrafin die Ketonkörperbildung hemmt. Unter diesem Aspekt wurden die Aceton-Belastungsversuche wiederholt, indem vor der Acetoninjektion Biligrafin verabreicht wurde (1 × 40 Minuten, 1 × 10 Minuten vor der Injektion). Die daraus resultierenden Übergangsfunktionen wurden diskutiert, besonders die sich abzeichnende „Entdämpfung" des Systems.

Akademiemitglied Prof. Dr. Kurt Schröder

Direktor des Instituts für angewandte Mathematik und Mechanik der Deutschen Akademie der Wissenschaften zu Berlin, Rektor der Humboldt-Universität zu Berlin

SCHLUSSWORT

Meine Damen und Herren!

Ich habe Ihnen zum Schluß eine erste Einschätzung unserer zweitägigen Konferenz zu geben, die von der Kybernetik-Kommission beim Generalsekretär der Deutschen Akademie der Wissenschaften zu Berlin soeben beraten worden ist.

Der Eindruck der Kybernetik-Kommission ist allgemein gesagt der, daß das Ziel dieser Konferenz erreicht wurde, daß noch einmal eine Bestandsaufnahme dessen erfolgte, was bisher in der Deutschen Demokratischen Republik auf diesem Gebiet geleistet worden ist.

Die Kybernetik-Kommission ist der Meinung, daß mit der Vorlage ihrer Empfehlungen an das Präsidium der Deutschen Akademie der Wissenschaften zu Berlin eine erste Etappe der Entwicklung der Kybernetik in der Deutschen Demokratischen Republik abgeschlossen wurde. Diese Etappe bestand darin, auf den verschiedenen Wissensgebieten Ansatzpunkte dafür zu gewinnen, wo man mit kybernetischen Betrachtungen einsetzen könnte. Gleichzeitig wurde eine Diskussion über das Wesen der Kybernetik ausgelöst.

Nunmehr gilt es, zum Handeln überzugehen, auf den verschiedensten Gebieten die konkrete Arbeit aufzunehmen. Welche Möglichkeiten sich hier bieten, ist versucht worden, in den Referaten der Konferenz zu zeigen.

Das bedeutet aber nicht, daß die Diskussion über die philosophischen Grundlagen in den Hintergrund treten sollte. Sie sollte jetzt vielmehr unmittelbar an das anknüpfen, was auf den einzelnen Gebieten geschieht. Wir sollten auch in den Arbeitskreisen, in denen wir tätig sind, den Gesichtspunkt stärker hervorheben, daß die Kybernetik kein Zauberschlüssel ist, mit dem man alles machen kann, sondern daß es jetzt einer sehr harten Arbeit bedarf, um konkrete Probleme bis zur Endlösung zu behandeln.

Hinsichtlich der Wirtschaftswissenschaften, in denen wir noch sehr am Anfang stehen, sollte der auch in der Denkschrift zum Ausdruck gebrachte Gesichtspunkt mehr herausgestellt werden, daß jetzt die Voraussetzungen geschaffen werden müssen, um in den Wirtschaftswissenschaften kybernetische Methoden und Verfahren tatsächlich zum Erfolg zu führen. Dazu gehört insbesondere, große Aufmerksamkeit den Fragen der Ausbildung zu schenken. Das betrifft einerseits die Ausbildung der jungen Nachwuchswissenschaftler und auf der anderen Seite die Qualifizierung der älteren Wirtschaftswissenschaftler.

Auch die Pädagogen haben bei der Durchsetzung der kybernetischen Methoden besondere Probleme. Auch hier ist es das Ziel, nicht nur allgemein Methoden zu empfehlen, sondern jetzt vor allem in bezug auf die inhaltliche Gestaltung des Unterrichts solche Methoden mit Erfolg einzuführen.

Die Frage einer Spezialzeitschrift für Kybernetik hat auch auf dieser Konferenz eine Rolle gespielt. Die Kybernetik-Kommission ist der Meinung — wie das auch aus dem Kreise der Konferenzteilnehmer geäußert wurde —, daß die empfohlene Sektion für Kybernetik an der Deutschen Akademie der Wissenschaften zu Berlin es als eine ihrer ersten konkreten Aufgaben betrachten sollte, die Gründung einer solchen Zeitschrift allseitig zu beraten. Dabei muß natürlich auch die wirtschaftliche Seite der Gründung einer solchen Zeitschrift in die Überlegungen einbezogen werden. Sodann sollte die Sektion dem Präsidium der Deutschen Akademie der Wissenschaften zu Berlin einen konkreten Antrag unterbreiten.

Das wäre der erste Eindruck von der Konferenz.

Die Kybernetik-Kommission ist der Ansicht, daß seit den Teilkonferenzen auf den verschiedenen Gebieten bereits ein positiver Wandel in der Anerkennung der Kybernetik und ihrer Anwendung in den Einzelwissenschaften zu beobachten ist. Gleichwohl meint sie, daß auf manchen Fachgebieten — wie etwa in den Wirtschaftswissenschaften — alle Anstrengungen unternommen werden müssen, um den einzelnen Forschern, die sich mit ganzer Energie dieser Fragestellung widmen, die Arbeit noch mehr als bisher zu erleichtern und ihnen die Möglichkeit zu geben, diese Methode jetzt wirklich in voller Breite anzuwenden.

Ich glaube, auch diese zusammenfassende Veranstaltung hat ebenso wie die Vorkonferenzen auf den einzelnen Fachgebieten dazu beigetragen, die Aufmerksamkeit breiter Kreise unserer wissenschaftlichen Öffentlichkeit auf die Kybernetik zu richten. Gleichzeitig hat sie konkrete Anweisungen und Empfehlungen gegeben, nach denen wir jetzt in der nächsten Zeit die Arbeit erfolgreich fortsetzen können.

Ich möchte die Gelegenheit wahrnehmen, den Kollegen aus den befreundeten sozialistischen Ländern für ihre hier gegebenen Beiträge, die sehr anregend waren, recht herzlich zu danken.

Meine Damen und Herren, ich danke Ihnen für Ihre Mitarbeit, insbesondere den Referenten und den Diskussionsrednern.

FSC
www.fsc.org
MIX
Papier | Fördert gute Waldnutzung
FSC® C083411

Zeitfracht Medien GmbH
Ferdinand-Jühlke-Straße 7
99095 Erfurt, Deutschland
produktsicherheit@kolibri360.de